普通高等教育人工智能与大数据系列教材
普通高等教育人工智能通识教育系列教材

深度学习
原理及应用

主编　殷丽凤　王　杨
参编　王　闯　王　灿　任光乐

机械工业出版社
CHINA MACHINE PRESS

本书共3篇，12章，内容涵盖了深度学习的基础理论、重要模型及其在计算机视觉和自然语言处理等领域的应用。第1篇深入讲解了深度学习的基础理论，包括感知机的主要概念及其实现、神经网络的架构与算法，以及参数更新策略、权重初始化方法和正则化技巧。第2篇专注于计算机视觉，介绍了卷积神经网络的结构及其在图像处理方面的广泛应用，同时探讨了经典的卷积网络结构以及先进网络在物体检测与图像分割等领域的应用。第3篇着眼于自然语言处理，涵盖了语言模型、word2vec模型、RNN模型及其变体、Transformer模型以及预训练模型在多种任务中的应用。

本书在专业性与可读性之间实现了良好的平衡，不仅向读者提供深度学习领域的综合知识和实际技能，还致力于激发读者的创新思维和实践能力，助力读者在快节奏发展的技术环境中掌握先机，取得更高成就。

本书既可作为高等院校深度学习课程的基础教材，也适合深度学习爱好者进行自学。无论是初学者还是具有一定基础的从业人员，都能从中获得启发和实用的知识。

图书在版编目（CIP）数据

深度学习原理及应用 / 殷丽凤, 王杨主编. -- 北京：机械工业出版社, 2025.7. -- (普通高等教育人工智能与大数据系列教材). -- ISBN 978-7-111-78467-8

I. TP181

中国国家版本馆CIP数据核字第202528LC92号

机械工业出版社（北京市百万庄大街22号　邮政编码100037）
策划编辑：刘琴琴　　　　　责任编辑：刘琴琴　王　荣
责任校对：郑　婕　李小宝　封面设计：王　旭
责任印制：单爱军
北京华宇信诺印刷有限公司印刷
2025年7月第1版第1次印刷
184mm×260mm・19.5印张・484千字
标准书号：ISBN 978-7-111-78467-8
定价：63.80元

电话服务　　　　　　　　　网络服务
客服电话：010-88361066　　机 工 官 网：www.cmpbook.com
　　　　　010-88379833　　机 工 官 博：weibo.com/cmp1952
　　　　　010-68326294　　金 书 网：www.golden-book.com
封底无防伪标均为盗版　　　机工教育服务网：www.cmpedu.com

PREFACE

前　言

在过去的几十年里，人工智能（AI）经历了巨大的发展，而深度学习作为其一个重要分支，正引领着这一领域的革命。深度学习源于神经网络的基本理念，通过模拟人脑的结构与功能，利用多层次的神经元网络来处理和分析复杂数据。近年来，随着计算能力的提升和大数据的普及，深度学习已成为解决许多实际问题的关键技术。

深度学习在多个领域展现出卓越的性能。例如，在计算机视觉领域，深度学习算法已被广泛应用于图像分类、物体检测和图像生成等；在自然语言处理领域，深度学习模型驱动了机器翻译、语音识别和情感分析等技术的飞速发展。这些应用不仅提升了技术的有效性，也改变了人们的生活方式。

深度学习的核心在于其复杂的网络结构和强大的学习能力。通过多个神经网络层次的叠加，深度学习能够自动提取特征，进行模式识别和预测。在训练过程中，算法通过优化技术不断调整网络权重，使得模型能够在给定的数据集上表现出最佳的性能。尽管深度学习取得了显著的成就，但它仍面临诸多挑战，包括模型的可解释性、数据的依赖性以及过拟合等问题。未来，深度学习将继续向更高的智能化目标迈进，并在医疗、自动驾驶、智能制造等领域发挥更大的作用。

本书内容涵盖了深度学习的基础理论、重要模型及其在计算机视觉和自然语言处理等领域的应用。通过详细讲解感知机、神经网络、卷积神经网络（CNN）、循环神经网络（RNN）、Transformer 模型以及预训练模型等内容，读者能够系统地了解深度学习的主要概念与方法。

全书共分为 3 篇。第 1 篇为深度学习基础篇，包括第 1~3 章。第 1 章介绍感知机的基本概念及实现，涵盖简单逻辑电路（与门、与非门和或门）和局限性（如异或门问题），并讨论多层感知机的结构与实现；第 2 章从感知机发展到神经网络，讨论神经网络的基本结构、阶跃函数、前向传播、损失函数和误差反向传播算法等；第 3 章探讨参数更新策略（如 SGD、Momentum、AdaGrad、Adam）、权重初始值、Batch Normalization、正则化技术（如 Dropout）及超参数的验证方法。第 2 篇为计算机视觉篇，包括第 4~6 章。第 4 章介绍卷积神经网络的基本概念和结构，分析卷积层和池化层的作用，通过案例实践分析 CNN 在计算机视觉中的应用，第 5 章讲解经典的卷积网络结构，如 LeNet、AlexNet 和 VGG，分析其主要特点和实践案例，第 6 章深入探讨 GoogLeNet 和 ResNet 等先进网络结构，及其在物体检测、图像分割和目标追踪等视觉任务中的应用。第 3 篇为自然语言处理篇，包括第 7~12 章。第 7 章为语言模型概述，介绍 N-gram 语言模型、词嵌入及神经网络语言模型（NNLM）的实现与应用；第 8 章深入分析 word2vec 模型的架构及应用，探讨其与神经网络的关系及优化算法；第 9 章讲解 RNN 模型及其变种 LSTM 模型和 GRU 模型的结构与应用，讨论序列数据的处理方法及梯度消失问题；第 10 章介绍 Transformer 模型的基本结构和工作原理，分析其在自然语言处理中的重要性；第 11 章探讨位置编码的不同方法及其在 Transformer 模型中的应用，分析位置编码的可视化效果；第 12 章介绍 ELMo、GPT 和 BERT 等预训练模型的基础架构、输入输出信息及训练过程，探讨其在各类任务中的应用。

为便于教师教学和学生学习，本书提供了所有案例的数据集和源代码，同时配有电子课件和课后习题的参考答案。

本书由大连交通大学殷丽凤、王杨、王闯、王灿以及任光乐共同编写，具体分工如下：殷丽凤编写第 1~3 章、第 7 章，王闯编写第 4 章，王灿编写第 5 章，任光乐编写第 6 章，王杨编写第 8~12 章。同时，感谢杜铨熠在本书编写过程中对插图的辅助支持。

在本书的撰写过程中，编者参考了大量国内外的相关文献、学术论文以及互联网上的优质资源。在此，由衷感谢所有为知识与智慧做出贡献的作者和研究者们，正是由于他们的辛勤努力，才为本书的内容提供了丰富的参考资料和灵感。由于参考文献数量众多，整理和列出时难免会有遗漏，特此向未能列出姓名的作者表示诚挚的歉意。

由于编者能力有限，且编写时间紧迫，书中可能存在一些错误和不当之处，恳请广大读者给予批评和指正。

编　者

CONTENTS

目 录

前言

第 1 篇 深度学习基础篇

第 1 章 感知机 ……………………………………………………………………… 2

1.1 感知机是什么 …………………………………………………………… 2
1.2 简单逻辑电路 …………………………………………………………… 3
   1.2.1 与门 ………………………………………………………… 3
   1.2.2 与非门和或门 ……………………………………………… 3
1.3 感知机的实现 …………………………………………………………… 4
   1.3.1 简单的实现 ………………………………………………… 4
   1.3.2 导入权重和偏置 …………………………………………… 5
   1.3.3 权重和偏置的实现 ………………………………………… 6
1.4 感知机的局限性 ………………………………………………………… 8
   1.4.1 异或门 ……………………………………………………… 8
   1.4.2 线性和非线性 ……………………………………………… 9
1.5 多层感知机 ……………………………………………………………… 9
   1.5.1 组合门电路配置异或门 …………………………………… 9
   1.5.2 异或门的实现 ……………………………………………… 10
1.6 本章小结 ………………………………………………………………… 11
1.7 习题 ……………………………………………………………………… 11

第 2 章 神经网络 …………………………………………………………………… 12

2.1 从感知机到神经网络 …………………………………………………… 12
   2.1.1 神经网络的结构 …………………………………………… 12
   2.1.2 回顾感知机 ………………………………………………… 13
   2.1.3 激活函数简介 ……………………………………………… 13
2.2 阶跃函数 ………………………………………………………………… 14

2.2.1 阶跃函数的实现 …………………………………………………… 14
2.2.2 Sigmoid 函数 ……………………………………………………… 16
2.2.3 ReLU 函数 ………………………………………………………… 17
2.3 神经网络的前向传播 ………………………………………………………… 18
2.3.1 符号的含义 ………………………………………………………… 18
2.3.2 各层间信号传递的实现 …………………………………………… 19
2.3.3 代码实现 …………………………………………………………… 23
2.4 输出层的设计 ………………………………………………………………… 24
2.4.1 恒等函数 …………………………………………………………… 24
2.4.2 softmax 函数 ……………………………………………………… 24
2.4.3 输出层的神经元数量 ……………………………………………… 26
2.5 损失函数 ……………………………………………………………………… 27
2.5.1 均方误差 …………………………………………………………… 27
2.5.2 交叉熵误差 ………………………………………………………… 27
2.5.3 mini-batch 学习 …………………………………………………… 28
2.5.4 mini-batch 版交叉熵误差的实现 ………………………………… 29
2.6 梯度法 ………………………………………………………………………… 32
2.6.1 梯度 ………………………………………………………………… 32
2.6.2 神经网络的梯度 …………………………………………………… 34
2.7 学习算法的实现 ……………………………………………………………… 38
2.7.1 两层神经网络的实现 ……………………………………………… 38
2.7.2 两层神经网络解决异或问题 ……………………………………… 42
2.7.3 基于测试数据的评价 ……………………………………………… 45
2.8 误差反向传播 ………………………………………………………………… 49
2.8.1 用计算图求解 ……………………………………………………… 49
2.8.2 计算图的反向传播 ………………………………………………… 51
2.8.3 加法节点的反向传播 ……………………………………………… 51
2.8.4 乘法节点的反向传播 ……………………………………………… 52
2.9 简单层的实现 ………………………………………………………………… 52
2.9.1 乘法层的实现 ……………………………………………………… 52
2.9.2 加法层的实现 ……………………………………………………… 54
2.10 激活函数层的实现 …………………………………………………………… 57
2.10.1 ReLU 层 …………………………………………………………… 57
2.10.2 Sigmoid 层 ………………………………………………………… 58
2.11 Affine 层和 softmax 层的实现 ……………………………………………… 59
2.11.1 Affine 层 …………………………………………………………… 59
2.11.2 批版本的 Affine 层 ………………………………………………… 60
2.11.3 softmax-with-loss 层 ……………………………………………… 61
2.12 误差反向传播法的实现 ……………………………………………………… 66

2.12.1 神经网络学习的步骤 ·· 66
2.12.2 误差反向传播法的神经网络实现 ·· 67
2.12.3 误差反向传播法的神经网络训练和推理 ································· 70
2.13 本章小结 ··· 72
2.14 习题 ·· 72

第 3 章 神经网络的学习方法 ·· 74

3.1 参数的更新 ··· 74
3.1.1 SGD ··· 74
3.1.2 SGD 的缺点 ··· 76
3.1.3 Momentum ··· 76
3.1.4 AdaGrad ·· 77
3.1.5 Adam ··· 78
3.2 权重的初始值 ··· 79
3.2.1 可以将权重初始值设为 0 吗？ ··· 79
3.2.2 隐藏层的激活值的分布 ·· 79
3.3 Batch Normalization ··· 80
3.4 正则化 ··· 81
3.4.1 过拟合 ··· 81
3.4.2 权值衰减 ··· 83
3.4.3 Dropout ··· 83
3.5 超参数的验证 ··· 84
3.5.1 验证数据 ··· 84
3.5.2 超参数最优化 ··· 84
3.6 本章小结 ··· 85
3.7 习题 ·· 85

第 2 篇 计算机视觉篇

第 4 章 卷积神经网络 ·· 88

4.1 神经网络和卷积神经网络 ··· 88
4.2 卷积存在的意义 ·· 89
4.3 CNN 的整体结构 ··· 89
4.4 卷积层 ··· 90
4.4.1 全连接层的问题 ·· 90
4.4.2 卷积运算 ··· 91
4.4.3 CNN 的卷积操作 ·· 91

4.4.4 三维数据的卷积运算 ········ 94
4.4.5 卷积层参数 ········ 95
4.5 池化层 ········ 97
4.5.1 池化操作 ········ 97
4.5.2 池化层特征 ········ 97
4.6 卷积层和池化层的实现 ········ 99
4.6.1 四维数组 ········ 99
4.6.2 im2col ········ 99
4.6.3 卷积层的实现 ········ 101
4.6.4 池化层的实现 ········ 103
4.7 CNN 案例实践分析 ········ 106
4.8 本章小结 ········ 114
4.9 习题 ········ 114

第 5 章 经典卷积网络结构 ········ 115

5.1 LeNet ········ 115
5.1.1 LeNet 简介 ········ 115
5.1.2 LeNet 实践案例分析 ········ 117
5.2 AlexNet ········ 122
5.2.1 AlexNet 简介 ········ 122
5.2.2 AlexNet 的改进和优势 ········ 124
5.2.3 AlexNet 实践案例分析 ········ 125
5.3 VGG ········ 132
5.3.1 VGG 简介 ········ 132
5.3.2 VGG 的主要特点 ········ 137
5.3.3 VGG 实践案例分析 ········ 138
5.4 本章小结 ········ 146
5.5 习题 ········ 147

第 6 章 经典卷积网络结构进阶 ········ 148

6.1 GoogLeNet ········ 148
6.1.1 GoogLeNet 简介 ········ 148
6.1.2 GoogLeNet 实践案例分析 ········ 151
6.2 ResNet ········ 156
6.2.1 ResNet 简介 ········ 156
6.2.2 残差块 ········ 158
6.2.3 ResNet 实践案例分析 ········ 159
6.3 视觉方向的应用 ········ 165
6.3.1 物体检测 ········ 165

6.3.2 图像分割 …… 166
6.3.3 目标追踪 …… 167
6.4 本章小结 …… 168
6.5 习题 …… 168

第 3 篇　自然语言处理篇

第 7 章　语言模型 …… 170

7.1 语言模型概述 …… 170
7.2 N-gram 语言模型 …… 171
 7.2.1 N-gram 语言模型简介 …… 171
 7.2.2 N-gram 语言模型的评估词序列 …… 171
 7.2.3 N-gram 语言模型的平滑操作 …… 171
 7.2.4 N-gram 语言模型的应用 …… 174
 7.2.5 N-gram 语言模型的缺点 …… 174
7.3 词嵌入 …… 175
 7.3.1 离散分布表示 …… 175
 7.3.2 分布式表示 …… 176
7.4 神经网络语言模型（NNLM） …… 176
 7.4.1 NNLM 简介 …… 176
 7.4.2 NNLM 的输入 …… 177
 7.4.3 编码信息转换 …… 177
 7.4.4 模型细节详述 …… 178
 7.4.5 NNLM 的缺点 …… 179
7.5 NNLM 的应用 …… 180
 7.5.1 数据预处理和批量生成 …… 180
 7.5.2 模型结构定义 …… 181
 7.5.3 模型参数和超参数 …… 181
 7.5.4 模型训练 …… 182
7.6 本章小结 …… 183
7.7 习题 …… 183

第 8 章　word2vec 模型 …… 185

8.1 word2vec 模型简介 …… 185
8.2 神经网络的反向传播法 …… 186
8.3 word2vec 模型和神经网络 …… 189
8.4 word2vec 模型架构 …… 190

8.4.1 简易 CBOW 架构 ……………………………………………… 190
8.4.2 CBOW 架构 …………………………………………………… 195
8.4.3 Skip-gram 架构 ……………………………………………… 197
8.5 优化算法 …………………………………………………………………… 199
8.5.1 层次化 softmax ……………………………………………… 199
8.5.2 负采样优化 …………………………………………………… 204
8.6 word2vec 模型应用 ……………………………………………………… 205
8.6.1 数据预处理和批量生成 ……………………………………… 205
8.6.2 word2vec 模型的结构定义 ………………………………… 206
8.6.3 模型参数和超参数 …………………………………………… 207
8.6.4 模型训练 ……………………………………………………… 207
8.6.5 可视化嵌入和结果展示 ……………………………………… 208
8.7 本章小结 …………………………………………………………………… 209
8.8 习题 ………………………………………………………………………… 209

第 9 章 循环神经网络模型 …………………………………………………… 211

9.1 RNN 模型 …………………………………………………………………… 211
9.1.1 RNN 简介 ……………………………………………………… 211
9.1.2 RNN 和序列数据 ……………………………………………… 212
9.1.3 RNN 模型基本结构 …………………………………………… 212
9.1.4 RNN 的反向传播 ……………………………………………… 213
9.1.5 双向 RNN ……………………………………………………… 216
9.1.6 双向 RNN 思考 ………………………………………………… 217
9.1.7 深层双向 RNN ………………………………………………… 217
9.1.8 RNN 的梯度消失和梯度爆炸 ………………………………… 218
9.1.9 RNN 模型应用 ………………………………………………… 218
9.2 LSTM 模型 ………………………………………………………………… 221
9.2.1 LSTM 简介 …………………………………………………… 222
9.2.2 LSTM 和 RNN 结构对比 …………………………………… 222
9.2.3 LSTM 符号说明 ……………………………………………… 224
9.2.4 LSTM 与 RNN 输入差异思考 ……………………………… 224
9.2.5 LSTM 的并行化 ……………………………………………… 226
9.2.6 LSTM 的门控装置 …………………………………………… 227
9.2.7 LSTM 模型应用 ……………………………………………… 229
9.3 GRU 模型 …………………………………………………………………… 232
9.3.1 GRU 简介 ……………………………………………………… 233
9.3.2 GRU 模型架构详解 …………………………………………… 233
9.3.3 GRU 模型应用 ………………………………………………… 234
9.4 本章小结 …………………………………………………………………… 235

9.5 习题 ……………………………………………………………………………… 236

第 10 章 Transformer 模型 …………………………………………………………… 237

10.1 Seq2Seq ………………………………………………………………………… 237
  10.1.1 Seq2Seq 的基本结构 …………………………………………………… 237
  10.1.2 Seq2Seq 结构的实现方式 ……………………………………………… 238
10.2 Transformer 模型简介 ………………………………………………………… 239
  10.2.1 Transformer 的 Seq2Seq 架构 ………………………………………… 239
  10.2.2 Transformer 的输入 …………………………………………………… 242
  10.2.3 Transformer 的自注意力机制 ………………………………………… 244
  10.2.4 编码器的结构信息 ……………………………………………………… 251
  10.2.5 解码器模块的输入 ……………………………………………………… 254
  10.2.6 解码器的结构信息 ……………………………………………………… 258
10.3 本章小结 ………………………………………………………………………… 260
10.4 习题 ……………………………………………………………………………… 261

第 11 章 位置编码 …………………………………………………………………… 262

11.1 位置编码简介 …………………………………………………………………… 263
  11.1.1 线性归一化位置编码 …………………………………………………… 263
  11.1.2 整型值位置编码 ………………………………………………………… 263
  11.1.3 二进制位置编码 ………………………………………………………… 264
  11.1.4 周期函数的位置编码 …………………………………………………… 265
  11.1.5 sin 和 cos 交替位置编码 ……………………………………………… 268
11.2 Transformer 模型的位置编码 ………………………………………………… 268
11.3 Transformer 模型的位置编码可视化 ………………………………………… 269
11.4 Transformer 模型应用 ………………………………………………………… 270
  11.4.1 数据预处理和批量生成 ………………………………………………… 270
  11.4.2 Transformer 模型结构定义 …………………………………………… 270
  11.4.3 模型参数和超参数 ……………………………………………………… 271
  11.4.4 编码器构件 ……………………………………………………………… 272
  11.4.5 解码器构件 ……………………………………………………………… 276
  11.4.6 模型训练 ………………………………………………………………… 278
  11.4.7 可视化嵌入和结果展示 ………………………………………………… 279
11.5 本章小结 ………………………………………………………………………… 281
11.6 习题 ……………………………………………………………………………… 281

第 12 章 预训练模型 ………………………………………………………………… 282

12.1 ELMo 模型 ……………………………………………………………………… 282
  12.1.1 ELMo 模型简介 ………………………………………………………… 282

12.1.2　ELMo 模型与双向 LSTM …………………………………………… 283
12.1.3　双向 LSTM ……………………………………………………………… 284
12.1.4　ELMo 结构解析 ………………………………………………………… 285
12.2　GPT 模型 ………………………………………………………………………… 289
12.2.1　GPT 模型简介 …………………………………………………………… 289
12.2.2　GPT 基础架构选择 ……………………………………………………… 290
12.2.3　模型训练 ………………………………………………………………… 292
12.3　BERT 模型 ……………………………………………………………………… 294
12.3.1　BERT 模型简介 ………………………………………………………… 294
12.3.2　BERT 模型基础架构选择 ……………………………………………… 294
12.3.3　BERT 模型的输入信息 ………………………………………………… 296
12.3.4　BERT 模型的输出信息 ………………………………………………… 297
12.3.5　BERT 模型的预训练任务 ……………………………………………… 297
12.4　本章小结 ………………………………………………………………………… 298
12.5　习题 ……………………………………………………………………………… 298

参考文献 ……………………………………………………………………………… **299**

第 1 篇
深度学习基础篇

作为机器学习的一个分支，深度学习通过模拟人脑神经元的连接和结构，利用多层神经网络进行特征提取和模式识别。深度学习基础篇的内容涵盖了从最基本的感知机模型到复杂的神经网络学习方法，为后续的深度学习应用和研究奠定了坚实的理论基础。

本篇将系统地讲解深度学习的基本构成和学习方法。第 1 章介绍感知机的基本概念，包括其实现方式和局限性，并探讨多层感知机的构建。第 2 章从感知机的发展引入神经网络，详细讨论神经网络的结构、阶跃函数、前向传播、损失函数和梯度法，以及误差反向传播的实现等内容。第 3 章进一步探讨神经网络的学习方法，包括参数更新、权重初始化、正则化技术、Batch Normalization 以及超参数的验证等内容。通过这些章节的学习，读者能够全面理解深度学习的基本原理和技术，为后续深入学习更加复杂的深度学习模型和应用打下基础。

第 1 章

感知机

感知机是由美国学者弗兰克·罗森布拉特（Frank Rosenblatt）在 1957 年提出的。尽管感知机诞生于很久以前，但为何现在仍需要学习这一算法呢？这是因为感知机作为神经网络（深度学习）的起源算法具有重要意义。本章将简单介绍感知机，并通过感知机解决一些简单的门电路的实现，从而说明单层感知机和多层感知机的作用。感知机的原理和局限性对于理解神经网络和深度学习的进化过程至关重要。学习感知机的构造实际上是通向神经网络和深度学习的一种重要思想。通过深入理解感知机，可以更好地把握神经网络和深度学习的发展脉络，从而为后续内容的学习打下坚实的基础。

1.1 感知机是什么

感知机接收多个输入信号，输出一个信号。这里所说的"信号"可以想象成电流或河流那样具备"流动性"的事物。像电流流过导线，向前方输送电子一样，感知机的信号也会形成电流，向前方输送信息。但是，和实际的电流不同的是，感知机的信号只有"流/不流（1/0）"两种取值。在本书中，0 对应"不传递信号"，1 对应"传递信号"。

图 1-1 是一个接收两个输入信号的感知机的例子。x_1、x_2 是输入信号，y 是输出信号，w_1、w_2 是权重（w 是 weight 的首字母缩写）。图 1-1 中的圆圈"〇"称为"神经元"或者"节点"。输入信号被送往神经元时，会分别乘以固定的权重，得到 $w_1 x_1$、$w_2 x_2$。神经元会计算传送过来的信号的总和，只有当这个总和超过了某个界限值时，才会输出 1。这也称为"神经元被激活"。这里将该界限值称为"阈值"，用符号 θ 表示。

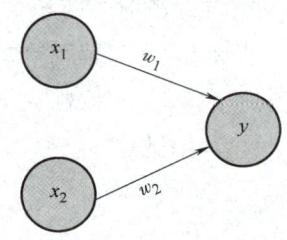

图 1-1 有两个输入信号的感知机

根据前面对感知机运行原理的描述，可以用式（1-1）来表示感知机的运行原理。

$$y = \begin{cases} 0 & ,w_1 x_1 + w_2 x_2 \leq \theta \\ 1 & ,w_1 x_1 + w_2 x_2 > \theta \end{cases} \tag{1-1}$$

感知机的多个输入信号都有各自的权重，这些权重的作用在于控制各个信号的重要性。也就是说，权重越大，对应该权重的信号的重要性就越高。因此，通过调整权重的大小，感知机可以更加灵活地对不同输入信号进行加权和处理，从而适应不同的输入模式。

1.2 简单逻辑电路

1.2.1 与门

考虑用感知机来解决简单的问题,首先以逻辑电路为例介绍与门(AND gate)。与门是一个具有两个输入和一个输出的电路,其真值表见表1-1。从表1-1中可以看到,当且仅当两个输入(x_1和x_2)均为1时,与门输出(y)为1;否则输出为0。

表1-1 与门的真值表

x_1	x_2	y
0	0	0
1	0	0
0	1	0
1	1	1

现在要通过调整感知机的权重和阈值来模拟与门的逻辑功能。具体来说,需要确定能够满足表1-1的真值表的w_1、w_2、θ的值。即要找到这样的权重和阈值,使得感知机能够按照与门的真值表来输出相应的结果。

实际上,满足表1-1中真值表条件的参数选择有无数多个。比如,当$(w_1, w_2, \theta) = (0.5, 0.5, 0.7)$时,可以满足表1-1中的条件。此外,当$(w_1, w_2, \theta)$为$(1.0, 1.0, 1.5)$或者$(0.3, 0.3, 0.5)$时,同样也满足与门的条件。

1.2.2 与非门和或门

接着,再来考虑一下与非门(NAND gate)。NAND是Not AND的意思,与非门就是颠倒了与门的输出,其对应的真值表见表1-2。从表1-2中可以看到,当且仅当两个输入(x_1和x_2)均为1时,与非门输出(y)为0;否则输出为1。

表1-2 与非门的真值表

x_1	x_2	y
0	0	1
1	0	1
0	1	1
1	1	0

与非门的参数又可以是什么样的组合呢?可以选择以下参数值,当$(w_1, w_2, \theta) = (-0.5, -0.5, -0.7)$时,可以满足表1-2中的条件。此外,当$(w_1, w_2, \theta)$为$(-1.0, -1.0, -1.5)$或者$(-0.3, -0.3, -0.5)$时,同样也满足与非门的条件。实际上,只要把实现与门的参数值的符号取反,就可以实现与非门的逻辑功能。因此,存在无数多组参数值可以使感知机模

拟与非门的逻辑功能。

或门是"只要有一个输入信号是1,输出就为1"的逻辑电路。或门的真值表见表1-3。那么思考一下,应该为或门设定什么样的参数呢?

表1-3 或门的真值表

x_1	x_2	y
0	0	0
1	0	1
0	1	1
1	1	1

如上所述,使用感知机可以表示与门、与非门、或门的逻辑电路。重要的一点是:与门、与非门、或门的感知机构造是一样的。实际上,这三个门电路的感知机结构相同,它们之间的区别仅在于参数的值(权重和阈值)不同。换句话说,相同构造的感知机,只需要通过适当地调整参数的值,就可以像"变色龙"一样,变身为与门、与非门和或门。

1.3 感知机的实现

1.3.1 简单的实现

现在,用Python来实现前面的逻辑电路。先定义一个接收参数 x_1 和 x_2 的and_gate()函数。

```
def and_gate(x1,x2):
    w1,w2,theta=0.5,0.5,0.7
    if w1*x1+w2*x2<=theta:
        return 0
    else:
        return 1
```

在函数内部初始化了参数 w1 = 0.5、w2 = 0.5、theta = 0.7,当输入的加权总和超过阈值时返回1,否则返回0。

```
# 测试
print(and_gate(0,0))    # 输出:0
print(and_gate(0,1))    # 输出:0
print(and_gate(1,0))    # 输出:0
print(and_gate(1,1))    # 输出:1
```

上述代码运行结果为:

```
0
0
0
1
```

输出结果和与门的输出结果一样,实现了与门。按照同样的步骤也可以实现与非门和或门,只需要修改一下相应的参数即可。对应与非门的实现如下:

```
def nand_gate(x1,x2):
    w1,w2,theta=-0.5,-0.5,-0.7
    if w1*x1+w2*x2<=theta:
        return 1
    else:
        return 0

# 测试
print(nand_gate(0,0))   # 输出:1
print(nand_gate(0,1))   # 输出:1
print(nand_gate(1,0))   # 输出:1
print(nand_gate(1,1))   # 输出:0
```

上述代码运行结果为:

```
1
1
1
0
```

输出结果和与非门的结果一样。也可以通过改变参数实现或门,这里不再赘述。

1.3.2 导入权重和偏置

之前的与门实现方法非常直接和易于理解,但是考虑到未来可能会有一些变化,可以考虑另一种实现形式。先将式(1-1)中的阈值 θ 换成 $-b$,这样就可以用式(1-2)来表示感知机的行为,即

$$y=\begin{cases} 0 &, b+w_1x_1+w_2x_2 \leq 0 \\ 1 &, b+w_1x_1+w_2x_2 > 0 \end{cases} \tag{1-2}$$

式(1-1)和式(1-2)虽然有一个符号不同,但表达的内容是完全相同的。在式(1-2)中,b 为偏置,w_1 和 w_2 为权重。根据式(1-2),感知机会计算输入信号和权重的乘积,然后加上偏置,如果这个值大于 0 则输出 1,否则输出 0。

1.3.3 权重和偏置的实现

下面使用 NumPy 按照式（1-2）的方式来实现与门。代码如下：

```python
import numpy as np

# 定义与门函数
def and_gate(x1,x2):
    inputs=np.array([x1,x2])              # 输入信号
    weights=np.array([0.5,0.5])           # 权重
    bias=-0.7                              # 偏置
    result=np.sum(inputs * weights)+bias   # 计算输入信号和权重的乘
                                           #   积再加上偏置

    output=1 if result > 0 else 0         # 根据计算结果输出 1 或 0
    return output

# 测试
print(and_gate(0,0))    # 输出:0
print(and_gate(0,1))    # 输出:0
print(and_gate(1,0))    # 输出:0
print(and_gate(1,1))    # 输出:1
```

运行结果如下：

```
0
0
0
1
```

根据输出结果可见，此感知机实现了与门。

在感知机中，偏置 b 和权重 w_1、w_2 的作用是不同的。具体地说，w_1 和 w_2 控制输入信号的重要性，而偏置则调整了神经元被激活的难易程度（输出信号为 1 的程度）。举例来说，如果 b 为-0.5，则只要输入信号的加权总和超过 0.5，神经元就会被激活；但是如果 b 为-30.0，则输入信号的加权总和必须超过 30.0，神经元才会被激活。因此，偏置的值决定了神经元被激活的难易程度。另外，虽然将 b 称为偏置，w_1 和 w_2 称为权重，但根据上下文，有时也会将 b、w_1 和 w_2 这些参数统称为权重。

接着，继续实现与非门，代码如下：

```python
import numpy as np

def nand_gate(x1,x2):
```

```
    inputs=np.array([x1,x2])
    weights=np.array([-0.5,-0.5])
    bias=0.7
    result=np.sum(inputs*weights)+bias
    output=1 if result > 0 else 0
    return output

# 测试
print(nand_gate(0,0))    # 输出:1
print(nand_gate(0,1))    # 输出:1
print(nand_gate(1,0))    # 输出:1
print(nand_gate(1,1))    # 输出:0
```

运行结果如下:

```
1
1
1
0
```

实现或门的代码如下:

```
import numpy as np

def or_gate(x1,x2):
    inputs=np.array([x1,x2])
    weights=np.array([0.5,0.5])
    bias=-0.2
    result=np.sum(inputs*weights)+bias
    output=1 if result > 0 else 0
    return output

# 测试
print(or_gate(0,0))    # 输出:0
print(or_gate(0,1))    # 输出:1
print(or_gate(1,0))    # 输出:1
print(or_gate(1,1))    # 输出:1
```

运行结果如下:

```
0
1
1
1
```

对这三种门的实现进行对比,可以发现,只有参数不同,其余部分完全相同。

1.4 感知机的局限性

到目前为止,已经知道可以使用感知机实现与门、与非门、或门这三种逻辑电路。现在来考虑一下异或门(XOR gate)。

1.4.1 异或门

异或门也称为逻辑异或电路。根据其真值表 1-4 可知,仅当 x_1 或 x_2 中的一方为 1 时,输出结果为 1。然而,用前面介绍的感知机是无法实现这个异或门的。这是因为感知机只能实现线性可分的函数,而异或门属于线性不可分的函数。

表 1-4 异或门的真值表

x_1	x_2	y
0	0	0
1	0	1
0	1	1
1	1	0

感知机可以实现与门、或门,是因为这些门的输出可以通过一个线性超平面进行分割。例如,对于或门,当权重参数 $(b, w_1, w_2) = (-0.2, 0.5, 0.5)$ 时,感知机可以满足真值表 1-3 中的条件。此时,感知机可用式(1-3)表示,即

$$y = \begin{cases} 0, & -0.2 + 0.5x_1 + 0.5x_2 \leq 0 \\ 1, & -0.2 + 0.5x_1 + 0.5x_2 > 0 \end{cases} \quad (1-3)$$

式(1-3)表示的感知机会生成由直线 $-0.2 + 0.5x_1 + 0.5x_2 = 0$ 分割开的两个空间,其中一个空间输出 1,另一个空间输出 0,如图 1-2 所示。

或门在 $(x_1, x_2) = (0, 0)$ 时输出 0,在 (x_1, x_2) 为 $(0, 1)$、$(1, 0)$、$(1, 1)$ 时输出 1。在图 1-2 中,圆圈表示 0,矩形表示 1。如果想制作或门,需要用直线将图 1-2 中的圆圈和矩形分开。实际上,这条灰色的直线就将这四个点正确地分开了。

那么,换成异或门的话会如何呢?能否像或门那样,用一条直线做出分割图 1-3 中的圆圈和矩形的空间呢?

从图 1-3 中可以看出,无法用一条直线将异或门的输出分开。

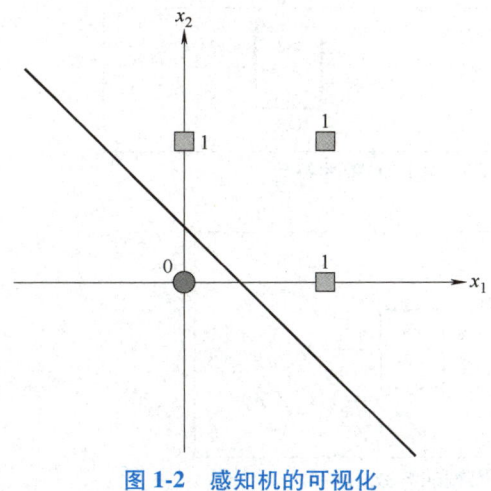

图 1-2 感知机的可视化

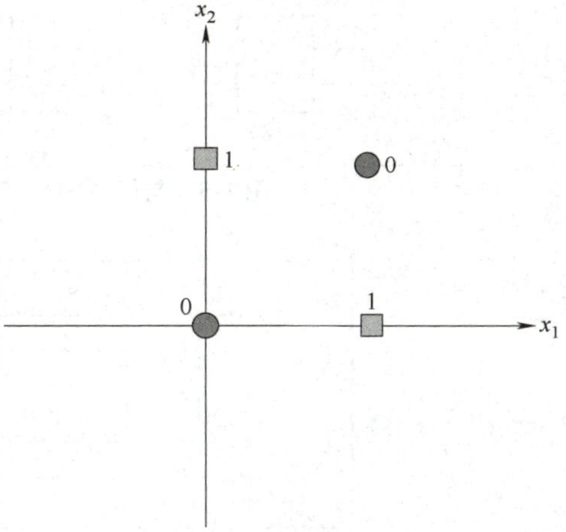

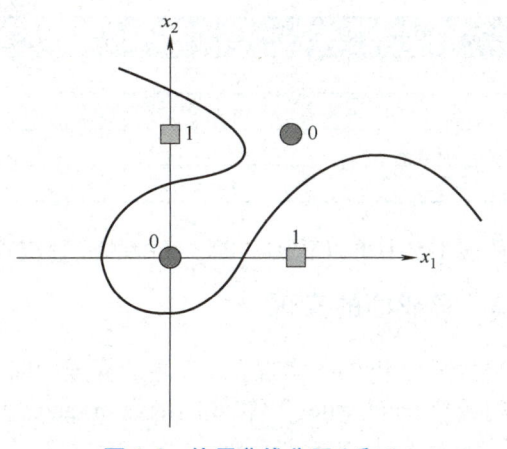

图 1-3 异或门的输出

1.4.2 线性和非线性

图 1-3 中的圆圈和矩形无法用一条直线分开，但是如果将"直线"这个限制去掉，就可以实现了。比如，使用曲线分开 0 和 1，如图 1-4 所示。

感知机的局限性就在于它只能表示由一条直线分割的空间。图 1-4 中的曲线无法用感知机表示。由图 1-4 中的曲线分割而成的空间称为非线性空间，由直线分割而成的空间称为线性空间。

图 1-4 使用曲线分开 0 和 1

1.5 多层感知机

感知机不能表示异或门让人深感遗憾，但也无须悲观。实际上，感知机的独特之处在于它能够通过叠加多个层来解决非线性问题。现在，暂时不考虑叠加层具体是指什么，先从其他角度来思考一下异或门的问题。

1.5.1 组合门电路配置异或门

要实现异或门，可以通过组合与门、与非门和或门来实现。图 1-5 中，与门、与非门和或门的符号已经给出，与非门的符号是带有圆圈的与门，表示其输出被反转。

异或门可以通过图 1-6 中的配置来实现。在这个配置中，x_1 和 x_2 是与非门和或门的输入，而与非门和或门的输出则作为与门的输入。这样的组合可以实现异或门的逻辑。

现在来确认一下图 1-6 中的配置是否实现了异或门。将与非门的输出记为 s_1，将或门的输出记为 s_2，然后填入真值表中，结果见表 1-5。

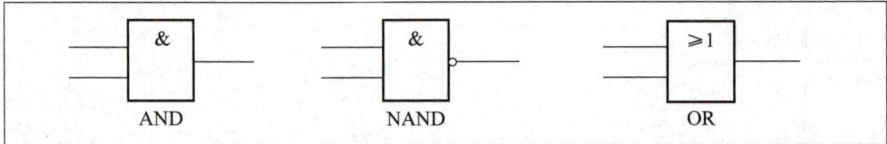

图 1-5 与门 AND、与非门 NAND、或门 OR 的符号

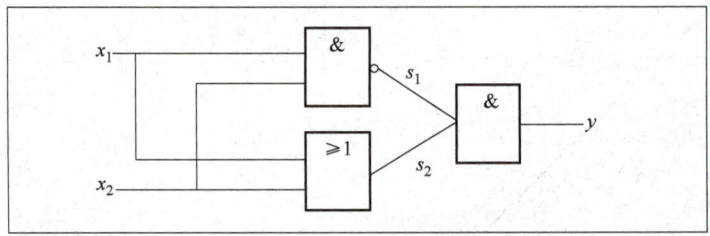

图 1-6 通过组合门电路配置的异或门

表 1-5 异或门的真值表

x_1	x_2	s_1	s_2	y
0	0	1	0	0
0	1	1	1	1
1	0	1	1	1
1	1	0	1	0

从表 1-5 中可以看到，图 1-6 中的配置实现了异或门。

1.5.2 异或门的实现

当尝试用 Python 实现表 1-5 中的异或门时，可以使用之前定义的与门函数 and_gate()、与非门函数 nand_gate() 和或门函数 or_gate()。代码如下：

```
def xor_gate(x1,x2):
    s1=nand_gate(x1,x2)
    s2=or_gate(x1,x2)
    return and_gate(s1,s2)

print(xor_gate(0,0))    # 输出 0
print(xor_gate(0,1))    # 输出 1
print(xor_gate(1,0))    # 输出 1
print(xor_gate(1,1))    # 输出 0
```

上述代码运行结果为：

```
0
1
1
0
```

运行结果与表1-5中的结果一致，表明异或门可以利用与门、与非门和或门来实现。

下面用感知机的表示方法（明确地显示神经元）来表示异或门，结果如图1-7所示。

通过图1-7可知，异或门是一种多层结构的神经网络。在图1-7中，最左边的一列称为第0层，中间的一列称为第1层，最右边的一列称为第2层。与前面介绍的与门、或门的感知机形状不同，与门、或门是单层感知机，而异或门是由多层感知机组成的，也称为多层感知机。

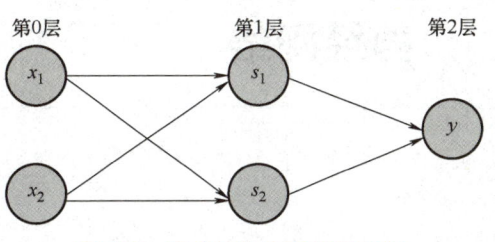

图 1-7　用感知机实现的异或门

在图1-7中，信号的传递方式为：首先在第0层和第1层的神经元之间进行信号的传递和接收，然后在第1层和第2层之间进行信号的传递和接收。这种多层结构的神经网络使得感知机能够实现异或门的逻辑运算。

这也说明了单层感知机无法表示的东西，通过增加一层神经元就可以解决。换句话说，通过叠加层（加深层），感知机能够实现更加灵活的表示，从而应对更为复杂的问题。这种概念也为后来深度学习的发展奠定了基础。

1.6　本章小结

本章首先介绍了感知机的基本概念和运行原理，探讨了与门、与非门和或门的实现方法，并展示了如何通过 Python 代码实现这些逻辑门的功能。随后，对感知机的局限性进行了讨论，特别是在处理非线性问题方面的局限性，以及无法表示异或门的问题。最后，引入了多层感知机的概念，并展示了如何通过叠加层来解决非线性问题。通过本章的学习，读者能深入了解感知机的原理、应用和局限性，以及多层感知机的重要性，为后续内容的学习打下坚实的基础。

1.7　习题

1. 描述感知机的基本工作原理。感知机的输入和输出分别是什么？
2. 解释权重和阈值在感知机中的作用。它们如何影响感知机的输出？
3. 讨论为何单层感知机无法实现异或门。请用"线性可分性"概念来解释。
4. 探讨感知机模型在现代深度学习中的地位和影响。它在当前深度学习模型构建中仍有哪些启示作用？
5. 感知机模型面临的"非线性问题"在深度学习领域是如何得到解决的？请简述深度学习中处理非线性问题的常见方法。

第 2 章

神经网络

第 1 章学习了感知机。尽管感知机能够表示复杂函数,但设定权重的工作仍然需要人工进行,以确定合适的、符合预期的输入和输出的权重。

神经网络的出现就是为了解决这个问题。具体地说,神经网络的一个重要特性是它可以自动地从数据中学习到合适的权重参数。本章将深入探讨神经网络的基本概念和结构。首先从感知机的原理入手,了解其在神经网络发展中的重要性。接着,将介绍神经网络的基本结构,包括各层的组成及其功能,进而引入激活函数的概念,讨论其对神经网络性能的影响。此外,本章还将详细阐述神经网络的前向传播过程,包括信号在各层间的传递及实现方法、输出层的设计,以及不同激活函数的应用。通过逐步解析损失函数、梯度法以及学习算法的实现,最后给出误差反向传播的相关理论。

2.1 从感知机到神经网络

神经网络和感知机有很多共同点。这里,主要以两者的差异为中心,来介绍神经网络的结构。

2.1.1 神经网络的结构

神经网络的结构可以用图来表示,图 2-1 展示了神经网络的一种示例。在图 2-1 中,最左边的一列称为输入层,最右边的一列称为输出层,而中间的一列则称为中间层或隐藏层。这里的"隐藏"指的是隐藏层的神经元对于外部观察者而言是不可见的,与输入层和输出层不同。另外,本书中将输入层到输出层依次称为第 0 层、第 1 层、第 2 层(层号从 0 开始,为了方便后续基于 Python 进行实现)。因此,图 2-1 中的第 0 层对应输入层,第 1 层对应中间层,第 2 层对应输出层。

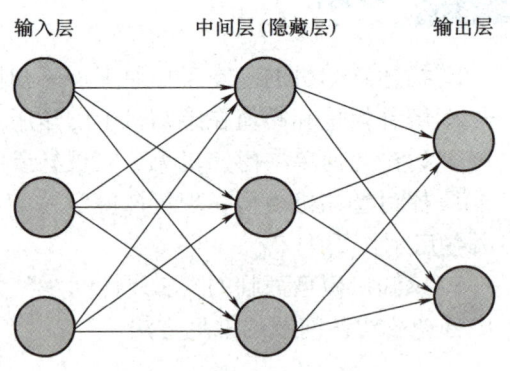

图 2-1 神经网络结构示例

从图 2-1 来看,神经网络的形状类似感知机。实际上,就连接方式而言,神经网络与感知机并没有任何差异。那么神经网络中信号是如何传递的呢?

2.1.2 回顾感知机

在观察神经网络中信号的传递方法之前,先回顾一下感知机。现在来思考一下图 2-2 中感知机的网络结构。

图 2-2 中,x_1、x_2 代表输入信号,y 代表输出信号,感知机的行为可以用式(2-1)描述。

$$y = \begin{cases} 0, & b+w_1x_1+w_2x_2 \leq 0 \\ 1, & b+w_1x_1+w_2x_2 > 0 \end{cases} \tag{2-1}$$

式中,b 为偏置,用于控制神经元被激活的容易程度;w_1 和 w_2 为各个信号的权重,用于控制各个信号的重要性。

在图 2-2 的网络结构中,偏置 b 并没有明确地表现出来。如果要明确地表示出偏置 b,可以参照图 2-3 的做法。在图 2-3 中,添加了权重为 b 的输入信号 1。这样,感知机将 x_1、x_2、1 三个信号作为神经元的输入,将其与各自的权重相乘后传送至下一层神经元。在下一层神经元中,计算这些信号的加权总和,如果这个总和超过 0,则输出 1,否则输出 0。由于偏置的输入信号始终是 1,为了区别于其他神经元,在图 2-3 中把这个神经元涂成了灰色。这种方式的描述有助于更清晰地理解神经网络中的信号传递和处理过程。

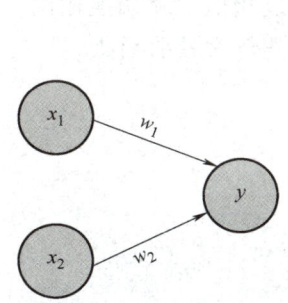

图 2-2 感知机的网络结构

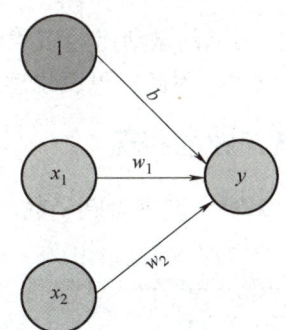

图 2-3 明确表示出偏置的感知机

当需要简化式(2-1)时,可以引入一个新的函数 $h(x)$ 来表示,即超过 0 则输出 1,否则输出 0,$h(x)$ 的定义为

$$h(x) = \begin{cases} 0, & x \leq 0 \\ 1, & x > 0 \end{cases} \tag{2-2}$$

利用函数 $h(x)$,可以将式(2-1)改写为式(2-3),有

$$y = h(b+w_1x_1+w_2x_2) \tag{2-3}$$

在式(2-3)中,输入信号的总和经过函数 $h(x)$ 的转换后得到输出 y。而式(2-2)中的函数 $h(x)$ 在输入大于 0 时输出 1,否则输出 0。因此,可以认为式(2-1)、式(2-2)和式(2-3)实现了相同的功能。

2.1.3 激活函数简介

激活函数通常用于将输入信号的总和转换为输出信号。正如其名称,激活函数决定了如何激活输入信号的总和。进一步改写式（2-3），这个过程可以分成两个阶段。首先，计算输入信号的加权总和，然后用激活函数对总和进行转换。因此，如果要详细描述式（2-3），可以分成以下两个式子，分别为式（2-4）和式（2-5），即

$$a = b + w_1 x_1 + w_2 x_2 \tag{2-4}$$

$$y = h(a) \tag{2-5}$$

首先，式（2-4）计算加权输入信号和偏置的总和，记为 a。然后，式（2-5）通过 $h()$ 函数将 a 转换为输出 y。这个计算过程可以用图 2-4 描述，神经元的 "○" 中明确显示了激活函数的计算过程，即信号的加权总和表示为节点 a，然后节点 a 通过激活函数 $h()$ 转换成节点 y。在本书中，"神经元"和"节点"这两个术语的含义是相同的。因此，在这里称 a 和 y 为"节点"，实际上它们和之前所提到的"神经元"是相同的。

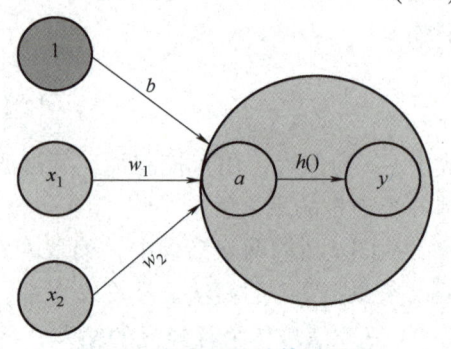

图 2-4　激活函数计算过程图

2.2　阶跃函数

式（2-2）表示的激活函数以阈值为界，一旦输入超过阈值，就切换输出。这样的函数称为"阶跃函数"。因此，可以说感知机中使用了阶跃函数作为激活函数。

2.2.1　阶跃函数的实现

根据式（2-2），实现阶跃函数的代码如下：

```
def step_function(x):
    if x > 0:
        return 1
    else:
        return 0
```

以上代码实现简单、易于理解，但是参数 x 只能接受实数（浮点数）。也就是说，允许形如 step_function (2.0) 的调用，但不允许参数取 NumPy 数组，如 step_function(np.array([1.0,2.0]))。为了便于后面的操作，把它修改为支持 NumPy 数组的实现。为此，修改阶跃函数实现的代码如下：

```
import numpy as np

def step_function(x):
    return np.array(x > 0,dtype=np.int)
```

在这个实现中，使用了 NumPy 库来处理数组。函数首先将 x 和 0 进行比较，然后将比

较结果转换为整数类型，最后返回结果数组。这样修改之后，阶跃函数就可以接受 NumPy 数组作为参数进行调用了。

下面利用 matplotlib 库实现显示阶跃函数的图形。

```python
import numpy as np
import matplotlib.pyplot as plt

def step_function(x):
    return np.array(x > 0,dtype=np.int)

x=np.linspace(-5.0,5.0,100)           # 生成-5.0 到 5.0 的 100 个点
y=step_function(x)

plt.plot(x,y)
plt.ylim(-0.1,1.1)                    # 设置 y 轴的范围
plt.xlabel('x')
plt.ylabel('step_function(x)')
plt.title('Step Function')
plt.grid(True)
plt.show()
```

以上代码首先导入了必要的库，包括 NumPy 和 matplotlib。然后定义了一个阶跃函数 step_function(x)，该函数使用 NumPy 库对输入数组 x 进行处理，返回一个由 0 和 1 组成的数组，表示输入大于 0 时输出 1，否则输出 0。

接下来，使用 numpy.linspace 生成了一个包含 100 个点的数组 x，这个数组的取值范围是-5.0~5.0。然后，调用 step_function() 函数计算这些输入点对应的输出值，并将结果存储在数组 y 中。

最后，使用 matplotlib.pyplot.plot() 函数将输入数组 x 和对应的输出数组 y 绘制成图形，并使用 plt.ylim 设置了 y 轴的范围，通过 plt.xlabel、plt.ylabel 和 plt.title 设置了图形的标签和标题，最终通过 plt.show 显示出阶跃函数的图形。运行结果如图 2-5 所示。

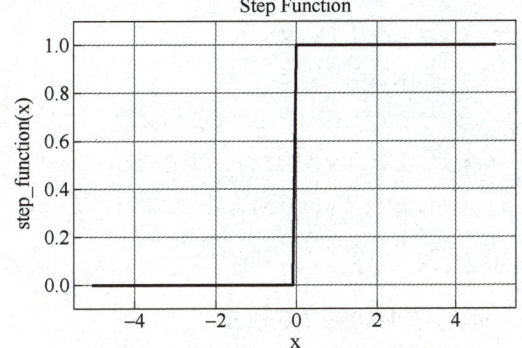

图 2-5　阶跃函数的图形

从图 2-5 可以看出，阶跃函数以 0 为界，输出从 0 切换为 1，或者从 1 切换为 0，它的值呈阶梯式变化，因此被称为阶跃函数。然而，该函数的一个明显缺点是它不是连续可导的，因此经常需要用其他函数来代替阶跃函数。这样就可以将神经网络从感知机进入更加灵活的世界。神经网络通常使用 Sigmoid 函

数、ReLU 函数等来替代阶跃函数，以解决其带来的问题。

2.2.2　Sigmoid 函数

Sigmoid 函数对应的公式为

$$h(x)=\frac{1}{1+e^{-x}} \tag{2-6}$$

式中，e 是纳皮尔常数 2.7182…。

Sigmoid 函数实现的代码如下：

```python
import numpy as np

def sigmoid(x):
    return 1/(1+np.exp(-x))
```

在 Python 中，NumPy 库中的 exp 函数计算输入数组中所有元素的指数。具体来说，对于输入数组中的每个元素 x，exp（x）的计算结果是 e 的 x 次幂。

利用 matplotlib 绘制 Sigmoid 函数的代码如下：

```python
import numpy as np
import matplotlib.pyplot as plt

def sigmoid(x):
    return 1/(1+np.exp(-x))

x=np.linspace(-5,5,100)    #生成-5到5之间的100个点
y=sigmoid(x)

plt.plot(x,y)
plt.xlabel('x')
plt.ylabel('sigmoid(x)')
plt.title('Sigmoid Function')
plt.grid(True)
plt.show()
```

运行结果如图 2-6 所示。

Sigmoid 函数是一条平滑的曲线，其输出随着输入连续地变化。这种平滑性对神经网络的学习具有重要意义，因为它可以提供连续的、充满信息量的输出。Sigmoid 函数的输出值在（0，1）之间，这意味着在神经网络中流动的是连续的实数值信号，这种连续性有助于神经网络学习到复杂的模式和关联。

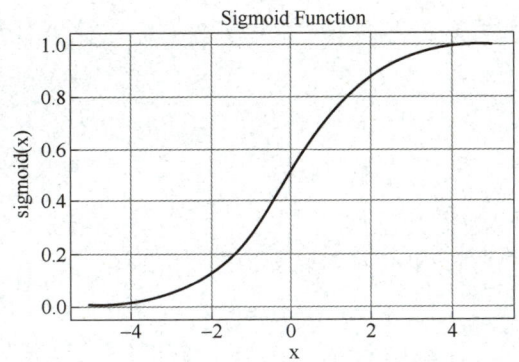

图 2-6　Sigmoid 函数的图形

2.2.3　ReLU 函数

神经网络的激活函数必须是非线性函数,因为如果使用线性函数作为激活函数,无论网络的层数如何增加,最终的输出仍将是输入的线性组合,这样就无法充分发挥深层网络的潜力。在神经网络的发展历史中,阶跃函数和 Sigmoid 函数曾被广泛使用。然而,近年来,ReLU(Rectified Linear Unit)函数成为一种常用的激活函数。ReLU 函数形式简单,并且在实践中表现良好,因此被广泛应用于深度学习模型中。

ReLU 函数在输入大于 0 时直接输出该值,在输入小于或等于 0 时则输出 0,其对应的数学公式为

$$h(x)=\begin{cases}0, & x\leq 0\\ x, & x>0\end{cases} \tag{2-7}$$

ReLU 函数的实现代码如下:

```
import numpy as np

def relu(x):
    return np.maximum(0,x)
```

上述代码使用了 NumPy 库来处理数组。ReLU 函数将输入 x 映射到一个范围在 [0, +∞) 之间的输出。具体而言,当输入大于 0 时,输出等于输入值;当输入小于或等于 0 时,输出为 0。

```
import numpy as np
import matplotlib.pyplot as plt

def relu(x):
    return np.maximum(0,x)

x=np.linspace(-5,5,100)    #生成-5 到 5 之间的 100 个点
```

```
y=relu(x)

plt.plot(x,y)
plt.xlabel('x')
plt.ylabel('relu(x)')
plt.title('ReLU Function')
plt.grid(True)
plt.show()
```

上述代码首先定义了 ReLU 函数 relu(x)，然后使用 numpy.linspace 生成了一个包含 100 个点的数组 x，接着计算了每个点对应的 ReLU 函数值，并将结果存储在数组 y 中。最后使用 matplotlib.pyplot.plot 函数将输入数组 x 和对应的输出数组 y 绘制成图形，并通过 plt.xlabel、plt.ylabel 和 plt.title 设置了图形的标签和标题，最终通过 plt.show 显示出 ReLU 函数的图形，结果如图 2-7 所示。

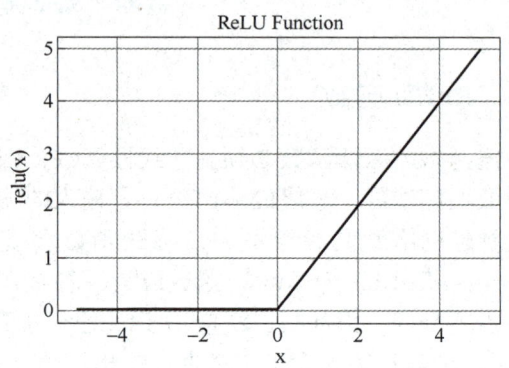

图 2-7 ReLU 函数的图形

2.3 神经网络的前向传播

图 2-8 是 3 层神经网络结构，有 1 个输入层，2 个隐藏层，1 个输出层。输入层有 2 个输入信号，第 1 个隐藏层有 3 个神经元，第 2 个隐藏层有 2 个神经元，输出层有 2 个神经元。下面借助 NumPy 中的 dot( ) 方法将输入信号与权重进行相乘操作，从而实现神经网络从输入到输出的前向处理。

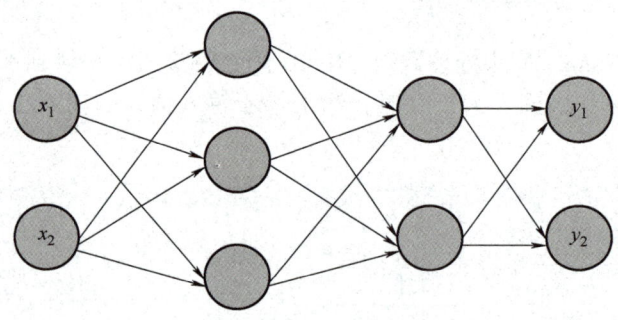

图 2-8 3 层神经网络结构

2.3.1 符号的含义

在神经网络和数学建模中，符号扮演着重要的角色。本节将探讨神经网络中的符号

（如权重、偏置、激活函数等），以及它们在模型和计算过程中的作用和意义。通过理解这些符号，可以更好地理解神经网络的运作原理和数学表达方式。图 2-9 突出显示了从输入层神经元 x_1 到后一层神经元 $a_3^{(1)}$ 的权重，以及权重符号的含义。

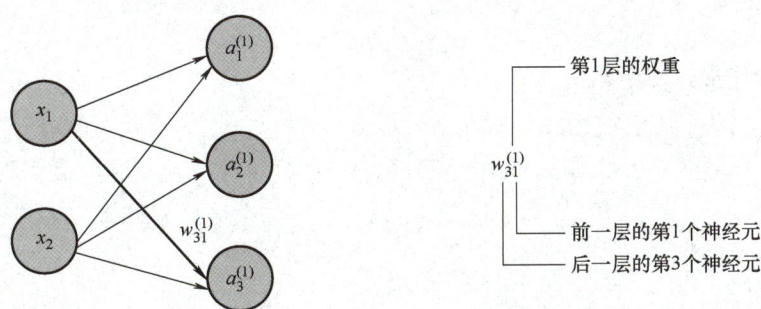

图 2-9　神经网络中的符号

输入信号用 x_i 表示，i 的取值范围与输入信号的个数相同，若为两个输入信号，可以分别用 x_1 和 x_2 表示。

权重用 $w_{ij}^{(k)}$ 表示，上标"(k)"表示权重的层号，$w_{ij}^{(1)}$ 表示第 1 层的权重。权重右下角的两个数字"ij"，"i"表示后一层神经元所在的层号（即索引号），"j"表示前一层神经元所在的层号（即索引号）。例如，$w_{31}^{(1)}$ 表示前一层的第 1 个神经元到后一层的第 3 个神经元 $a_3^{(1)}$ 的权重。权重右下角按照"后一层索引号、前一层索引号"的顺序排列。

隐藏层信息用 $a_i^{(k)}$ 表示，上标"(k)"表示隐藏层的层号，下标"i"表示隐藏层神经元的序号，一般情况下隐藏层神经元按照从上到下的顺序从自然数 1 开始编号。

2.3.2　各层间信号传递的实现

图 2-10 展示了从输入层到第 1 层的信号传递过程。这里，增加了表示偏置的神经元"1"。需要注意的是偏置 $b_1^{(1)}$ 的右下角的索引号只有一个，这是因为前一层的偏置神经元只有 1 个。

$a_1^{(1)}$ 是加权信号和偏置的和，用数学公式描述为

$$a_1^{(1)} = b_1^{(1)} + w_{11}^{(1)}x_1 + w_{12}^{(1)}x_2 \quad (2\text{-}8)$$

使用矩阵的乘法运算，则可以将第一层的加权和表示为

$$\boldsymbol{A}^{(1)} = \boldsymbol{X}\boldsymbol{W}^{(1)} + \boldsymbol{B}^{(1)} \quad (2\text{-}9)$$

其中，

$$\boldsymbol{A}^{(1)} = \begin{pmatrix} a_1^{(1)} & a_2^{(1)} & a_3^{(1)} \end{pmatrix}$$

$$\boldsymbol{W}^{(1)} = \begin{pmatrix} w_{11}^{(1)} & w_{21}^{(1)} & w_{31}^{(1)} \\ w_{12}^{(1)} & w_{22}^{(1)} & w_{32}^{(1)} \end{pmatrix}$$

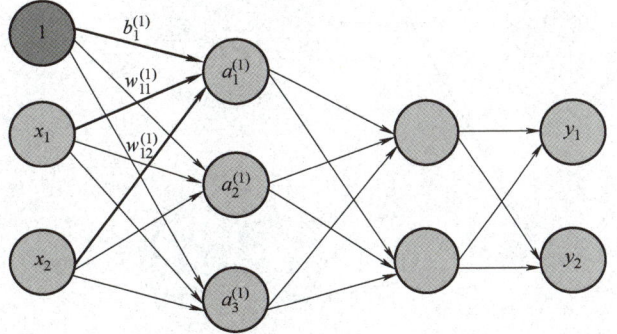

图 2-10　从输入层到第 1 层的信号传递过程

$$\boldsymbol{X} = \begin{pmatrix} x_1 & x_2 \end{pmatrix}$$

$$\boldsymbol{B}^{(1)} = \begin{pmatrix} b_1^{(1)} & b_2^{(1)} & b_3^{(1)} \end{pmatrix}$$

下面用 NumPy 多维数组来实现式（2-9），这里将输入信号、权重、偏置设置成任意值。下面给出 $\boldsymbol{A}^{(1)}$ 的实现代码：

```
import numpy as np

# 设置输入信号、权重和偏置
X=np.array([1.0,0.5])                        # 输入信号,形状为(2,)
W1=np.array([[0.1,0.2,0.3],[0.4,0.5,0.6]])   # 权重,形状为(2,3)
B1=np.array([0.1,0.2,0.3])                   # 偏置,形状为(3,)

# 计算输出
A1=np.dot(X,W1)+B1
```

以上代码中，np.dot(X, W1)+B1 执行了矩阵乘法运算，得到的结果与偏置求和，实现了式（2-9）。将第 1 层隐藏层的计算过程展开，从输入层到第 1 层的信号传递如图 2-11 所示。

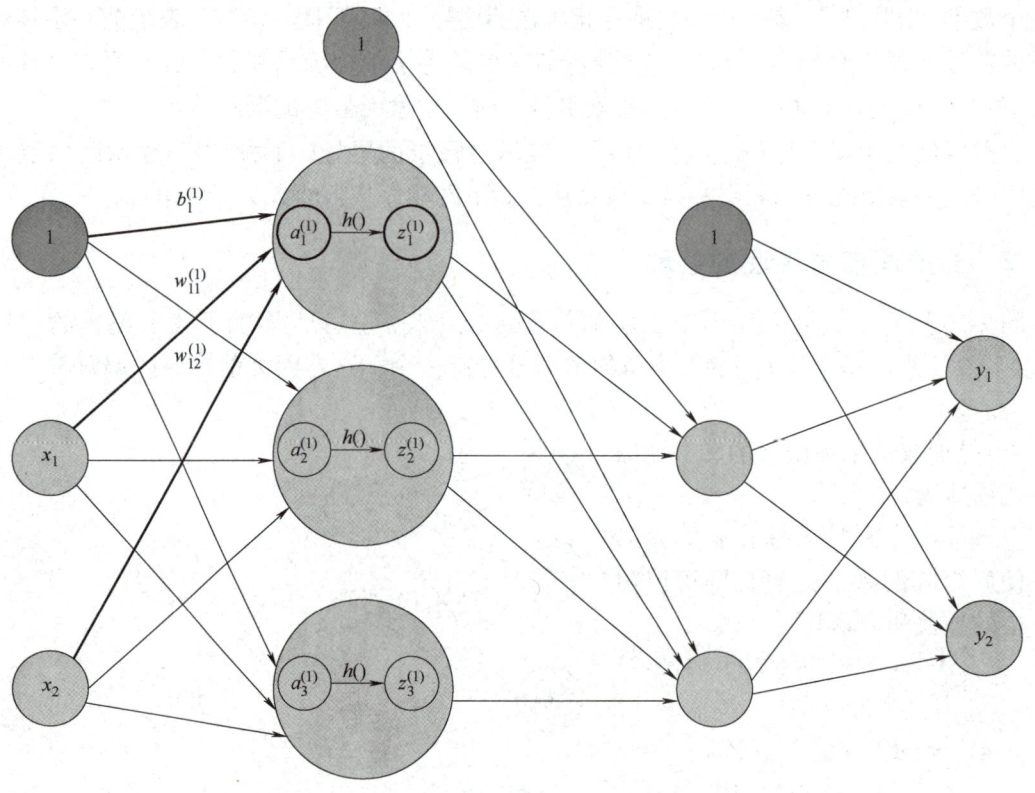

图 2-11 从输入层到第 1 层的信号传递

由图 2-11 可知，隐藏层的加权信号和偏置的总和用 a 表示，被激活函数转换后的信号用 z 表示。这里的 $h()$ 函数使用 Sigmoid 函数，下面给出 Python 实现代码：

```
Z1=sigmoid(A1)

print(A1)
print(Z1)
```

上述代码直接利用 2.2 节实现的函数 sigmoid()，它接收 NumPy 数组并返回元素个数相同的 NumPy 数组。运行结果为：

```
[0.4  0.65  0.9]
[0.59868766  0.65701046  0.7109495]
```

下面给出第 1 层到第 2 层的信号传递（见图 2-12）的实现代码：

```
W2=np.array([[0.1,0.3],[0.2,0.5],[0.3,0.4]])
B2=np.array([0.1,0.2])
A2=np.dot(Z1,W2)+B2
Z2=sigmoid(A2)
```

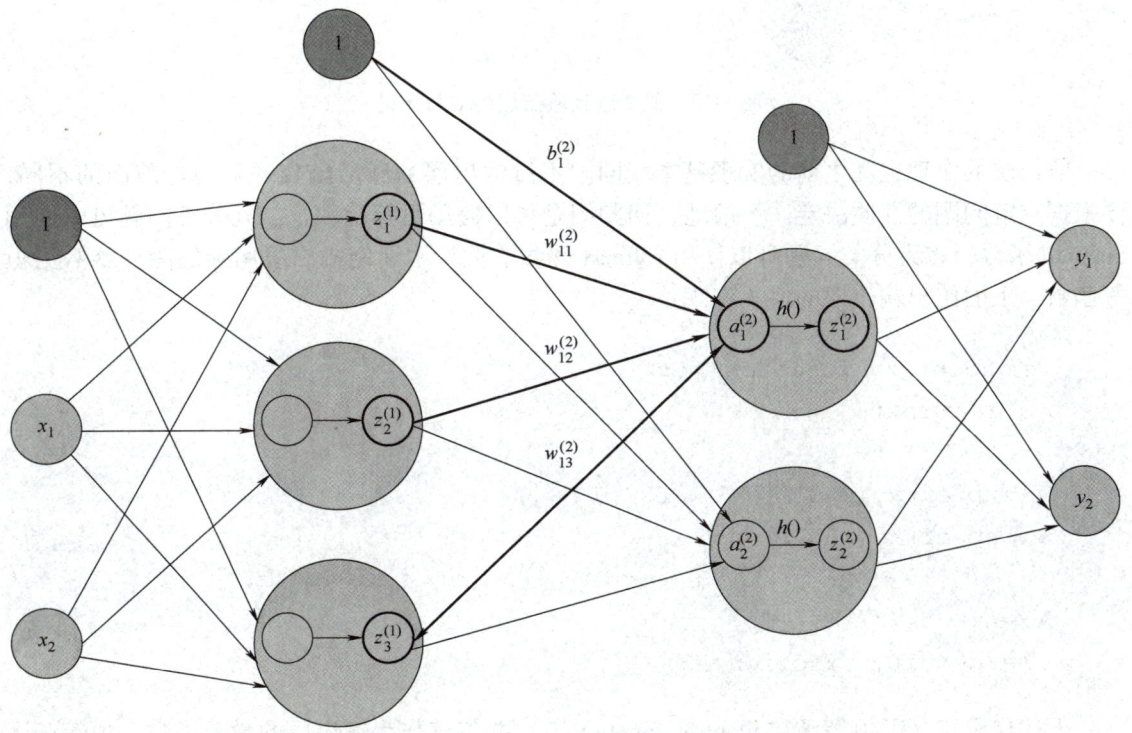

图 2-12　第 1 层到第 2 层的信号传递

在神经网络中，除了第 1 层的输出变成了第 2 层的输入之外，第 1 层到第 2 层的信号传递实现与输入层到第 1 层的信号传递实现完全相同。使用 NumPy 数组，可以轻松地将层到层的信号传递过程用简洁的代码实现出来。通过这种方式,可以清晰地表达神经网络中不同层之间的信号传递过程,提高代码的可读性和可维护性。

最后是第 2 层到输出层的信号传递,如图 2-13 所示。

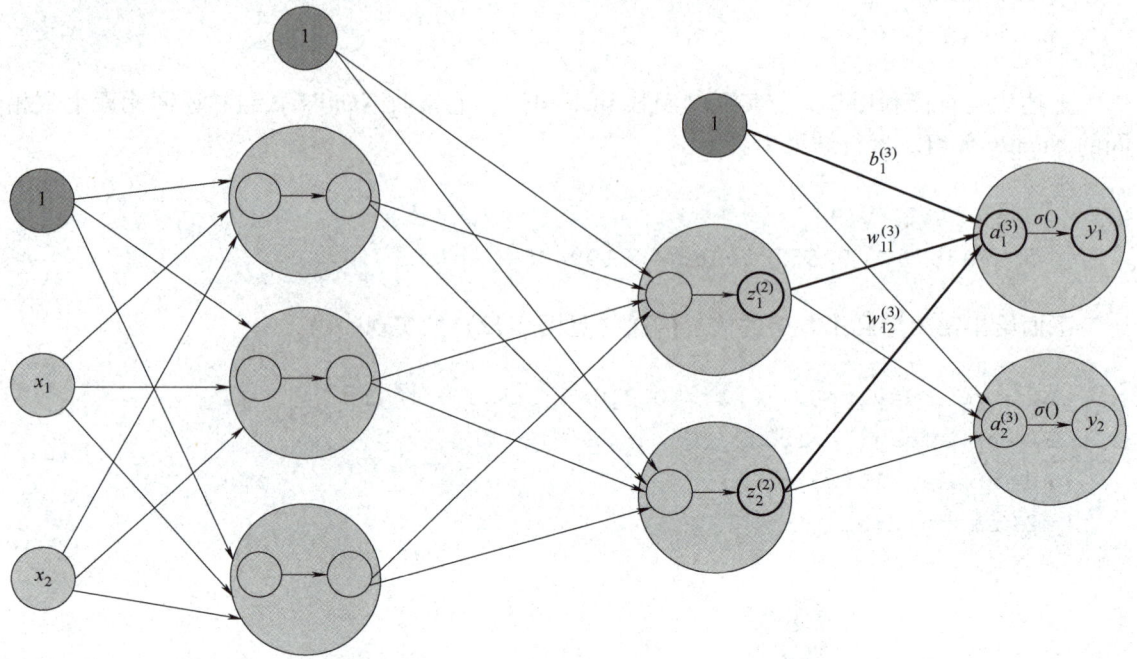

图 2-13 第 2 层到输出层的信号传递

输出层的实现也和之前的实现基本相同。不过输出层的激活函数一般会与前面的不同,要根据求解问题的性质决定。一般地,回归问题可以使用恒等函数,二元分类问题可以使用 Sigmoid 函数,多元分类问题可以使用 softmax 函数。假设本示例输出层用到的激活函数为恒等函数,下面给出输出层的代码实现:

```
def identity_function(x):
    return x

W3=np.array([[0.1,0.3],[0.2,0.5]])
B3=np.array([0.1,0.2])

A3=np.dot(Z2,W3)+B3
Z3=identity_function(A3)
```

上述代码定义了恒等函数 identity_function(),并将其作为输出层的激活函数。恒等函数会将输入按原样输出,这样的实现方式仅仅是为了和之前的流程保持统一。这种设计使得神经网络的不同层可以使用不同的激活函数,以适应不同的问题类型和输出要求。在图 2-13 中输出层的激活函数用 $\sigma()$ 表示,不同于隐藏层的激活函数 $h()$。

2.3.3 代码实现

至此，已经介绍完 3 层神经网络的实现，按照惯例，把权重记为大写字母，其他变量都用小写字母表示，实现代码如下：

```python
import numpy as np

def sigmoid(x):
    return 1/(1+np.exp(-x))

def identity_function(x):
    return x

def init_network():
    network={}
    network['W1']=np.array([[0.1,0.3,0.5],[0.2,0.4,0.6]])
    network['b1']=np.array([0.1,0.2,0.3])
    network['W2']=np.array([[0.1,0.4],[0.2,0.5],[0.3,0.6]])
    network['b2']=np.array([0.1,0.2])
    network['W3']=np.array([[0.1,0.3],[0.2,0.4]])
    network['b3']=np.array([0.1,0.2])
    return network

def forward(network,x):
    W1,W2,W3=network['W1'],network['W2'],network['W3']
    b1,b2,b3=network['b1'],network['b2'],network['b3']

    a1=np.dot(x,W1)+b1
    z1=sigmoid(a1)
    a2=np.dot(z1,W2)+b2
    z2=sigmoid(a2)
    a3=np.dot(z2,W3)+b3
    y=identity_function(a3)

    return y

network=init_network()
x=np.array([1.0,0.5])
y=forward(network,x)
print(y)
```

在这段代码中，定义了 init_network( ) 函数来初始化神经网络的权重和偏置，并定义了 forward( ) 函数来实现前向传播的过程。

运行结果如下：

```
[0.31682708 0.69627909]
```

2.4 输出层的设计

神经网络可以应用于分类问题和回归问题。根据问题的性质，需要选择适当的输出层激活函数。通常情况下，对于回归问题，会选择恒等函数作为输出层的激活函数，而对于分类问题，会选择 softmax 函数。

2.4.1 恒等函数

恒等函数对输入的信息不做任何改动直接输出。将恒等函数的处理过程用之前的神经网络图来表示，如图 2-14 所示。和前面介绍的隐藏层的激活函数一样，恒等函数进行的转换处理可以用一根箭头来表示。

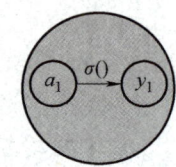

图 2-14 恒等函数

2.4.2 softmax 函数

分类问题中使用的 softmax 函数可以使用式（2-10）表示。假设输出层共有 n 个神经元，计算第 k 个神经元的输出 y_k，有

$$y_k = \frac{\exp(a_k)}{\sum_{i=1}^{n} \exp(a_i)} \tag{2-10}$$

式中，分子是输入信号 a_k 的指数函数；分母是所有输入信号的指数函数的和。

从式（2-10）可以看出，输出层的各个神经元都受到所有输入信号的影响。因此，如果用图表示 softmax 函数，可以将输出层神经元的节点与所有的输入信号节点相连，以表明它们受到所有输入信号的影响，如图 2-15 所示。图 2-15 更直观地展示出每个输出神经元都由所有的输入信号所影响，从而更好地说明了式（2-10）中 softmax 函数的特性。

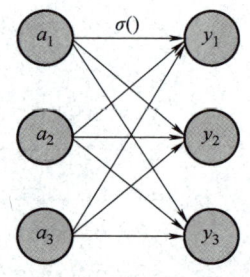

图 2-15 softmax 函数

softmax 函数的实现代码如下：

```
import numpy as np

def softmax(z):
    exp_z=np.exp(z)
    sum_exp_z=np.sum(exp_z)
    return exp_z/sum_exp_z
```

在这段代码中,首先计算输入向量 z 的每个元素的指数(exp_z),然后计算所有指数的和(sum_exp_z),最后将每个指数除以总和,得到 softmax 函数的输出。

需要注意的是,由于指数函数的特性,softmax 函数在处理大数值时可能导致数值稳定性问题。因此在实际应用中,通常会对输入向量先进行适当的缩放处理,以避免数值溢出或数值不稳定的情况。

对式(2-10)进行改进,改进的结果为

$$y_k = \frac{\exp(a_k)}{\sum_{i=1}^{n}\exp(a_i)} = \frac{C\exp(a_k)}{C\sum_{i=1}^{n}\exp(a_i)} = \frac{\exp(a_k + \log C)}{\sum_{i=1}^{n}\exp(a_i + \log C)} = \frac{\exp(a_k + C')}{\sum_{i=1}^{n}\exp(a_i + C')} \tag{2-11}$$

首先,式(2-11)在分子和分母上都乘以任意常数 C,然后,把 C 移到指数函数中,记为 $\log C$。最后,把 $\log C$ 替换为另一个符号 C',C' 可以为任何值,但为了防止溢出,一般会使用输入信号中的最大值。

【例 2-1】 softmax 函数实现示例。

代码如下:

```
import numpy as np

def softmax(x):
    return np.exp(x)/np.sum(np.exp(x),axis=0)

# 示例用法
x=np.array([1000,999,1010])
result=softmax(x)
print(result)
```

运行结果为:

```
[nan nan nan]
```

由运行结果可知,函数 softmax() 输出的结果为 [nan nan nan],这是由于指数运算值较大,产生了溢出,没有被正确计算。

【例 2-2】 采用溢出对策的 softmax 函数实现示例。

代码如下:

```
import numpy as np

def softmax(x):
    c=np.max(x)
    exp_x=np.exp(x-c)    # 避免指数溢出
    return exp_x/exp_x.sum(axis=0)
```

```
# 示例用法
x=np.array([1000,999,1010])
result=softmax(x)
print(result)
```

运行结果为:

```
[4.53971105e-05 1.67006637e-05 9.99937902e-01]
```

综合例 2-1 和例 2-2,softmax 函数的实现代码如下:

```
def softmax(x):
    c=np.max(x)
    exp_x=np.exp(x - c)    # 避免指数溢出
    sum_exp_x=np.sum(exp_x)
    y=exp_x/sum_exp_x
    return y
```

【例 2-3】 利用 softmax 计算神经网络的输出。
代码如下:

```
a=np.array([0.3,2.0,4.0])
y=softmax(a)
print(y)
```

运行结果如下:

```
[0.0213123  0.11666243  0.86202526]
```

从上面的运行结果可以观察到 softmax 函数的输出值在 0.0~1.0 之间。同时,softmax 函数的输出值的总和始终为 1,这是 softmax 函数的一个重要性质。正是由于这个性质,可以将 softmax 函数的输出解释为"概率"。

由输出向量 y=[0.0213123 0.11666243 0.86202526],可以解释为 y[0] 的概率是 0.021(2.1%),y[1] 的概率是 0.117(11.7%),y[2] 的概率是 0.862(86.2%)。基于概率的结果,可以表述为"由于第 3 个元素的概率最高,所以答案是第 3 个类别",还可以表述为"有 86.2%的概率是第 3 个类别,有 2.1%的概率是第 1 个类别,有 11.7%的概率是第 2 个类别"。换句话说,通过使用 softmax 函数,可以用概率的方式来处理问题。

因此,softmax 函数在神经网络中的常见用途之一是将神经网络的输出解释为关于多个类别的概率分布,从而能够以概率的形式进行推断和决策。

2.4.3 输出层的神经元数量

对于分类问题,输出层的神经元数量通常设置为类别的数量,例如,对图像中的数字

0~9 进行分类，输出层的神经元数量设定为 10。神经网络在训练过程中学习将输入映射到不同类别，每个输出神经元对应一个类别，最终产生分类预测结果。

对于回归问题，输出层的神经元数量通常根据目标变量的维度决定。如果要预测单个实数值（如房价、温度），则输出层的神经元数量设置为 1；如果需要同时预测多个相关的实数值（如坐标点的 x 和 y 坐标），则设置为对应实数值的维度。这样的设置保证了神经网络输出与问题需求相匹配，更好地完成回归预测任务。

2.5 损失函数

损失函数在神经网络中扮演着关键的角色，它用于衡量模型预测结果与实际标签之间的差异。通过损失函数，能够量化模型的预测性能，进而引导网络的学习过程，使其不断优化以更好地拟合数据。损失函数的作用是评估模型的预测值与真实值之间的差距，这种差距通常被称为"损失"，它是衡量模型性能的重要指标。在训练过程中，目标是最小化损失函数，通过调整神经网络中的参数，使得模型能够更准确地预测数据的标签。因此，损失函数在神经网络中起着至关重要的作用，它不仅指导着模型的学习方向，也是评价模型性能优劣的重要标准。一般情况下，损失函数采用均方误差和交叉熵误差。

2.5.1 均方误差

均方误差（Mean Squared Error，MSE）是一种常用的损失函数，用于衡量模型预测值与真实值之间的差异程度。MSE 定义为预测值与真实值之差的二次方的期望值，其数学表达式为

$$\text{MSE} = \frac{1}{2} \sum_k (y_k - t_k)^2 \tag{2-12}$$

式中，y_k 为真实值；t_k 为模型的预测值；k 表示数据的维数。

MSE 的值越小表示模型的预测结果与真实值之间的差异越小，因此在训练过程中，目标是通过优化模型参数，使得 MSE 尽可能地减小。MSE 广泛应用于回归问题中，如房价预测、股票价格预测等，它对较大误差更加敏感，因此能够有效地指导模型学习真实数据的分布特征。MSE 的实现代码如下：

```
def mean_squared_error(y_true,y_pred):
    return 0.5 * ((y_true - y_pred) ** 2)
```

代码中，y_true 和 y_pred 分别为 NumPy 数组。

2.5.2 交叉熵误差

交叉熵误差（Cross-Entropy Error，CEE）是一种用于衡量分类模型预测值与真实标签之间差异的指标。在机器学习和深度学习中，交叉熵通常用作损失函数，用于衡量模型输出与真实标签之间的接近程度。CEE 计算公式为

$$\text{CEE} = - \sum_k t_k \log y_k \tag{2-13}$$

式中，log 表示以 e 为底的自然对数；y_k 是神经网络的输出；t_k 是真实解标签，t_k 的值为 0 或 1（独热编码），所以在 CEE 中只有 t_k 为 1 时才参与运算，即正确的解标签才参与运算。

CEE 的实现代码如下：

```
def cross_entropy(y,t):
    delta=1e-7
    return -np.sum(t * np.log(y+delta))
```

其中，y 和 t 是 NumPy 数组。当进行 np.log 计算时，为了避免出现 np.log(0) 导致结果变为负无穷大（-inf）的情况，通常会添加一个微小值 delta 作为保护措施。这样可以确保即使预测值接近 0 时，也不会导致无法计算交叉熵。

2.5.3　mini-batch 学习

机器学习使用训练数据进行学习，严格来说，就是针对训练数据计算损失函数的值，并寻找使该值尽可能小的参数。因此，在训练过程中，必须考虑所有训练数据的贡献。换句话说，如果训练数据包含 100 个样本，那么需要将这 100 个样本的损失函数值的总和作为学习的指标。这意味着在优化模型参数的过程中，需要对整个训练数据集进行计算，以确保损失函数能够全面地反映模型对训练数据的拟合程度。以 CEE 为例，可以把式（2-13）写成

$$CEE = -\frac{1}{N}\sum_n \sum_k t_{nk} \log y_{nk} \tag{2-14}$$

式中，N 代表数据的总个数；t_{nk} 表示第 n 个数据的第 k 个类别的值；y_{nk} 是神经网络的输出；t_{nk} 是监督数据。

虽然式（2-14）可能看起来有些复杂，但实际上它只是将单个数据的损失函数的式（2-13）扩展到了 N 份数据，不过最后还要除以 N 进行正则化。通过除以 N，可以得到单个数据的"平均损失函数"。这种平均化的方式能够获得一个与训练数据的数量无关的统一指标。无论训练数据有 1000 个还是 10000 个，都可以得到单个数据的平均损失函数。

另外，如果训练数据集包含 80000 个样本，那么以全部数据为对象计算损失函数的和会耗费较长的时间。而且，如果遇到大数据集，数据量可能会高达数百万甚至数千万，这种情况下以全部数据为对象计算损失函数是不现实的。因此，可以从全部数据中选取一部分样本，作为整体数据集的"近似"。

在神经网络的学习中，通常会从训练数据中选取一批数据（称为 mini-batch，小批量），然后对每个 mini-batch 进行学习。比如，从 80000 个训练数据中随机选择 100 个样本，再利用这 100 个样本进行学习。这种学习方式被称为 mini-batch 学习。这样的方法不仅能够提高计算效率，同时也保持了对整体数据集的有效学习。

如何从训练数据中随机抽取 10 个数据呢？可以采用 NumPy 的 np.random.choice() 实现。

【例 2-4】　从 0~59999 之间随机选择 10 个数字。

```
np.random.choice(6000,10)
```

运行结果为：

```
array([3703,256,2949,4259,4387,5935,4123,1800,5024,4236]
```

只需从训练数据中指定这些随机选出的索引，取出 mini-batch，然后使用这个 mini-batch 计算损失函数即可。

2.5.4　mini-batch 版交叉熵误差的实现

如果监督数据是独热编码（one-hot 编码）形式，可采用下面的代码实现单个数据和批量数据的交叉熵误差：

```
def cross_entropy_error_1(y,t):
    if y.ndim==1:
        t=t.reshape(1,t.size)
        y=y.reshape(1,y.size)

    batch_size=y.shape[0]
    return -np.sum(t * np.log(y+1e-7))/batch_size
```

其中，y 是神经网络的输出，t 是监督数据。计算单个数据的交叉熵误差时，需要改变数据的形状。并且，当输入为 mini-batch 时，要用 batch 的个数进行正则化，计算单个数据的平均交叉熵误差。

【例 2-5】　监督数据用独热编码表示的交叉熵误差求解示例。

假设有一个分类任务，类别为三类（如猫、狗、鸟）。三个样本的真实标签（t）的独热编码如下：

对于第一个样本，真实标签是猫，所以 t=[1,0,0]。
对于第二个样本，真实标签是狗，所以 t=[0,1,0]。
对于第三个样本，真实标签是鸟，所以 t=[0,0,1]。
神经网络的预测输出（注意：这里的预测输出是经过 softmax 层的概率分布）如下：
对于第一个样本，神经网络的输出是 y=[0.7,0.2,0.1]。
对于第二个样本，神经网络的输出是 y=[0.1,0.5,0.4]。
对于第三个样本，神经网络的输出是 y=[0.2,0.3,0.5]。
调用交叉熵误差实现函数 cross_entropy_error_1( )，代码如下：

```
t=np.array([
    [1,0,0],    # 第一个样本
    [0,1,0],    # 第二个样本
    [0,0,1]     # 第三个样本
])

# 神经网络的预测输出
```

```
y=np.array([
    [0.7,0.2,0.1],    #第一个样本
    [0.1,0.5,0.4],    #第二个样本
    [0.2,0.3,0.5]     #第三个样本
])

#计算交叉熵误差
error=cross_entropy_error_1(y,t)
print("交叉熵误差:",error)
```

根据上面的代码,计算步骤如下:
计算每个样本的预测输出的对数概率:
对于第一个样本:np.log([0.7,0.2,0.1])=[-0.35667494,-1.60943791,-2.30258509]。
对于第二个样本:np.log([0.1,0.5,0.4])=[-2.30258509,-0.69314718,-0.91629073]。
对于第三个样本:np.log([0.2,0.3,0.5])=[-1.60943791,-1.2039728 ,-0.69314718]。
将对数概率与真实标签相乘,并求和:
对于第一个样本:1×(-0.35667494)+0×(-1.60943791)+0×(-2.30258509)=-0.35667494。
对于第二个样本:0×(-2.30258509)+1×(-0.69314718)+0×(-0.91629073)=-0.69314718。
对于第三个样本:0×(-1.60943791)+0×(-1.2039728)+1×(-0.69314718)=-0.69314718。
将所有样本的结果求和:
总和:-0.35667494-0.69314718-0.69314718=-1.7429693。
对总和取负数并计算平均值(除以批量大小):
平均交叉熵误差:1.7429693/3≈0.58098977
所以上面代码的输出为:

```
0.58098977
```

若监督数据是标签形式时,交叉熵误差可通过如下代码实现:

```
def cross_entropy_error_2(y,t):
    if y.ndim==1:
        t=t.reshape(1,t.size)
        y=y.reshape(1,y.size)

    batch_size=y.shape[0]
    return -np.sum(np.log(y[np.arange(batch_size),t]+1e-7))/batch_size
```

由于one-hot编码表示中,t为0的元素的交叉熵误差也为0,因此针对这些元素的计算可以忽略。换言之,如果可以获得神经网络在正确解标签处的输出,就可以计算交叉熵误

差。因此，t 为 one-hot 编码表示时的计算 "t * np.log(y+1e-7)"，当 t 为标签形式时，可用 np.log(y[np.arange(batch_size),t]+1e-7) 实现相同的处理。np.arange(batch_size) 会生成一个从 0~batch_size-1 的数组，比如当 batch_size 为 5 时，np.arange(batch_size) 会生成一个 NumPy 数组 [0, 1, 2, 3, 4]。因为 t 中的标签是以 [2, 7, 0, 9, 4] 的形式存储的，所以 y[np.arange(batch_size), t] 的作用是获取 y 中每个样本对应真实标签 t 的预测概率，即 y[0, 2]、y[1, 7]、y[2, 0]、y[3, 9] 和 y[4, 4] 的值。

【例 2-6】 监督数据用标签表示的交叉熵误差求解示例。

假设动物有三类（猫、狗、鸟），t 代表真实标签，三个样本的信息如下：

对于第一个样本，真实标签是猫，所以 t=0。

对于第二个样本，真实标签是狗，所以 t=1。

对于第三个样本，真实标签是鸟，所以 t=2。

y 代表神经网络的预测输出（注意：这里的预测输出是经过 softmax 层的概率分布），三个样本的信息如下：

对于第一个样本，神经网络的输出是 y=[0.7, 0.2, 0.1]。

对于第二个样本，神经网络的输出是 y=[0.1, 0.5, 0.4]。

对于第三个样本，神经网络的输出是 y=[0.2, 0.3, 0.5]。

实现代码如下：

```python
# 真实标签(类别索引)
t=np.array([0,1,2])

# 神经网络的预测输出
y=np.array([
    [0.7,0.2,0.1],   # 第一个样本
    [0.1,0.5,0.4],   # 第二个样本
    [0.2,0.3,0.5]    # 第三个样本
])

# 计算交叉熵误差
error=cross_entropy_error_2(y,t)
print("交叉熵误差:",error)
```

上述代码的计算步骤：

1) 获取每个样本对应标签的预测概率：

对于第一个样本，真实标签是猫（索引 0），预测概率是 y[0,0]=0.7。

对于第二个样本，真实标签是狗（索引 1），预测概率是 y[1,1]=0.5。

对于第三个样本，真实标签是鸟（索引 2），预测概率是 y[2,2]=0.5。

2) 计算每个样本的对数概率：

对于第一个样本：np.log(0.7+1e-7) ≈ -0.35667494。

对于第二个样本：np.log(0.5+1e-7)≈-0.69314718。
对于第三个样本：np.log(0.5+1e-7)≈-0.69314718。
3）将所有样本的结果求和：
总和：-0.35667494-0.69314718-0.69314718=-1.7429693。
4）对总和取负数并计算平均值（除以批量大小）：
平均交叉熵误差：1.7429693/3≈0.58098977。
因此，上述代码将输出：

```
0.58098977
```

2.6 梯度法

机器学习的主要任务是在学习过程中寻找最优参数。同样，神经网络在训练时也需要找到最优的参数（包括权重和偏置）。在这一过程中，损失函数用于衡量模型的预测与实际结果之间的差距，目标是使损失函数的值最小化。然而，损失函数通常是复杂的，参数空间也非常庞大，无法直接知道在哪些位置能够获得最小值。为了解决这个问题，梯度法通过巧妙地利用梯度信息来寻找函数的最小值，从而有效地优化模型的参数。

2.6.1 梯度

假设有两个变量的函数 $f(x_0, x_1) = x_0^2 + x_1^2$，现在一起计算 x_0 和 x_1 的偏导数 $\left(\dfrac{\partial f}{\partial x_0}, \dfrac{\partial f}{\partial x_1}\right)$，像 $\left(\dfrac{\partial f}{\partial x_0}, \dfrac{\partial f}{\partial x_1}\right)$ 这样由全部变量的偏导数汇总而成的向量称为梯度。梯度实现的代码如下：

```
def numerical_gradient(f,x):
    h=1e-4
    grad=np.zeros_like(x)   #生成和x形状相同的数组

    for idx in range(x.size):
        tmp_val=x[idx]

        #f(x+h)的计算
        x[idx]=tmp_val+h
        fxh1=f(x)

        #f(x-h)的计算
        x[idx]=tmp_val-h
        fxh2=f(x)
```

```
        grad[idx]=(fxh1-fxh2)/(2*h)
        x[idx]=tmp_val

    return grad
```

代码中 np.zeros_like(x) 会生成一个形状与 x 相同,所有元素都为 0 的数组。

函数 numerical_gradient(f, x) 中,参数 f 为函数,x 为 NumPy 数组,该函数对 NumPy 数组 x 的各个元素求数值微分。计算点 (3, 4) 的梯度,代码如下:

```
def f_2(x):
    return x[0]**2+x[1]**2

def numerical_gradient(f,x):
    h=1e-4
    grad=np.zeros_like(x)  #生成和 x 形状相同的数组

    for idx in range(x.size):
        tmp_val=x[idx]

        #f(x+h)的计算
        x[idx]=tmp_val+h
        fxh1=f(x)

        #f(x-h)的计算
        x[idx]=tmp_val-h
        fxh2=f(x)

        grad[idx]=(fxh1-fxh2)/(2*h)
        x[idx]=tmp_val

    return grad
numerical_gradient(f_2,np.array([3,4]))
```

运行结果为:

```
array([6.,8.])
```

梯度表示的是各个点处函数值减小最快的方向,但是并不能保证梯度所指向的方向就是函数的最小值或最优前进方向。实际上,在复杂的函数中,梯度指示的方向往往并不指向函数的最小值。尽管如此,沿着梯度的方向仍然能够最大限度地降低函数的值。因此,在寻找函数最小值的过程中,应以梯度信息为线索,决定前进的方向。

此时，梯度法便发挥了重要作用。在梯度法中，从当前位置出发，沿着梯度方向前进一定的距离，然后在新的位置重新计算梯度，再继续沿着新的梯度方向前进，如此反复，不断迭代。通过这种方式，逐步沿梯度方向前进，从而逐渐减小函数值，这就是梯度法的基本过程。梯度法是解决机器学习中优化问题的常用方法，尤其在神经网络的训练中得到了广泛应用。

以函数 $f(x_0,x_1)=x_0^2+x_1^2$ 为例，尝试用数学式来表示梯度法：

$$\begin{cases} x_0 \leftarrow x_0 - \eta \dfrac{\partial f}{\partial x_0} \\ x_1 \leftarrow x_1 - \eta \dfrac{\partial f}{\partial x_1} \end{cases} \tag{2-15}$$

式中，η 表示更新量，在神经网络的学习中，称为学习率。学习率决定每次学习过程中应更新多少参数以及更新的幅度。式（2-15）展示了参数更新一次的过程，这个步骤会反复执行。也就是说，每一步都按照式（2-15）对变量进行更新。通过不断重复这一过程，可以逐渐减小目标函数的值。虽然这里展示的是有两个变量时的更新过程，但是即便增加变量的数量，也可以通过与式（2-15）类似的式子（各个变量的偏导数）进行更新。

下面给出梯度下降法的实现：

```
def gradient_descent(f,init_x,lr=0.01,step_num=100):
    x=init_x

    for i in range(step_num):
        grad=numerical_gradient(f,x)
        x-=lr*grad

    return x
```

参数 f 是要进行优化的函数，init_x 是初始值，lr 是学习率，step_num 是梯度法的重复次数。用函数 numerical_gradient(f, x) 计算函数 f 在 x 处的梯度，用该梯度乘以学习率得到的值进行更新操作。

2.6.2 神经网络的梯度

神经网络的学习过程同样依赖于梯度。这里所指的梯度是指损失函数关于权重参数的梯度。比如，考虑只有一个形状为 2×3 的权重 W 的神经网络，损失函数用 L 表示。在这种情况下，梯度可以用 $\dfrac{\partial L}{\partial W}$ 表示，对应的数学描述形式为

$$\begin{cases} W = \begin{pmatrix} w_{11} & w_{12} & w_{13} \\ w_{21} & w_{22} & w_{23} \end{pmatrix} \\ \dfrac{\partial L}{\partial W} = \begin{pmatrix} \dfrac{\partial L}{\partial w_{11}} & \dfrac{\partial L}{\partial w_{12}} & \dfrac{\partial L}{\partial w_{13}} \\ \dfrac{\partial L}{\partial w_{21}} & \dfrac{\partial L}{\partial w_{22}} & \dfrac{\partial L}{\partial w_{23}} \end{pmatrix} \end{cases} \tag{2-16}$$

$\frac{\partial L}{\partial W}$ 的元素由各个元素关于 W 的偏导数构成。比如，第 1 行第 1 列的元素 $\frac{\partial L}{\partial w_{11}}$ 表示 w_{11} 发生变化时，损失函数 L 会发生多大变化。

下面构建一个简单的神经网络，然后计算梯度。代码如下：

```python
import numpy as np

def softmax(z):
    exp_z=np.exp(z)
    sum_exp_z=np.sum(exp_z)
    return exp_z/sum_exp_z


def cross_entropy(y,t):
    delta=1e-7
    return -np.sum(t*np.log(y+delta))

class simpleNet:
    def __init__(self):
        self.w=np.random.randn(2,3)

    def predict(self,x):
        return np.dot(x,self.w)

    def loss(self,x,t):
        z=self.predict(x)
        y=softmax(z)
        loss=cross_entropy(y,t)
        return loss
```

上述代码中，simpleNet 类只有两个方法，一个是用于预测的 predict(x)，另一个是用于求损失函数值的 loss(x, t)，x 接收输入数据，t 接收正确解标签。

创建简单的神经网络并输出权重矩阵的代码如下：

```python
net=simpleNet()
print(net.w)
```

运行结果为：

```
[[-1.4241976  -0.02715043  0.14090562]
 [ 0.84070734  1.80434357 -0.1195232 ]]
```

根据上面的神经网络继续对输入数组［0.6，0.9］进行预测的代码如下：

```
x=np.array([0.6,0.9])
p=net.predict(x)
print(p)
```

运行结果为：

```
[-0.09788195  1.60761895  -0.02302751]
```

计算梯度代码如下：

```
np.argmax(p)
t=np.array([0,1,0])
net.loss(x,t)
```

运行结果如下：

```
0.3202587350030319
```

接下来计算梯度，代码如下：

```
import numpy as np

def softmax(z):
    z -=np.max(z)                          # 为了避免溢出
    exp_z=np.exp(z)
    return exp_z/np.sum(exp_z)

def cross_entropy(y,t):
    delta=1e-7                             # 防止对数计算中的数值不稳定
    return -np.sum(t * np.log(y+delta))

class simpleNet:
    def __init__(self):
        self.w=np.random.randn(2,3)        # 权重,形状为(2,3)

    def predict(self,x):
        return np.dot(x,self.w)            # 前向传播,计算输出

    def loss(self,x,t):
```

```python
        z=self.predict(x)                    # 计算预测值
        y=softmax(z)                         # 计算 softmax 输出
        loss=cross_entropy(y,t)              # 计算损失
        return loss

# 实例化网络
net=simpleNet()

# 输入数据(两个样本,两个特征)
x=np.array([[0.6,0.9],[0.2,0.4]])            # 两个样本,每个样本两个特征
# 目标值(两个样本,三类的 one-hot 编码)
t=np.array([[0,1,0],[1,0,0]])                # 两个样本,每个样本三个类别的
                                             #  one-hot 编码

# 定义损失函数 f(x)
def f(x):
    return net.loss(x,t)                     # t 应该与样本数匹配

# 数值梯度计算
def numerical_gradient(f,x):
    h=1e-4                                   # 微小的增量
    grad=np.zeros_like(x)                    # 创建与 x 形状相同的数组

    for idx in np.ndindex(x.shape):
        tmp_val=x[idx]

        # 计算 f(x+h)
        x[idx]=tmp_val+h
        fxh1=f(x)

        # 计算 f(x-h)
        x[idx]=tmp_val - h
        fxh2=f(x)

        grad[idx]=(fxh1 - fxh2)/(2*h)        # 中心差分公式
        x[idx]=tmp_val                       # 恢复原值

    return grad
```

```
# 计算数值梯度
grad=numerical_gradient(f,x)
print("Gradient:\n",grad)
```

运行结果为:

```
Gradient:
[[-0.447445    0.47935885]
 [0.53691809  -0.13693351]]
```

上述代码创建了一个简单的神经网络,并在两个样本上计算了数值梯度。注意,输入 x 和目标 t 都是二维数组。最后将显示计算出的梯度,表示损失函数相对于输入的变化率。

2.7 学习算法的实现

前面已经介绍了神经网络的一些关键概念,如"损失函数""mini-batch""梯度"和"梯度下降法"。在神经网络中,存在一组初始的权重和偏置,通过调整这些权重和偏置以便更好地拟合训练数据的过程称为"学习"。接下来,将介绍神经网络的学习步骤。

步骤 1(mini-batch):从训练数据中随机选出一部分数据,这部分数据称为 mini-batch。目标是通过这一 mini-batch 来减小损失函数的值。

步骤 2(计算梯度):为了降低 mini-batch 的损失函数的值,需要求出各个权重参数的梯度,梯度指示了损失函数值下降最快的方向。

步骤 3(更新参数):根据计算得到的梯度,沿着梯度方向对权重参数进行微小更新。

步骤 4(重复):重复步骤 1、步骤 2 和步骤 3,直到模型的性能达到预期目标。

神经网络的学习按照上述四个步骤进行,并通过梯度下降法来更新参数,但由于使用的是随机选择的 mini-batch,因此被称为随机梯度下降法(Stochastic Gradient Descent,SGD)。这里的"随机"指的是"随机选择的",因此,随机梯度下降法就是对随机选择的数据进行梯度下降的过程。在深度学习的许多框架中,随机梯度下降法通常由一个名为 SGD 的函数来实现,这个名称源于随机梯度下降法英文名称的首字母缩写。

2.7.1 两层神经网络的实现

下面给出搭建两层神经网络的完整代码实现:

```
import numpy as np

# softmax 函数,用于多类分类的输出层
def softmax(x):
    c=np.max(x)              # 防止指数溢出,减去最大值
    exp_x=np.exp(x-c)
```

```python
    return exp_x/exp_x.sum(axis=0)

# Sigmoid 激活函数
def sigmoid(x):
    return 1/(1+np.exp(-x))

# 计算函数 f 在点 x 的数值梯度
def numerical_gradient(f,x):
    h=1e-4                                  # 设置微小的增量
    grad=np.zeros_like(x)                   # 创建与 x 形状相同的数组以存放
                                            #   梯度
    
    # 遍历 x 的每个元素
    for idx in np.ndindex(x.shape):
        tmp_val=x[idx]
        
        # 计算 f(x+h)
        x[idx]=tmp_val+h
        fxh1=f(x)                           # f 在 x+h 处的值
        
        # 计算 f(x-h)
        x[idx]=tmp_val - h
        fxh2=f(x)                           # f 在 x-h 处的值
        
        # 使用中心差分公式计算梯度
        grad[idx]=(fxh1 - fxh2)/(2*h)       # 计算梯度
        x[idx]=tmp_val                      # 恢复原值
    
    return grad                             # 返回计算得到的梯度

# 计算交叉熵损失
def cross_entropy_error(y,t):
    # 如果 y 是一维数组,则将其重塑为二维数组
    if y.ndim==1:
        t=t.reshape(1,t.size)
        y=y.reshape(1,y.size)
    
    batch_size=y.shape[0]                   # 获取批次大小
```

```python
        return -np.sum(t * np.log(y+1e-7))/batch_size   # 计算交叉熵损失,避免 log(0)

# 两层神经网络类
class TwoLayerNet:
    def __init__(self,input_size,hidden_size,output_size,weight_init_std=0.01):
        # 初始化权重
        self.params={}
        self.params['W1']=weight_init_std * np.random.randn(input_size,hidden_size)   # 输入层到隐藏层的权重
        self.params['b1']=np.zeros(hidden_size)                                        # 隐藏层的偏置
        self.params['W2']=weight_init_std * np.random.randn(hidden_size,output_size)  # 隐藏层到输出层的权重
        self.params['b2']=np.zeros(output_size)                                        # 输出层的偏置

    def predict(self,x):
        # 前向传播
        W1,W2=self.params['W1'],self.params['W2']
        b1,b2=self.params['b1'],self.params['b2']

        a1=np.dot(x,W1)+b1                    # 输入层到隐藏层的加权和
        z1=sigmoid(a1)                        # 隐藏层的激活值

        a2=np.dot(z1,W2)+b2                   # 隐藏层到输出层的加权和
        y=softmax(a2)                         # 输出层的激活值(类别概率)

        return y                              # 返回预测结果

    # 计算损失函数
    def loss(self,x,t):
        y=self.predict(x)                     # 获取预测值
        return cross_entropy_error(y,t)       # 返回损失值

    # 计算准确率
    def accuracy(self,x,t):
        y=self.predict(x)                     # 获取预测值
        y=np.argmax(y,axis=1)                 # 取出概率最大的类别
```

```python
            t=np.argmax(t,axis=1)                      # 取出真实类别

            accuracy=np.sum(y==t)/float(x.shape[0])    # 计算准确率
            return accuracy                            # 返回准确率

        # 计算权重的数值梯度
        def numerical_gradient(self,x,t):
            loss_W=lambda W: self.loss(x,t)            # 定义损失函数
            grads={}                                   # 初始化梯度字典

            # 计算每个参数的数值梯度
            grads['W1']=numerical_gradient(loss_W,self.params['W1'])
                                                       # 输入层到隐藏层的权重梯度
            grads['b1']=numerical_gradient(loss_W,self.params['b1'])
                                                       # 隐藏层的偏置梯度
            grads['W2']=numerical_gradient(loss_W,self.params['W2'])
                                                       # 隐藏层到输出层的权重梯度
            grads['b2']=numerical_gradient(loss_W,self.params['b2'])
                                                       # 输出层的偏置梯度

            return grads                               # 返回所有参数的梯度
```

TwoLayerNet 类有 params 和 grads 两个字典实例变量。params 变量中保存了权重参数，grads 变量中保存了各个参数的梯度。

用上面定义的两层神经网络定义网络对象 net，并输出 net 的参数形状。代码如下：

```python
net=TwoLayerNet(input_size=784,hidden_size=100,output_size=10)
print(net.params['W1'].shape)
print(net.params['b1'].shape)
print(net.params['W2'].shape)
print(net.params['b2'].shape)
```

运行结果为：

```
(784,100)
(100,)
(100,10)
(10,)
```

由运行结果可知：权重矩阵 W1 为 784 行 100 列的矩阵，偏置 b1 为 100 个元素的数组。

```
x=np.random.rand(100,784)
y=net.predict(x)
print(y.shape)
```

运行结果为:

```
(100,10)
```

此结果表明 y 为 100 行 10 列的数组,即 100 个具有 10 个元素的一维数组。

```
x=np.random.rand(100,784)
t=np.random.rand(100,10)

grads=net.numerical_gradient(x,t)

grads['W1'].shape
```

运行结果为:

```
(784,100)
```

2.7.2 两层神经网络解决异或问题

利用上节搭建的两层神经网络 TwoLayerNet 解决异或问题,代码如下:

```
# 生成简单的 XOR 数据集
def generate_xor_data(num_samples=100):
    X=np.random.rand(num_samples,2)      # 生成随机输入
    y=np.zeros((num_samples,1))           # 初始化输出
    for i in range(num_samples):
        # XOR 标签
        y[i]=int(X[i,0]>0.5)^int(X[i,1]>0.5)
    y=y.reshape(num_samples,1)

    # 将输出转换为 one-hot 编码
    T=np.zeros((num_samples,2))           # 两个类别
    for i in range(num_samples):
        T[i,int(y[i])]=1                  # 将标签转换为 one-hot 编码

    return X,T
```

```python
# 创建数据
X,T=generate_xor_data(1000)                    #1000 个样本

# 创建 TwoLayerNet 实例
input_size=2                                    # 输入维度
hidden_size=4                                   # 隐藏层神经元数量
output_size=2                                   # 输出维度(两个类)
network=TwoLayerNet(input_size,hidden_size,output_size)

# 超参数
learning_rate=0.1
epochs=100000
batch_size=32                                   # mini-batch 大小

# 用于保存损失值
loss_history=[]

# 训练网络
for epoch in range(epochs):
    # 随机选择 mini-batch
    indices=np.random.choice(X.shape[0],batch_size)
    X_batch=X[indices]
    T_batch=T[indices]

    # 计算损失
    loss=network.loss(X_batch,T_batch)
    loss_history.append(loss)                   # 保存损失值

    # 计算梯度
    grads=network.numerical_gradient(X_batch,T_batch)

    # 更新权重
    for key in network.params:
        network.params[key]-=learning_rate*grads[key]

    # 每 1000 次迭代打印损失
    if epoch % 1000==0:
        print(f'Epoch {epoch},Loss: {loss}')

# 绘制损失函数变化图
plt.plot(loss_history)
```

```
plt.xlabel('Iterations')
plt.ylabel('Loss')
plt.title('Loss Function during Training')
plt.grid()
plt.show()

# 评估网络的准确率
accuracy=network.accuracy(X,T)
print(f'Final accuracy: {accuracy}')
```

上述代码中,mini_batch 的大小为 32,需要每次从 1000 个训练数据中随机取出 32 个数据。然后,对这个包含 32 个数据的 mini-batch 求梯度,使用随机梯度下降法更新参数。这里,梯度法的更新次数(循环次数)为 100000。运行结果如下:

```
Epoch 90000,Loss: 0.1388514463750946
Epoch 91000,Loss: 0.054732692668566216
Epoch 92000,Loss: 0.08305133436581377
Epoch 93000,Loss: 0.10922443256182754
Epoch 94000,Loss: 0.06992894211033532
Epoch 95000,Loss: 0.15752386361827567
Epoch 96000,Loss: 0.0752367754926197
Epoch 97000,Loss: 0.13264222439878884
Epoch 98000,Loss: 0.058532738167596576
Epoch 99000,Loss: 0.04384513289597707
Final accuracy: 0.984
```

损失函数的变化曲线如图 2-16 所示。

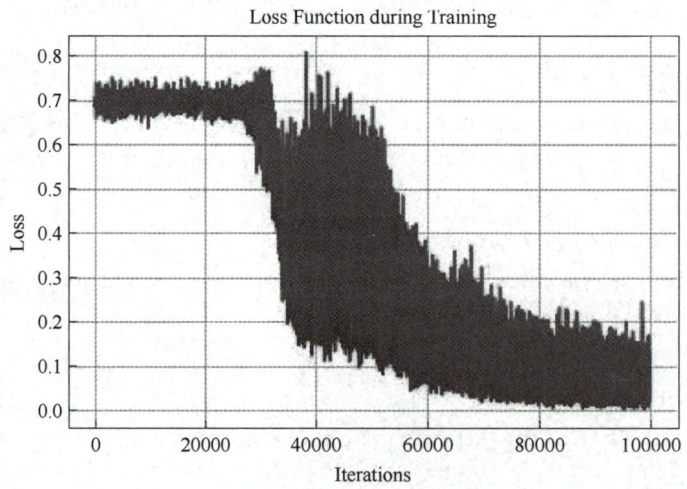

图 2-16 损失函数的变化曲线

由运行结果可以发现，随着神经网络训练的轮数增加，损失越来越小，精度越来越大，最后精度能达到 0.984。

2.7.3 基于测试数据的评价

根据图 2-16 的结果，确认了通过反复学习可以有效降低损失函数的值。然而，这个损失函数的值实际上是"针对训练数据中某个 mini-batch 的损失函数"的结果。尽管训练数据的损失函数值可以作为神经网络学习正常进行的一个信号，仅凭这一结果并不能保证该神经网络在其他数据集上同样能够取得优异的表现。

在神经网络的学习过程中，必须确认其是否能够正确识别训练数据以外的其他数据，从而判断是否存在过拟合现象。过拟合是指，虽然模型在训练数据上表现出较高的精度，但在测试数据上的表现却相对较差。

因此，神经网络学习的首要目标是建立良好的泛化能力。为了评估神经网络的泛化能力，需要使用不包含在训练数据中的数据进行测试。以下是针对异或问题的泛化实现：

```
import numpy as np
import matplotlib.pyplot as plt

# 假设 TwoLayerNet 类已经定义

# 生成简单的 XOR 数据集
def generate_xor_data(num_samples=100):
    X=np.random.rand(num_samples,2)      # 生成随机输入
    y=np.zeros((num_samples,1))          # 初始化输出
    for i in range(num_samples):
        # XOR 标签
        y[i]=int(X[i,0]>0.5)^int(X[i,1]>0.5)
    y=y.reshape(num_samples,1)

    # 将输出转换为 one-hot 编码
    T=np.zeros((num_samples,2))          # 两个类别
    for i in range(num_samples):
        T[i,int(y[i])]=1                 # 将标签转换为 one-hot 编码

    return X,T

# 创建数据
X_train,T_train=generate_xor_data(1000)  # 1000 个训练样本
X_test,T_test=generate_xor_data(100)     # 100 个测试样本

# 创建 TwoLayerNet 实例
```

```python
input_size=2                                              # 输入维度
hidden_size=4                                             # 隐藏层神经元数量
output_size=2                                             # 输出维度(两个类)
network=TwoLayerNet(input_size,hidden_size,output_size)

# 超参数
learning_rate=0.1
epochs=100000
batch_size=32                                             # mini-batch 大小

# 用于保存损失值和准确率
train_loss_history=[]
train_accuracy_history=[]
test_loss_history=[]
test_accuracy_history=[]

# 训练网络
for epoch in range(epochs):
    # 随机选择 mini-batch
    indices=np.random.choice(X_train.shape[0],batch_size)
    X_batch=X_train[indices]
    T_batch=T_train[indices]

    # 计算训练集损失
    train_loss=network.loss(X_batch,T_batch)
    train_loss_history.append(train_loss)             # 保存训练集损失值

    # 计算训练集准确率
    train_accuracy=network.accuracy(X_batch,T_batch)
    train_accuracy_history.append(train_accuracy)     # 保存训练集准
                                                      #   确率

    # 计算测试集损失
    test_loss=network.loss(X_test,T_test)
    test_loss_history.append(test_loss)               # 保存测试集损失值

    # 计算测试集准确率
    test_accuracy=network.accuracy(X_test,T_test)
```

```python
        test_accuracy_history.append(test_accuracy)    # 保存测试集准确率

    # 计算梯度
    grads=network.numerical_gradient(X_batch,T_batch)

    # 更新权重
    for key in network.params:
        network.params[key]-=learning_rate*grads[key]

    # 每1000次迭代打印损失和准确率
    if epoch%1000==0:
        print(f'Epoch {epoch},Train Loss: {train_loss},Train Accuracy: {train_accuracy},Test Loss: {test_loss},Test Accuracy: {test_accuracy}')

# 绘制训练集损失和准确率变化图
plt.figure(figsize=(12,10))

# 绘制训练集损失图
plt.subplot(2,2,1)
plt.plot(train_loss_history,label='Train Loss')
plt.xlabel('Iterations')
plt.ylabel('Loss')
plt.title('Train Loss during Training')
plt.grid()
plt.legend()

# 绘制训练集准确率变化图
plt.subplot(2,2,2)
plt.plot(train_accuracy_history,label='Train Accuracy',color='orange')
plt.xlabel('Iterations')
plt.ylabel('Accuracy')
plt.title('Train Accuracy during Training')
plt.grid()
plt.legend()

# 绘制测试集损失图
plt.subplot(2,2,3)
```

```python
    plt.plot(test_loss_history,label='Test Loss',color='red')
    plt.xlabel('Iterations')
    plt.ylabel('Loss')
    plt.title('Test Loss during Training')
    plt.grid()
    plt.legend()

    # 绘制测试集准确率变化图
    plt.subplot(2,2,4)
    plt.plot(test_accuracy_history,label='Test Accuracy',color='green')
    plt.xlabel('Iterations')
    plt.ylabel('Accuracy')
    plt.title('Test Accuracy during Training')
    plt.grid()
    plt.legend()

    plt.tight_layout()
    plt.show()

    # 测试网络
    final_test_accuracy=network.accuracy(X_test,T_test)
    print(f'Final Test accuracy: {final_test_accuracy:.4f}')

    # 进行具体的预测(可选)
    predictions=network.predict(X_test)
    predicted_classes=np.argmax(predictions,axis=1)
    print("Predicted classes for the test set:",predicted_classes)
```

上述代码的运行部分结果如下：

```
Final Test accuracy: 0.8100
Predicted classes for the test set:[1111011011011001111
110010101111010 01
1001101011011111110101101010010010 00
0011111101110000110100 0010]
```

训练集和测试集数据的损失和准确率变化曲线如图 2-17 所示。

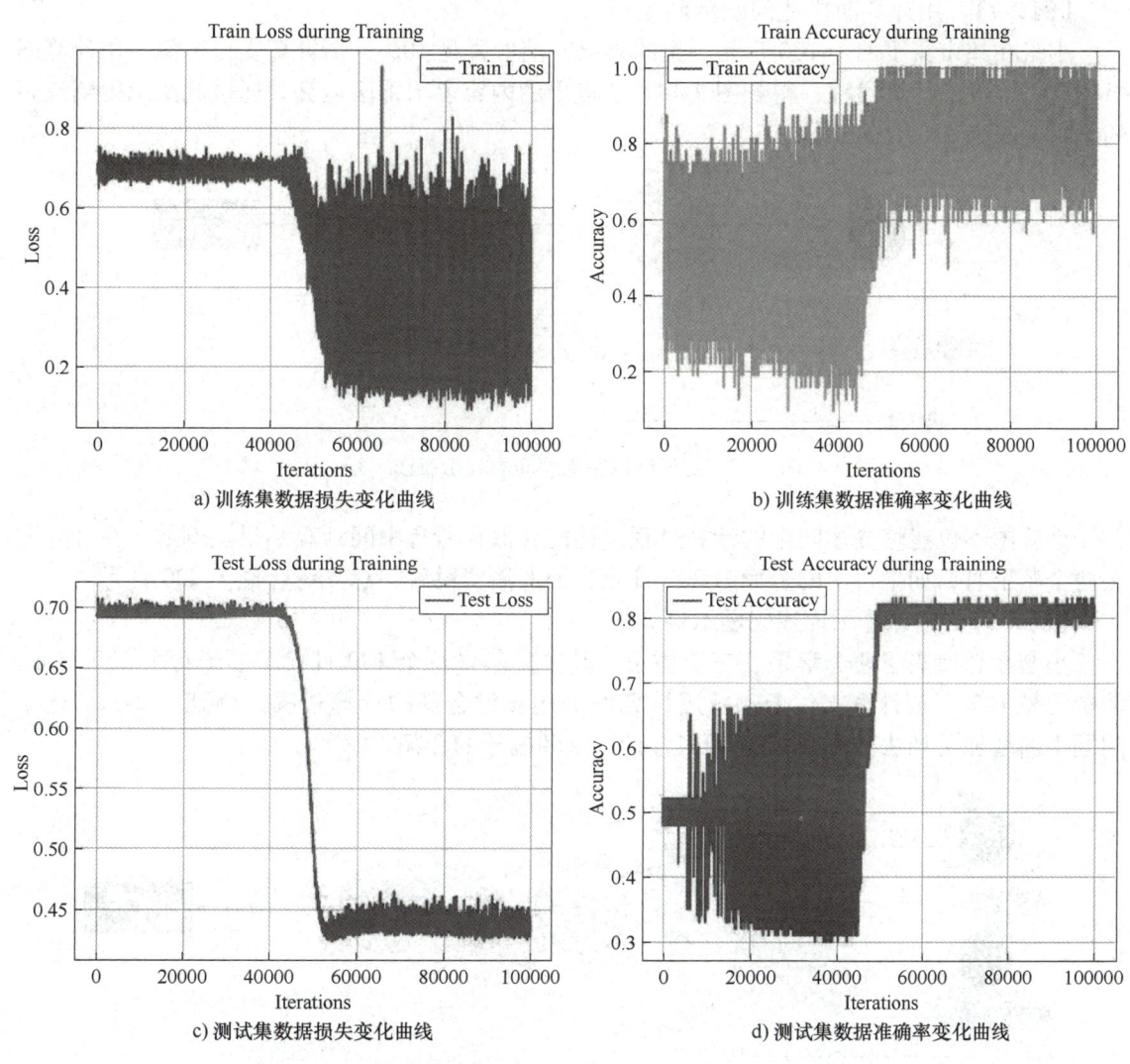

图 2-17 训练集和测试集数据的损失和准确率变化曲线

2.8 误差反向传播

神经网络的学习通常依赖于数值微分来计算权重参数的梯度。虽然数值微分方法简单且易于实现,但其主要缺点是计算效率较低,耗时较长。本节将学习一种更高效的计算权重参数梯度的方法——误差反向传播法。

2.8.1 用计算图求解

计算图是将计算过程用图形形式表示的工具。它由多个节点和边组成,其中节点用圆圈"○"表示,圆圈"○"中是计算的内容,连接节点的有箭头的直线线段称为"边"。通过这种方式,计算图清晰地展示了数据流和依赖关系。

【例2-7】 用计算图描述问题示例1。

小张在超市买了两个100日元一个的苹果,消费税是10%,请计算支付金额。用计算图描述支付金额的计算过程,得到图2-18。节点中的内容表示乘法运算。通过此图示得到最终的支付金额为220元。

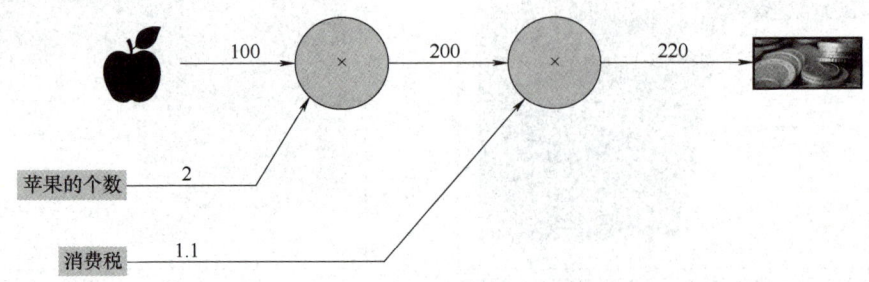

图2-18 基于计算图求解问题的示意图(1)

计算图不仅能够描述问题的计算过程,还能够保存所有中间计算结果。例如,在计算购买两个苹果时,如果得出的金额为200日元,加上消费税后,总支付金额为220日元。

【例2-8】 用计算图描述问题示例2。

小李在超市买了两个苹果、三个橘子。其中,苹果每个100日元,橘子每个150日元。消费税是10%,请计算支付金额。用计算图描述支付金额的计算过程,得到图2-19。这个问题中新增加了加法节点"+",用来合计苹果和橘子的金额。

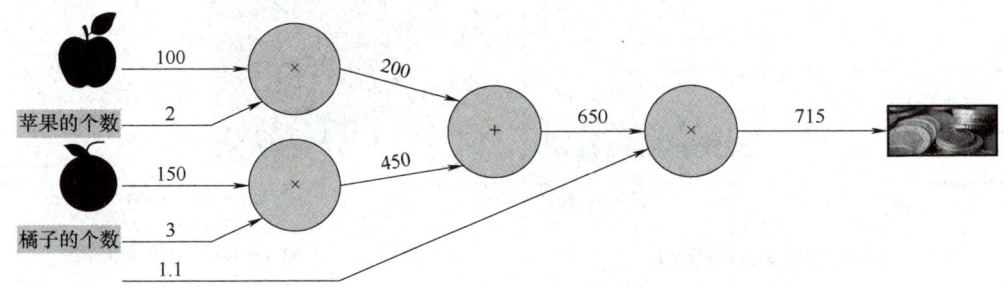

图2-19 基于计算图求解问题的示意图(2)

综上,用计算图求解问题需要按如下流程进行:

1)构建计算图。

2)在计算图上,从左到右进行计算。

这里的第2步"从左到右进行计算"是一种正方向上的传播,简称为正向传播。正向传播是从计算图出发点到结束点的传播。既然有正向传播,当然也可以考虑反向传播。反向传播将在接下来的导数计算中发挥重要作用。

前面用计算图解答了两个问题,那么计算图到底有什么优点呢?一个优点在于局部计算。无论全局计算多么复杂,都可以通过局部计算使各个节点致力于简单的计算,从而简化问题。另一个优点是,利用计算图可以将中间的计算结果全部保存起来(比如,两个苹果的金额是200日元、加上消费税之前的金额是650日元等)。但是只有这些理由可能还无法令人信服。实际上,使用计算图最大的原因是,可以通过反向传播高效计算导数。

2.8.2　计算图的反向传播

在介绍计算图的反向传播时，再来思考一下问题 1。问题 1 中，计算了购买两个苹果时加上消费税最终需要支付的金额。这里，假设想知道苹果价格的上涨会在多大程度上影响最终的支付金额，即求"支付金额关于苹果价格的导数"。设苹果的价格为 x，支付金额为 L，则相当于求 $\frac{\partial L}{\partial x}$。这个导数的值表示当苹果的价格稍微上涨时，支付金额会增加多少。

如前所述，"支付金额关于苹果价格的导数"的值可以通过计算图的反向传播求出来。先来看一下结果，如图 2-20 所示，可以通过计算图的反向传播求导数。

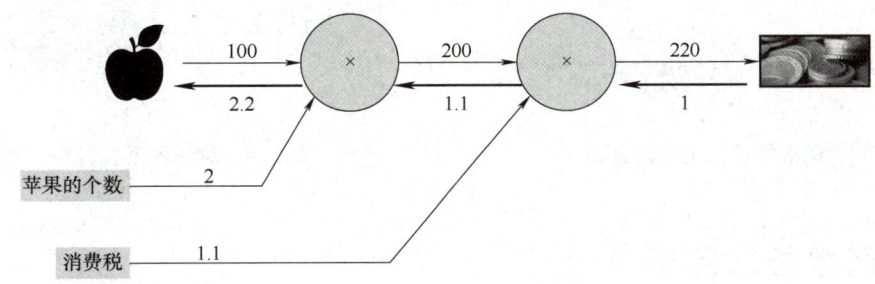

图 2-20　基于反向传播的导数传播

如图 2-20 所示，反向传播使用与正方向相反的箭头（粗线）表示。反向传播传递"局部导数"，将导数的值写在箭头的下方。在这个例子中，反向传播从右向左传递导数的值（1 → 1.1 → 2.2）。从这个结果中可知，"支付金额关于苹果价格的导数"的值是 2.2。这意味着，如果苹果的价格上涨 1 日元，最终的支付金额会增加 2.2 日元。（严格地讲，如果苹果的价格增加某个微小值，则最终的支付金额将增加那个微小值的 2.2 倍）。

2.8.3　加法节点的反向传播

以 $z=x+y$ 为例，其正向传播计算图如图 2-21 所示。$z=x+y$ 的导数可由式（2-17）计算出来。

$$\begin{cases} \dfrac{\partial z}{\partial x}=1 \\ \dfrac{\partial z}{\partial y}=1 \end{cases} \tag{2-17}$$

反向传播传递的为局部导数，$z=x+y$ 的反向传播计算图如图 2-22 所示。

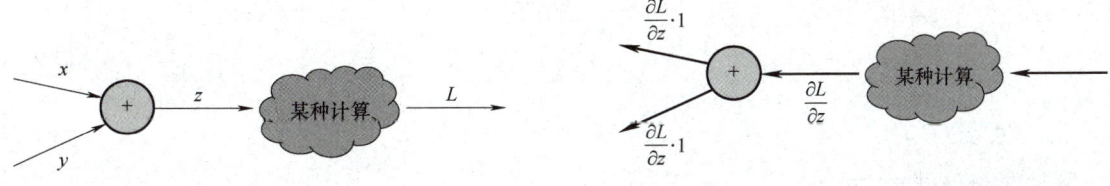

图 2-21　加法的正向传播计算图　　　　图 2-22　加法的反向传播计算图

2.8.4 乘法节点的反向传播

以 $z=xy$ 为例,其正向传播计算图如图 2-23 所示。$z=xy$ 的导数可由式(2-18)计算出来。

$$\begin{cases} \dfrac{\partial z}{\partial x}=y \\ \dfrac{\partial z}{\partial y}=x \end{cases} \tag{2-18}$$

乘法的反向传播计算图如图 2-24 所示。

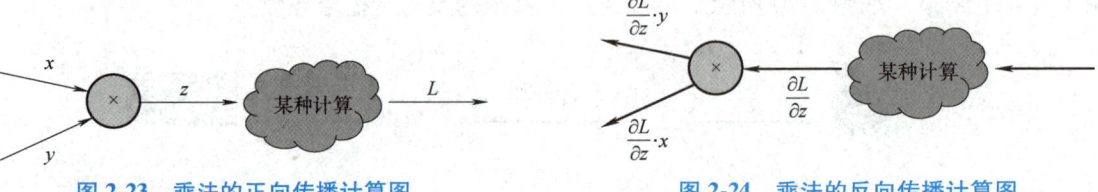

图 2-23 乘法的正向传播计算图　　　图 2-24 乘法的反向传播计算图

2.9 简单层的实现

本节将使用 Python 实现前面的购买苹果的例子。在这个实现中,乘法节点被称为"乘法层",加法节点被称为"加法层"。通过构建计算图,可以直观地展示如何通过这些层来完成相应的计算。接下来,将通过代码展示如何定义和使用这些层,以实现所需的功能。

2.9.1 乘法层的实现

在层的实现中,定义了两个共通的方法:forward()和backward()。其中,forward()方法用于正向传播,backward()方法用于反向传播。

接下来,将实现乘法层,命名为 MulLayer 类。以下是该类的实现代码:

```
class MulLayer:
    def __init__(self):
        self.x=None
        self.y=None

    #正向传播
    def forward(self,x,y):
        self.x=x
        self.y=y
        out=x*y

        return out
```

```
#反向传播
def backward(self,dout):
    dx=dout * self.y
    dy=dout * self.x

    return dx,dy
```

在上述代码中，__init__()方法用于初始化实例变量 x 和 y，这两个变量保存了正向传播时的输入值。forward()方法接收两个参数 x 和 y，计算它们的乘积并返回结果。backward()方法则接收从上游传来的导数（dout），将其乘以正向传播时的输入翻转值，然后将计算得到的梯度传递给下游。这种实现方式确保了乘法层在神经网络中的正确传播和梯度计算。

【例 2-9】 用 MulLayer 类实现计算图 2-20 表示的购买苹果的价格和各变量导数。

计算购买苹果的价格的代码如下：

```
apple=100
apple_num=2
tax=1.1

#layer
mul_apple_layer=MulLayer()
mul_tax_layer=MulLayer()

#forward
apple_price=mul_apple_layer.forward(apple,apple_num)
price=mul_tax_layer.forward(apple_price,tax)

print(price)
```

运行结果为：

```
220.000000
```

此外，计算图 2-20 表示的各个变量的导数可由 backward() 求出。代码如下：

```
#backward
dprice=1
dapple_price,dtax=mul_tax_layer.backward(dprice)
dapple,dapple_num=mul_apple_layer.backward(dapple_price)

print(dapple,dapple_num,dtax)
```

运行结果如下：

```
2.2  110.00000  200
```

注意：调用 backward() 方法的顺序与调用 forward() 方法的顺序相反。此外，在调用 backward() 方法时，需要提供"关于正向传播时输出变量的导数"作为参数。例如，乘法层 mul_apple_layer 在正向传播时会输出 apple_price，而在反向传播时则需要将 apple_price 的导数 dapple_price 作为参数传入。这样可以确保正确计算梯度并向后传播。此外，程序的计算过程与图 2-20 是一致的。

2.9.2 加法层的实现

加法层实现的代码如下：

```python
class AddLayer:
    def __init__(self):
        pass

    def forward(self,x,y):
        out=x+y

        return out

    def backward(self,dout):
        dx=dout*1
        dy=dout*1

        return dx,dy
```

加法层不需要进行特定的初始化，因此在 __init__() 方法中无须执行任何操作。该层的 forward() 方法接收两个输入参数 x 和 y，并返回它们的和。backward() 方法则将上游传递来的导数（dout）直接传递给下游，不做任何修改。

在例 2-8 中所描述的计算图 2-19 对应的反向传播图如图 2-25 所示。

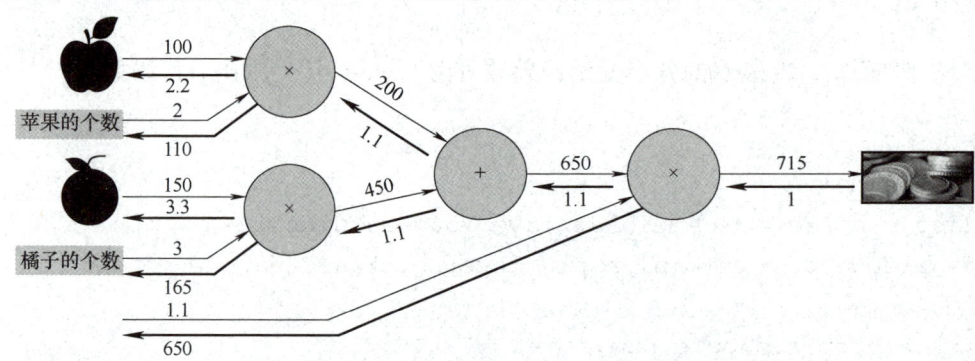

图 2-25 计算图 2-19 对应的反向传播图

【例 2-10】 用 MulLayer 类和 AddLayer 类实现计算图 2-25 表示的购买苹果和橘子的价格和各变量导数。

代码如下：

```
class MulLayer:
    def __init__(self):
        pass

    #正向传播
    def forward(self,x,y):
        self.x=x
        self.y=y
        out=x*y

        return out

    #反向传播
    def backward(self,dout):
        dx=dout*self.y
        dy=dout*self.x

        return dx,dy


class AddLayer:
    def __init__(self):
        self.x=None
        self.y=None

    def forward(self,x,y):
        out=x+y

        return out

    def backward(self,dout):
        dx=dout*1
        dy=dout*1

        return dx,dy
```

```
apple=100
apple_num=2
orange=150
orange_num=3
tax=1.1

#Layer
mul_apple_layer=MulLayer()
mul_orange_layer=MulLayer()
add_apple_orange_layer=AddLayer()
mul_tax_layer=MulLayer()

#forward
apple_price=mul_apple_layer.forward(apple,apple_num)
orange_price=mul_orange_layer.forward(orange,orange_num)
all_price = add_apple_orange_layer.forward(apple_price,orange_price)
price=mul_tax_layer.forward(all_price,tax)

#backward
dprice=1
dall_price,dtax=mul_tax_layer.backward(dprice)
dapple_price,dorange_price=add_apple_orange_layer.backward(dall_price)
dorange,dorange_num=mul_orange_layer.backward(dorange_price)
dapple,dapple_num=mul_apple_layer.backward(dapple_price)

print(price)
print(dapple_num,dapple,dorange,dorange_num,dtax)
```

运行结果如下：

```
715.0
110.0  2.2   3.3  165.0   650
```

上述代码实现虽然略显冗长，但每个命令都十分简单。首先，生成所需的层，并按照适当的顺序调用正向传播的 forward() 方法。接着，按照与正向传播相反的顺序调用反向传播的 backward() 方法，从而计算出所需的导数。

综上所述，计算图中层的实现非常简洁，利用这些层可以进行复杂的导数计算。接下来，将实现神经网络中常用的层。

2.10 激活函数层的实现

现在，将计算图的思路应用到神经网络中，将构成神经网络的各个层实现为一个类。首先实现激活函数的 ReLU 层和 Sigmoid 层。

2.10.1 ReLU 层

激活函数 ReLU 的公式为

$$y = \begin{cases} x, & x > 0 \\ 0, & x \leq 0 \end{cases} \tag{2-19}$$

通过式（2-19）可以求出 y 对于 x 的导数为

$$\frac{\partial y}{\partial x} = \begin{cases} 1, & x > 0 \\ 0, & x \leq 0 \end{cases} \tag{2-20}$$

由式（2-20）可以看出，当正向传播时的输入 x 大于 0，反向传播会将上游的值原封不动地传给下游。相反，如果正向传播时的 x 小于或等于 0，则反向传播给下游的信号将停在此处，对应的计算图如图 2-26 所示。

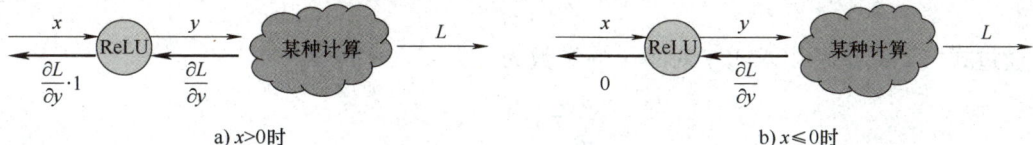

a) $x > 0$ 时 b) $x \leq 0$ 时

图 2-26 ReLU 层的计算图

ReLU 层的实现代码如下：

```
Class Relu:
    def __init__(self):
        self.mask=None

    def forward(self,x):
        self.mask=(x<=0)
        out=x.copy()
        out[self.mask]=0

        return out

    def backward(self,dout):
        dout[self.mask]=0
        dx=dout

        return dx
```

Relu 类中定义了实例变量 mask，mask 是一个布尔数组，表示输入 x 中哪些元素小于或等于 0。self.mask=(x<=0) 这行代码会生成一个与输入 x 形状相同的布尔数组，mask 中的每个元素对应 x 中的相应元素。如果某个元素小于或等于 0，则 mask 中的对应位置为 True，否则为 False。在 forward() 方法中，out[self.mask] 会将输入 x 中所有小于或等于 0 的值替换为 0，从而实现 ReLU 激活函数的核心功能。这意味着只有输入大于 0 的值会被保留，其他值会被"屏蔽"。在正向传播时，输入 x 的元素小于或等于 0 的地方保存为 True，其他地方保存为 False。在 backward() 方法中，dout[self.mask]=0 的作用是将上游传来的导数 dout 数组中，那些在正向传播中对应 mask 为 True 的位置的值设置为 0。这是因为在 ReLU 激活函数中，任何小于或等于 0 的输入在正向传播时输出为 0，因此它们对损失的贡献也是 0。

总之，mask 的主要作用是帮助 ReLU 层在正向传播中确定哪些输入应被置为 0，以及在反向传播中确定哪些梯度应被忽略。通过使用 mask，ReLU 激活函数能够有效地实现稀疏激活，增强神经网络的学习能力，并减少计算负荷。

2.10.2 Sigmoid 层

激活函数 Sigmoid 的公式为

$$y = \frac{1}{1+e^{-x}} \tag{2-21}$$

通过式（2-21）可以求出 y 对于 x 的导数为

$$\frac{\partial y}{\partial x} = y(1-y) \tag{2-22}$$

Sigmoid 层的计算图如图 2-27 所示。

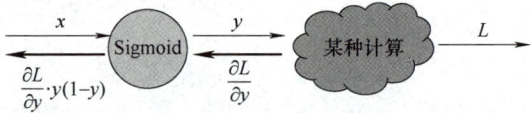

图 2-27　Sigmoid 层的计算图（简洁版）

Sigmoid 层的 Python 实现代码如下：

```python
class Sigmoid:
    def __init__(self):
        self.out = None

    def forward(self, x):
        out = 1/(1+np.exp(-x))
        self.out = out

        return out

    def backward(self, dout):
```

```
            dx=dout * self.out * (1-self.out)

        return dx
```

在上述代码中，正向传播时的输出保存在实例变量 out 中。在反向传播过程中，使用变量 out 进行计算。

2.11 Affine 层和 softmax 层的实现

神经网络通常由多个层组成，其中主要包括全连接层（Affine 层）和激活函数层。Affine 层负责将输入特征通过线性变换映射到输出空间，且通常位于激活函数层之前。在多类分类任务中，常用的激活函数是 softmax。下面给出一个由 Affine 层搭配 softmax 层的实现过程。

2.11.1 Affine 层

Affine 层通过式（2-23）对输入 X 进行线性变换，有

$$Y = XW + B \tag{2-23}$$

式中，X 是输入特征向量，通常是一个有 m 个元素的一维数组，表示当前样本的特征；W 是一个二维数组，其尺寸为 $m \times n$，其中 m 是输入特征的维度，n 是输出特征的维度；B 为偏置向量，是一个长度为 n 的一维数组，与输出特征的数量相同。

XW 的运算可以通过矩阵的乘积 np.dot() 实现，式（2-23）用计算图表示，如图 2-28 所示。这里矩阵的形状用 $(m,)$、$(n,)$ 和 (m, n) 表示是为了和 NumPy 的 shape 属性的输出一致。

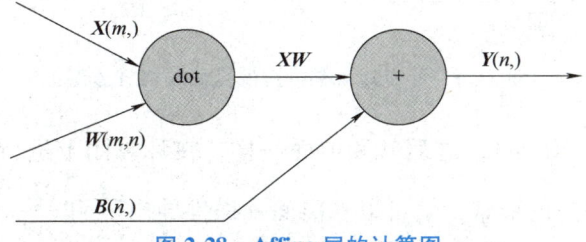

图 2-28 Affine 层的计算图

图 2-28 是比较简单的计算图，不过要注意 X、W、B 是矩阵，现在考虑图 2-28 的反向传播。以矩阵为对象的反向传播，按矩阵的各个元素进行计算时，步骤和以标量为对象的计算图相同。求导的结果为

$$\begin{cases} \dfrac{\partial L}{\partial X} = \dfrac{\partial L}{\partial Y} W^{\mathrm{T}} \\ \dfrac{\partial L}{\partial W} = X^{\mathrm{T}} \dfrac{\partial L}{\partial Y} \end{cases} \tag{2-24}$$

式中，W^{T} 表示矩阵 W 的转置矩阵；X^{T} 表示矩阵 X 的转置矩阵。Affine 层的反向传播计算图

如图 2-29 所示。

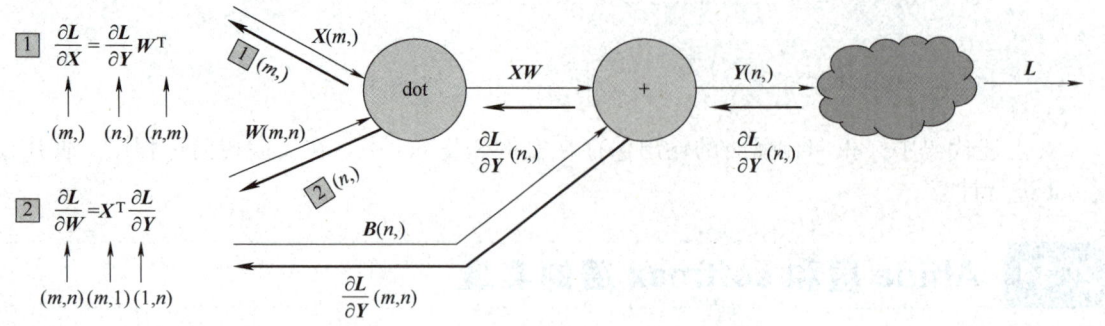

图 2-29　Affine 层的反向传播计算图

在图 2-29 中，圆括号括起来的部分为数据的维度。

2.11.2　批版本的 Affine 层

上一小节介绍的 Affine 层的输入 X 是以单个数据为对象的。现在考虑 N 个数据一起进行正向传播的情况，也就是批版本的 Afffine 层。批版本 Affine 层的反向传播计算图如图 2-30 所示。

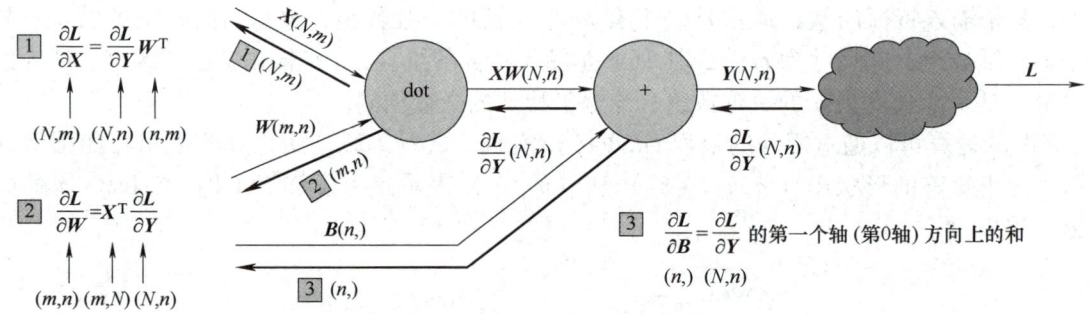

图 2-30　批版本 Affine 层的反向传播计算图

输入 X 的形状是 (N, m)，之后就和前面一样，在计算图上进行单纯的矩阵计算。反向传播时，如果注意矩阵的形状，就可以和前面一样推导出 $\frac{\partial L}{\partial X}$ 和 $\frac{\partial L}{\partial W}$。加上偏置时，需要特别注意。正向传播时，偏置被加到 XW 的各个数据上。比如，$N=2$（数据为 2 个）时，偏置会被分别加到这 2 个数据各自的计算结果上。

批版本 Affine 层的代码实现如下：

```
class Affine:
    def __init__(self,W,b):
        self.W=W
        self.b=b
```

```
        self.x=None
        self.dW=None
        self.db=None

    def forward(self,x):
        self.x=x
        out=np.dot(x,self.W)+self.b

        return out

    def backward(self,dout):
        dx=np.dot(dout,self.W.T)
        self.dW=np.dot(self.x.T,dout)
        self.db=np.sum(dout,axis=0)

        return dx
```

2.11.3 softmax-with-loss 层

softmax 层是神经网络中常用于多类分类任务的激活函数层。它将网络的输出转化为概率分布，使得每个类别的预测概率都在 0~1 之间，并且所有类别的概率之和为 1。以手写数字识别为例，其传输过程如图 2-31 所示。该层通过正规化输入值来生成输出。在手写数字识别的任务中，softmax 层的输入通常有 10 个，对应 10 个类别。

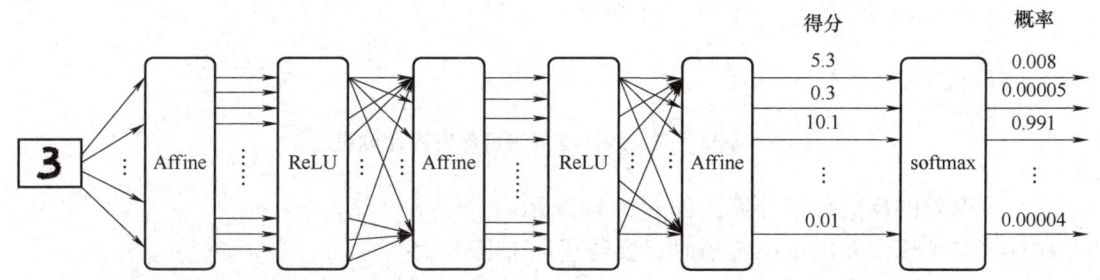

图 2-31　手写数字通过 Affine-ReLU-Affine-ReLU-Affine-softmax 的传输过程

神经网络的处理过程主要分为推理和学习两个阶段。在推理阶段，神经网络通常不使用 softmax 层。例如，在如图 2-31 所示的网络中进行推理时，会直接将最后一个 Affine 层的输出作为识别结果。在这种情况下，网络的未正规化输出结果被称为"得分"。也就是说，当神经网络在推理时只需要给出一个答案时，由于只对得分的最大值感兴趣，因此不需要使用 softmax 层。然而，在学习阶段，softmax 层是必不可少的。它在计算损失函数时提供了类别的预测概率，使得网络能够有效地进行反向传播和参数更新。

接下来，将实现一个包含 softmax 层和交叉熵损失函数的"softmax-with-loss"层。这一层不仅能够将网络输出转换为概率分布，还能计算损失值，以便在训练过程中进行有效的反向传播。这种设计的优点在于，它将 softmax 和损失计算结合在一起，简化了模型的实现，并提高了计算效率。

softmax 函数和交叉熵误差的公式见式（2-10）和式（2-13）。对应的正向传播计算图分别如图 2-32 和图 2-33 所示。

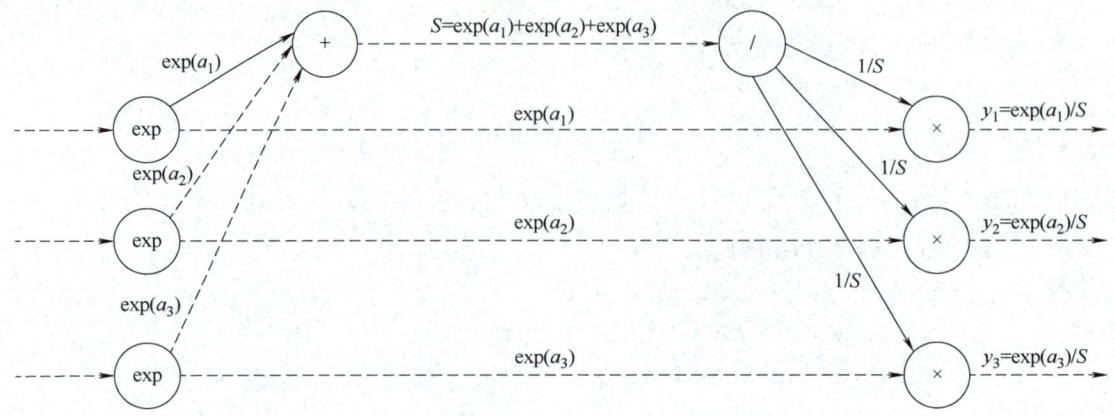

图 2-32　softmax 层的正向传播计算图

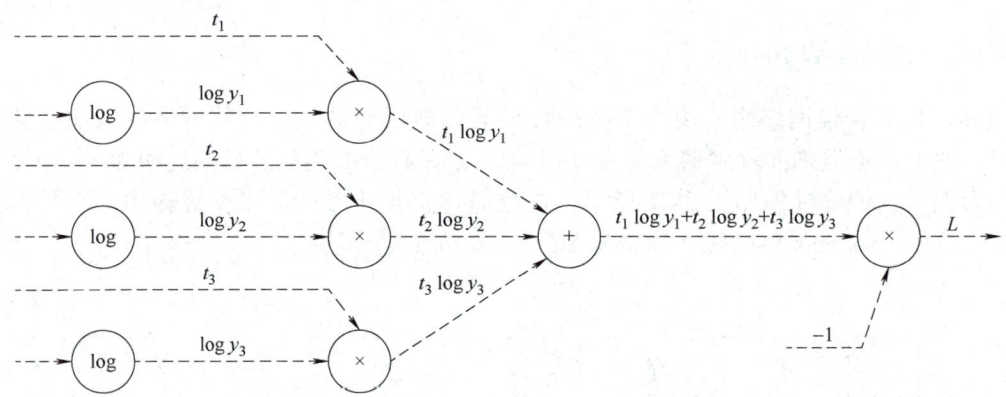

图 2-33　交叉熵误差层的正向传播计算图

交叉熵误差的反向传播计算图如图 2-34 所示。

在计算交叉熵误差的反向传播时，要注意以下几点：

1）由于 $\dfrac{\partial L}{\partial L}=1$，因此反向传播的初始值是 1。

2）"×"节点的反向传播将正向传播时的输入值翻转，乘以上游传过来的导数后，再传给下游。

3）"+"节点将上游传来的导数原封不动地传给下游。

4）"log"节点的反向传播遵从式（2-25），即

$$\begin{cases} y = \log x \\ \dfrac{\partial y}{\partial x} = \dfrac{1}{x} \end{cases} \tag{2-25}$$

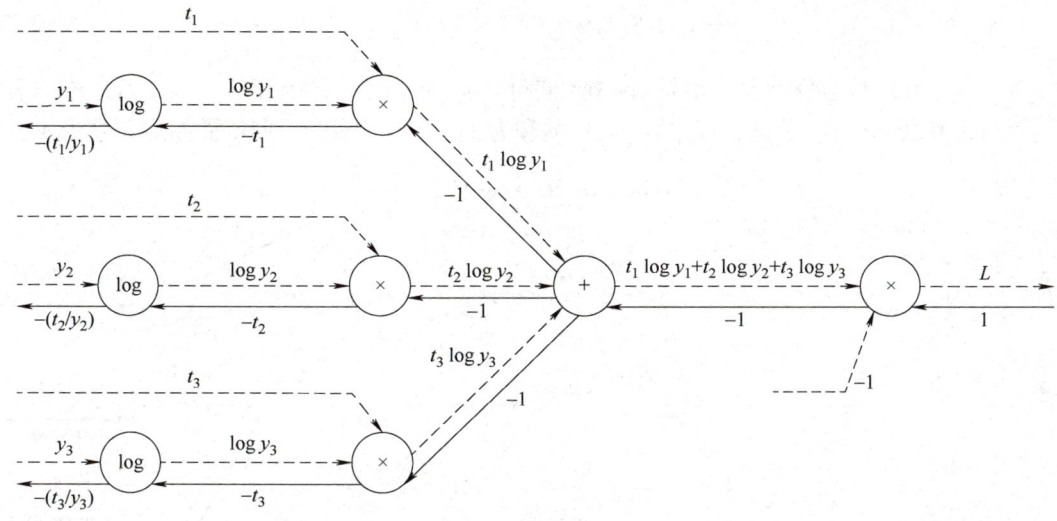

图 2-34 交叉熵误差的反向传播计算图

遵从以上几点,就可以轻松求得交叉熵误差的反向传播,最终结果 $\left(-\dfrac{t_1}{y_1},\ -\dfrac{t_2}{y_2},\ -\dfrac{t_3}{y_3}\right)$ 是传给 softmax 层的反向传播的输入。

下面是 softmax 层的反向传播步骤,由于 softmax 层有些复杂,下面分步骤给出推导过程。

1) softmax 层接收交叉熵损失层的反向传播输入,如图 2-35 所示。

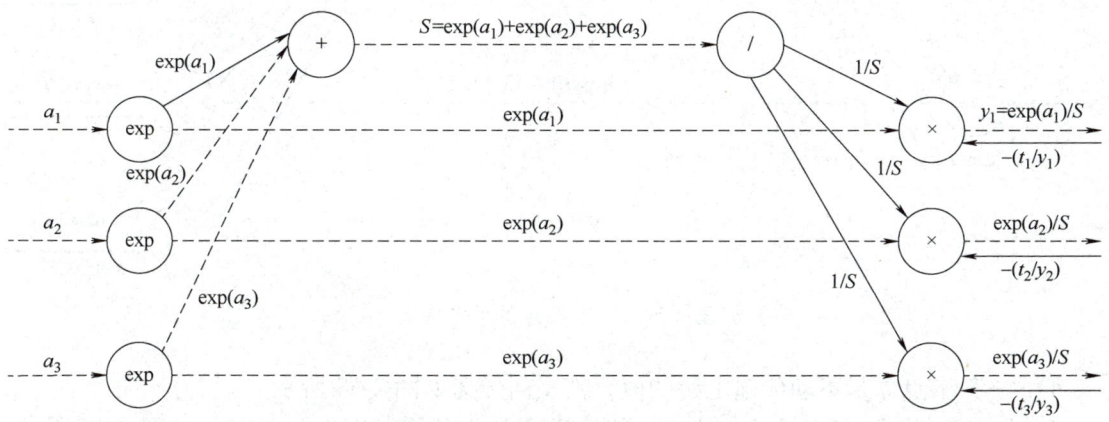

图 2-35 softmax 层接收交叉熵损失层的反向传播输入

2) "×" 节点的正向传播如图 2-36 所示。

其计算过程为

$$-\frac{t_1}{y_1}\exp(a_1)=-t_1\frac{S}{\exp(a_1)}\exp(a_1)=-t_1 S \tag{2-26}$$

3) 正向传播若有分支流出,则进行反向传播时它们的值要相加。因此,这里分成了三支反向传播的值($-t_1 S$,$-t_2 S$,$-t_3 S$)会被求和。然后还要对这个相加后的值进行 "/" 节点的反向传播,计算过程为

$$-\frac{1}{S^2}(-t_1 S - t_2 S - t_3 S) = \frac{1}{S}(t_1 + t_2 + t_3) \tag{2-27}$$

式中，(t_1, t_2, t_3) 是监督标签，也是 one-hot 向量。one-hot 向量意味着 (t_1, t_2, t_3) 中只有一个元素为 1，其余都是 0。因此，(t_1, t_2, t_3) 的和为 1。"/"节点的反向传播如图 2-37 所示。

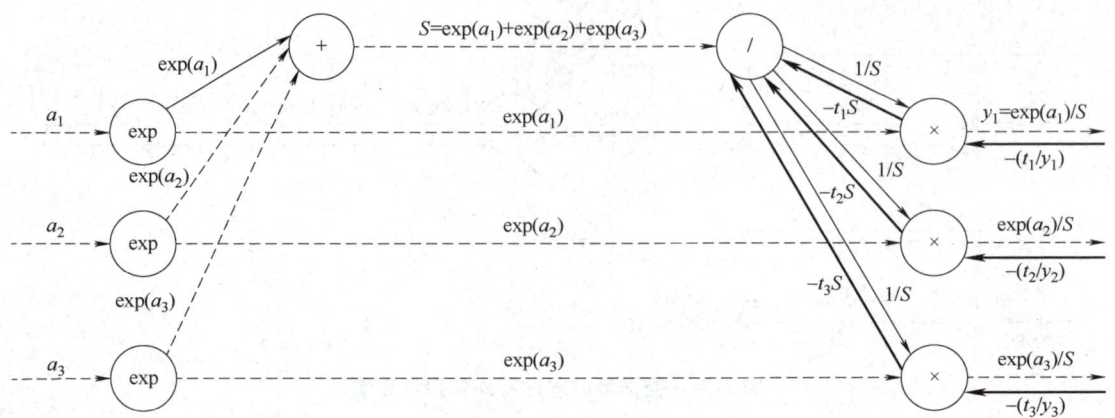

图 2-36　"×"节点的正向传播

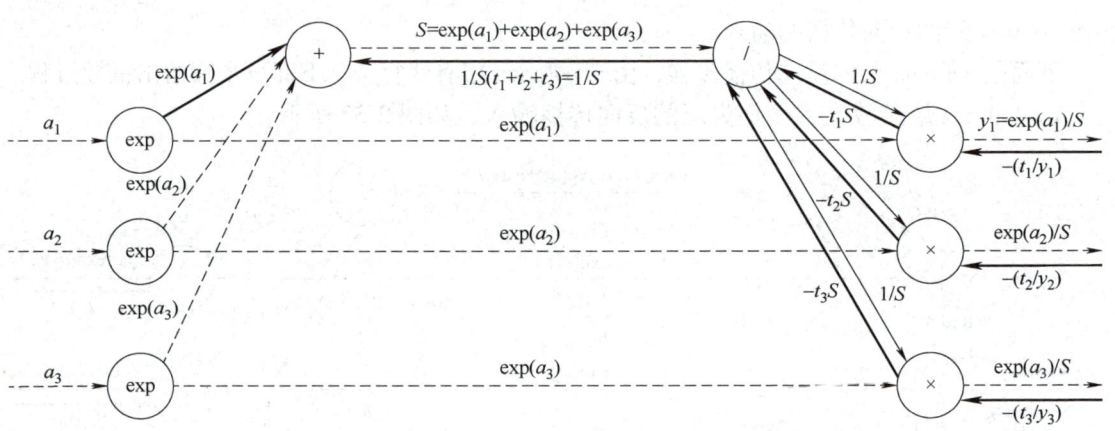

图 2-37　"/"节点的反向传播

4）"+"节点原封不动传递上游的值，其反向传播如图 2-38 所示。

5）第二个"×"节点的反向传播，其计算过程见式（2-28），反向传播如图 2-39 所示。

$$-\frac{t_1}{y_1} \cdot \frac{1}{S} = -t_1 \cdot \frac{S}{\exp(a_1)} \cdot \frac{1}{S} = -\frac{t_1}{\exp(a_1)} \tag{2-28}$$

6）"exp"节点的反向传播，其计算过程见式（2-29），反向传播如图 2-40 所示。

$$\begin{cases} y = \exp(x) \\ \dfrac{\partial y}{\partial x} = \exp(x) \\ \left(\dfrac{1}{S} - \dfrac{t_1}{\exp(a_1)}\right)\exp(a_1) = \dfrac{\exp(a_1) - S \cdot t_1}{S \cdot \exp(a_1)} \cdot \exp(a_1) = \dfrac{\exp(a_1) - S \cdot t_1}{S} = y_1 - t_1 \end{cases} \tag{2-29}$$

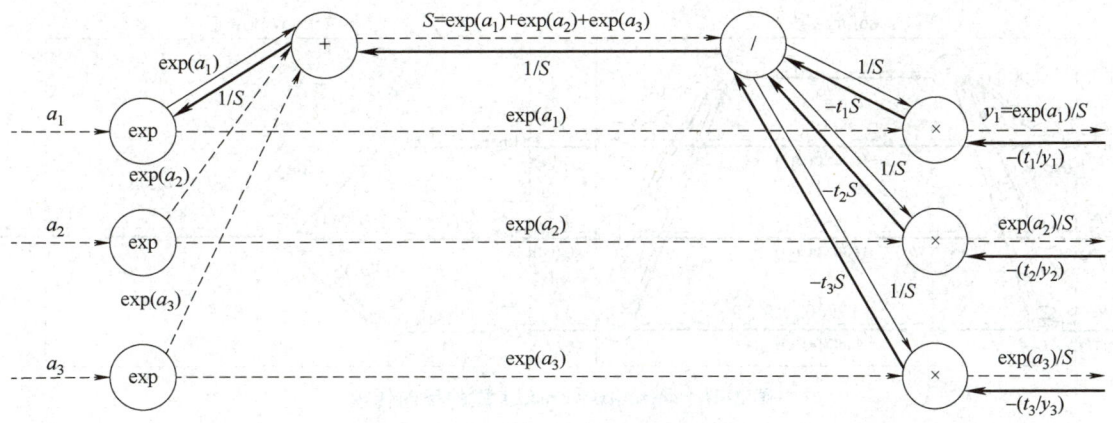

图 2-38 "+"节点的反向传播

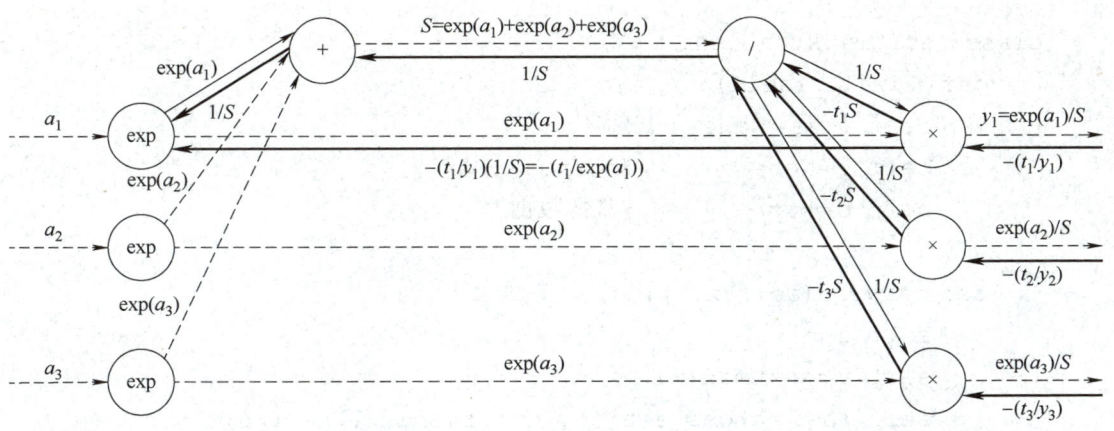

图 2-39 第二个"×"节点的反向传播

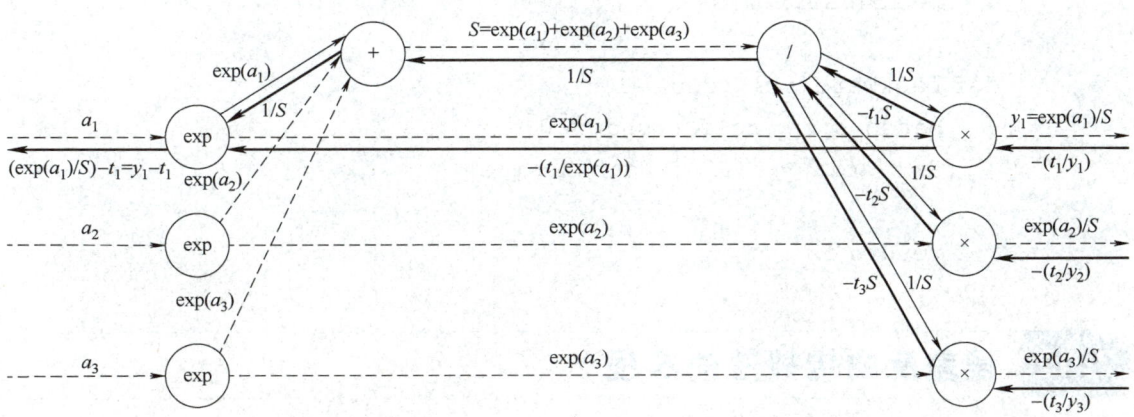

图 2-40 "exp"节点的反向传播

7) 综上,正向传播时输入是 a_1 的节点,它的反向传播是 y_1-t_1,以此类推,输入是 a_2 的节点,它的反向传播是 y_2-t_2,输入是 a_3 的节点,它的反向传播是 y_3-t_3。softmax-with-loss 层的反向传播如图 2-41 所示。

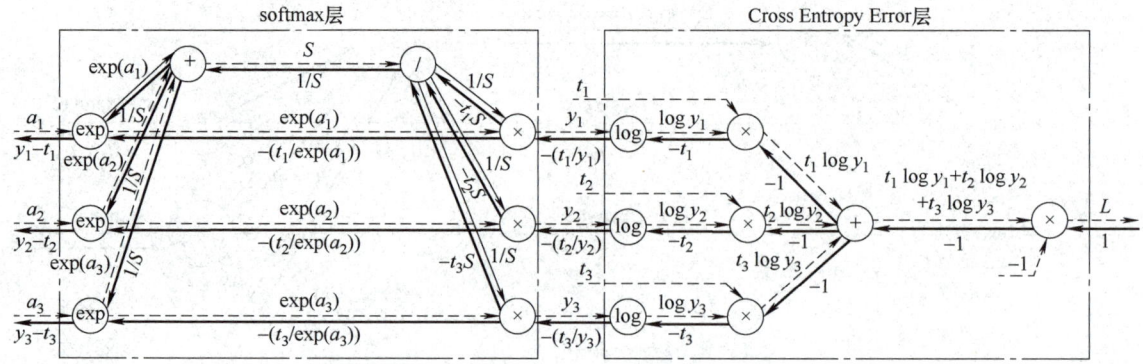

图 2-41 softmax-with-loss 层的反向传播

softmax-with-loss 的代码实现如下:

```
class softmaxWithLoss:
    def __init__(self):
        self.loss=None         #损失
        self.y=None            #softmax 的输出
        self.t=None            #监督数据

    def forward(self,x,t):
        self.t=t
        self.y=softmax(x)
        self.loss=cross_entropy_error(self.y,self.t)

        return self.loss

    def backward(self,dout=1):
        batch_size=self.t.shape[0]
        dx=(self.y-self.t)/batch_size

        return dx
```

2.12 误差反向传播法的实现

通过像组装乐高积木一样组合上一节中实现的层,可以构建神经网络。本节将展示如何组装这些已实现的层来构建一个完整的神经网络。

2.12.1 神经网络学习的步骤

在进行具体的实现之前,首先确认一下神经网络学习的整体过程。神经网络学习的步骤如下：

步骤 1（mini-batch）：从训练数据中随机选择一部分数据。
步骤 2（计算梯度）：计算损失函数关于各个权重参数的梯度。
步骤 3（更新参数）：将权重参数沿着梯度方向进行微小的更新。
步骤 4（重复）：重复步骤 1、步骤 2、步骤 3。

在步骤 2 中，之前介绍的误差反向传播法会被应用。前面的小节中，利用数值微分求得了这个梯度。尽管数值微分实现简单，但计算耗时较长。与需要较多时间的数值微分不同，误差反向传播法能够高效地计算梯度。

2.12.2　误差反向传播法的神经网络实现

接下来，将实现一个两层神经网络，命名为 TwoLayerNet 类。首先，该类的实例变量和方法见表 2-1 和表 2-2。

表 2-1　TwoLayerNet 类的实例变量

实例变量	说明
params	保存神经网络的参数的字典型变量 params ["W1"] 是第 1 层的权重，params ["b1"] 是第 1 层的偏置 params ["W2"] 是第 2 层的权重，params ["b2"] 是第 2 层的偏置
layers	保存神经网络的层的有序字典型变量 以 layers ["Affine1"]、layers ["ReLu1"]、layers ["Affine2"] 的形式，通过有序字典保存各个层
lastLayer	神经网络的最后一层，本例对应 softmaxWithLoss 层

表 2-2　TwoLayerNet 类的方法

方法	说明
__init__(self, input_size, hidden_size, output_size, weight_init_std)	进行初始化。参数从左到右依次是输入层的神经元数、隐藏层的神经元数、输出层的神经元数、初始化权重时的高斯分布的规模
predict(self, x)	进行识别（推理）。参数 x 是输入数据
loss(self, x, t)	计算损失函数的值。参数 x 是输入数据，t 是正确解标签
accuracy(self, x, t)	计算识别精度
numerical_gradient(self, x, t)	通过数值微分计算关于权重参数的梯度
gradient(self, x, t)	通过误差反向传播法计算关于权重参数的梯度

TwoLayerNet 类的代码实现如下：

```
import numpy as np
from collections import OrderedDict

class ReLU:
    def __init__(self):
```

```python
        self.mask=None

    def forward(self,x):
        self.mask=(x<=0)
        out=x.copy()
        out[self.mask]=0

        return out

    def backward(self,dout):
        dout[self.mask]=0
        dx=dout

        return dx
# TwoLayerNet 类的实现
class TwoLayerNet:
    def __init__(self,input_size,hidden_size,output_size,weight_init_std=0.01):
        # 初始化权重和偏置
        self.params={}
        self.params['W1']=weight_init_std*np.random.randn(input_size,hidden_size)
        self.params['b1']=np.zeros(hidden_size)
        self.params['W2']=weight_init_std*np.random.randn(hidden_size,output_size)
        self.params['b2']=np.zeros(output_size)

        # 保存各层
        self.layers=OrderedDict()
        self.layers['Affine1']=Affine(self.params['W1'],self.params['b1'])
        self.layers['ReLU1']=ReLU()
        self.layers['Affine2']=Affine(self.params['W2'],self.params['b2'])

        # 最后一层
        self.lastLayer=softmaxWithLoss()
```

```python
def predict(self,x):
    for layer in self.layers.values():
        x=layer.forward(x)
    return x

def loss(self,x,t):
    y=self.predict(x)
    return self.lastLayer.forward(y,t)

def accuracy(self,x,t):
    y=self.predict(x)
    y=np.argmax(y,axis=1)                      # 预测类别
    t=np.argmax(t,axis=1)                      # 正确类别
    accuracy=np.sum(y==t)/float(x.shape[0])
    return accuracy

def numerical_gradient(self,x,t):
    loss_w=lambda w:self.loss(x,t)
    grads={}
    for key in self.params:
        grads[key]=self.numerical_gradient(loss_w,self.params[key])
    return grads

def gradient(self,x,t):
    # 正向传播
    self.loss(x,t)

    # 反向传播
    dout=self.lastLayer.backward()
    layers=list(self.layers.values())
    layers.reverse()                           # 反向传播需要从后往前
    for layer in layers:
        dout=layer.backward(dout)

    # 保存梯度
    grads={}
    grads['W1']=self.layers['Affine1'].dW
    grads['b1']=self.layers['Affine1'].db
```

```
            grads['W2']=self.layers['Affine2'].dW
            grads['b2']=self.layers['Affine2'].db

        return grads
```

整个 TwoLayerNet 类提供了一个简单易用的两层神经网络的实现。它实现了正向传播和反向传播的功能，能够计算损失、精度以及梯度，适合用于多类分类任务。通过组合不同的层，用户可以灵活地构建和训练神经网络。

2.12.3 误差反向传播法的神经网络训练和推理

利用上一节实现的两层误差反向传播法的神经网络，进行训练和推理。代码如下：

```
import numpy as np

def softmax(z):
    exp_z=np.exp(z)
    sum_exp_z=np.sum(exp_z)
    return exp_z / sum_exp_z

def cross_entropy_error(y,t):
    delta=1e-7
    return -np.sum(t * np.log(y+delta))

# 生成随机数据
def generate_data(num_samples):
    np.random.seed(0)
    X=np.random.randn(num_samples,2)          # 生成二维数据
    t=np.zeros((num_samples,2))                # 初始化标签
    for i in range(num_samples):
        if X[i,0]+X[i,1] > 0:                  # 将标签设置为 1 或 0
            t[i,1]=1                           # 类别 1
        else:
            t[i,0]=1                           # 类别 0
    return X,t

# 超参数设置
input_size=2                                   # 输入层神经元数
hidden_size=4                                  # 隐藏层神经元数
```

```python
output_size=2                    # 输出层神经元数
weight_init_std=0.01             # 权重初始化标准差
num_samples=100                  # 样本数量
learning_rate=0.1                # 学习率
num_epochs=1000                  # 训练轮数

# 生成数据
X,t=generate_data(num_samples)

# 初始化 TwoLayerNet
network=TwoLayerNet(input_size,hidden_size,output_size,weight_init_std)

# 训练过程
for epoch in range(num_epochs):
    # 计算损失
    loss=network.loss(X,t)

    # 计算梯度
    grads=network.gradient(X,t)

    # 更新参数
    for key in network.params:
        network.params[key]-=learning_rate*grads[key]

    # 每 100 次输出一次损失
    if epoch%100==0:
        print(f'Epoch {epoch},Loss:{loss}')

# 推理过程
# 使用训练好的模型进行推理
predictions=network.predict(X)

# 将输出转化为类别
predicted_classes=np.argmax(predictions,axis=1)

# 真实类别
true_classes=np.argmax(t,axis=1)
```

```
# 计算准确率
accuracy=np.sum(predicted_classes==true_classes)/num_samples
print(f'Accuracy:{accuracy:.2f}')
```

上述代码中，generate_data() 函数生成随机的二维数据，并根据数据的特征生成相应的标签。接下来，设置输入层、隐藏层和输出层的神经元数量，以及学习率和训练轮数等超参数。在每个 epoch 中，计算损失和梯度，并更新网络的参数（权重和偏置）。每训练 100 个 epoch 输出一次当前的损失值。使用训练好的模型对输入数据进行推理，得到预测结果，计算并输出模型的准确率。

上述代码运行结果如下：

```
Epoch 0,Loss:529.8309502992855
Epoch 100,Loss:714.8843474081918
Epoch 200,Loss:nan
Epoch 300,Loss:nan
Epoch 400,Loss:nan
Epoch 500,Loss:nan
Epoch 600,Loss:nan
Epoch 700,Loss:nan
Epoch 800,Loss:nan
Epoch 900,Loss:nan
Accuracy:0.48
```

2.13 本章小结

本章系统地介绍了神经网络的基本构成及其工作原理，首先回顾了感知机的发展历程，并详细阐述了神经网络的结构和激活函数的多样性，包括阶跃函数、Sigmoid 函数和 ReLU 函数等。接着，深入探讨了神经网络的正向传播过程，分析了各层之间信号传递的机制及其代码实现，同时设计了输出层，讨论了恒等函数和 softmax 函数的应用。随后，介绍了损失函数，包括均方误差和交叉熵误差，以及 mini-batch 学习的概念。然后，介绍了梯度法及其在神经网络中的应用，强调了误差反向传播算法的重要性，并通过计算图的方式详细讲解了反向传播的实现步骤。最后，结合简单层、激活函数层和 Affine 层的实现，展示了神经网络学习的整体流程。这一系列内容为理解和实现神经网络奠定了坚实的基础，为后续更复杂的模型和应用提供了指导。

2.14 习题

1. 解释神经网络为什么可以自动从数据中学习到合适的权重参数。

2. 描述激活函数在神经网络中的作用，为什么说没有激活函数的神经网络等同于线性分类器？
3. 阐述 Sigmoid 函数与 ReLU 函数在激活神经网络神经元时的不同效果。
4. 比较阶跃函数、Sigmoid 函数和 ReLU 函数，讨论它们的优缺点及适用场景。
5. 描述 Affine 层和 ReLU 层各自在神经网络中的作用，并解释它们是如何配合工作的。
6. 误差反向传播法与数值微分的主要区别和优势是什么？
7. 描述梯度下降法在神经网络中的应用步骤。
8. 利用前文提供的两层神经网络结构，尝试对简单的 XOR 问题进行建模和训练。

第 3 章

神经网络的学习方法

本章将介绍神经网络学习中的一些重要方法,涉及寻找最优权重参数的最优化方法、权重参数的初始值、超参数的设定方法、批量归一化(Batch Normalization)方法等。此外,为了应对过拟合,本章还将介绍权值衰减、Dropout 等正则化方法并进行实现。使用本章的方法,可以高效地进行神经网络(深度学习)的学习,提高识别精度。

3.1 参数的更新

神经网络的学习目的是找到使损失函数值尽可能小的参数,这一过程被称为最优化,旨在寻找最优参数。然而,神经网络的最优化问题相当复杂,主要源于参数空间的复杂性,这使得无法简单地通过解析数学方法直接求得损失函数的最小值。此外,深度神经网络的参数数量庞大,进一步加剧了这一优化问题的复杂性。

为了找到最优参数,通常利用参数的梯度(导数)作为指导。通过沿着梯度方向更新参数,并重复这一过程多次,可以逐渐接近最优参数,这一方法称为随机梯度下降法(Stochastic Gradient Descent,SGD)。SGD 是一种相对简单的方法,相比于随意搜索参数空间,已经算是一种"聪明"的选择。然而,根据不同的问题类型,也存在比 SGD 更有效的优化方法。本节将探讨 SGD 的缺点,并介绍其他的最优化方法。

3.1.1 SGD

想象一位探险家在一片未知的山脉中寻找一座隐藏的宝藏。起初,他没有地图,只能依赖于周围的环境来判断方向。他决定采取一种明智的策略,每当他走到一个新地点时,就会观察周围的地形,以确定哪个方向的坡度最陡,从而推测出向宝藏前进的最佳路径。于是,他沿着这个坡度前进,逐渐接近目标。然而,探险的过程并不总是一帆风顺,山脉的复杂性和不断变化的环境时常让他偏离方向,甚至有时会遇到死胡同。在这样的情况下,他不得不回到最近的高点,重新评估地形,寻找新的路径。尽管他的探索方法并不完美,但每一次的尝试和调整都让他更接近宝藏,最终,他相信经过不断的努力,终将能找到那隐藏的财富。这正是 SGD 的写照,通过不断评估和更新,逐步接近最优解。

SGD 的计算公式为

$$W \leftarrow W - \eta \frac{\partial L}{\partial W} \tag{3-1}$$

式中,W 代表需要更新的参数;$\frac{\partial L}{\partial W}$ 表示损失函数的梯度;η 是学习率,这个值作为超参数通常设定 0.01 或 0.001 等事先决定好的数值；←表示公式中左侧的参数 W 是通过右侧的值进行更新的。根据式（3-1），SGD 是一种朝着梯度方向前进一定距离的简单方法。以下是 SGD 的实现代码：

```python
class SGD:
    def __init__(self,lr=0.01):
        self.lr=lr
    
    def update(self,params,grads):
        for key in params.keys():
            param[key]-=self.lr*grads[key]
```

在上面代码中，SGD 类用于实现随机梯度下降优化算法，其核心功能是根据计算出的梯度更新模型的参数。在初始化方法 __init__() 中，类接受一个可选的学习率参数 lr，默认值为 0.01，以控制更新的步长。在 update() 方法中，接受两个字典：params 和 grads，其中 params 包含要更新的模型权重，grads 包含对应的梯度。update() 方法通过遍历 params 中的每个参数，使用学习率对参数进行调整，从而实现向最优解的迭代逼近。通过这种方式，SGD 优化器能够有效地在训练过程中优化模型性能。

使用这个 SGD 类，可以按如下方式更新神经网络的参数（以下代码为伪代码，无法直接运行）：

```python
network=TwoLayerNet()
optimizer=SGD()

for i in range(10000):
    x_batch,t_batch=get_mini_batch(…)        #mini-batch
    grads=network.gradient(x_batch,t_batch)
    prams=network.params
    optimizer.update(params,grads)
```

在这段伪代码中，首先实例化了一个 TwoLayerNet 类的对象 network，然后创建了一个 SGD 优化器的实例 optimizer。接着，进入训练循环，循环迭代 10000 次。在每次迭代中，通过调用 get_mini_batch(…) 函数获取当前的 mini-batch 数据，包括输入 x_batch 和目标输出 t_batch。然后，调用 network.gradient（x_batch，t_batch）方法计算当前 mini-batch 的梯度。接下来，获取网络的参数 params，最后使用 optimizer.update（params，grads）方法更新这些参数。通过这样的方式，神经网络的参数会在每次迭代中根据梯度不断调整，从而逐步优化模型性能。

通过单独实现不同的优化类，功能的模块化变得更加简单。例如，接下来将实现另一种优化方法——Momentum，它同样会包含一个"update（params，grads)"的共同方法。这样一来，只需将"optimizer=SGD()"替换为"optimizer=Momentum()"，就可以轻松地从 SGD

切换到 Momentum。这种结构化的设计使得在不同优化算法之间进行切换变得更加便捷和灵活，提升了代码的可维护性和可扩展性。

3.1.2　SGD 的缺点

尽管 SGD 方法简单且易于实现，但在解决某些问题时可能效率不高。SGD 的更新过程往往呈现"之"字形移动，形成一种相当低效的搜索路径。当损失函数的形状不均匀，尤其是呈现拉伸状时，搜索路径将变得非常低效。因此，需要比单纯沿梯度方向前进的 SGD 更为智能的方法。SGD 低效的根本原因在于，梯度的方向并不总是指向最小值的方向。

为了克服 SGD 的缺点，接下来将介绍三种优化方法，即 Momentum、AdaGrad 和 Adam。

3.1.3　Momentum

Momentum 是"动量"的意思，源自物理学的概念，表示物体的运动状态。类似地，在优化过程中，动量可以理解惯性，即不仅考虑当前的梯度，还考虑了之前的梯度，这样可以避免在梯度方向上产生过多的振荡。

Momentum 的数学表达式为

$$\begin{cases} v \leftarrow av - \eta \dfrac{\partial L}{\partial W} \\ W \leftarrow W + v \end{cases} \tag{3-2}$$

式中，W 表示要更新的权重参数；$\dfrac{\partial L}{\partial W}$ 表示损失函数关于 W 的梯度；η 表示学习率；这里新出现了一个变量 v，对应物理上的速度。

式 (3-2) 描述了物体在梯度方向上的受力情况，根据这一物理法则，物体的速度会随着施加的力而增加。式 (3-2) 中，av 这一项表示物体不受任何力时，该项负责使物体逐渐减速的任务（a 通常设定为 0.9），对应于物理学中的地面摩擦或空气阻力。这种机制使得优化过程能够在一定程度上克服 SGD 的不足，从而实现更有效的参数更新。以下是 Momentum 的代码实现：

```
class Momentum:
    def __init__(self,lr=0.01,momentum=0.9):
        self.lr=lr
        self.momentum=momentum
        self.v=None

    def update(self,params,grads):
        if self.v is None:
            self.v={}
            for key,val in params.items():
                self.v[key]=np.zeros_like(val)
```

```
for key in params.keys():
    self.v[key] = self.momentum * self.v[key]-self.lr * grads[key]

    params[key]+=self.v[key]
```

在上述代码中，Momentum 类用于实现动量优化算法，其初始化方法 __init__() 接受学习率 lr 和动量因子 momentum，同时将速度 v 初始化为 None。在参数更新方法 update() 中，首先检查 v 是否为 None，如果是，则将 v 初始化为一个与 params 形状相同的零字典，以便存储每个参数的速度。接下来，对于每个参数，更新动量速度，并将更新后的速度添加到相应的参数中，从而实现有效的参数更新。这种结构使得动量优化算法能够在训练过程中加速收敛，并减少在非均匀损失函数表面上的振荡。

3.1.4 AdaGrad

在神经网络的学习过程中，学习率的选择至关重要。若学习率设置过小，模型的学习过程将会非常缓慢，导致训练时间的显著增加；反之，如果学习率过大，则可能导致模型发散，从而无法正确收敛到最优解。因此，合理设置学习率是优化算法成功的关键。

在学习率管理的有效技巧中，有一种称为学习率衰减的方法。这种方法的核心思想是随着训练的进行，逐渐减小学习率。实际上，这种策略可以理解为在训练初期采用较高的学习率以加快收敛速度，然后在接近最优解时逐步降低学习率，允许模型以更精细的步伐进行调整。这种"多学"到"少学"的策略在神经网络训练中被广泛应用，能够有效提高模型的性能。

逐渐减小学习率的想法相当于将所有参数的学习率整体降低。然而，AdaGrad 进一步发展了这一思路，为每个参数提供了"定制"的学习率。具体来说，AdaGrad 会根据每个参数的历史梯度信息，动态调整其学习率。这样一来，频繁更新的参数会获得更小的学习率，而不常更新的参数则会保持相对较大的学习率。这种适应性调整使得 AdaGrad 在处理稀疏数据和具有不同特征规模的情况下表现得更加高效。

接下来，将用式（3-3）表示 AdaGrad 的更新方法，以便更清晰地理解其工作原理。

$$\begin{cases} h \leftarrow h + \dfrac{\partial L}{\partial W} \dfrac{\partial L}{\partial W} \\ W \leftarrow W - \eta \dfrac{1}{\sqrt{h}} \dfrac{\partial L}{\partial W} \end{cases} \quad (3\text{-}3)$$

和前面的 SGD 类似，W 表示要更新的权重参数，$\dfrac{\partial L}{\partial W}$ 表示损失函数关于 W 的梯度，η 表示学习率。在这里，引入了一个新变量 h，它保存了所有以前梯度值的平方和。在参数更新时，通过将学习率乘上 $\dfrac{1}{\sqrt{h}}$，可以有效地调整学习的尺度。这意味着，对于那些变化较大的参数元素，其学习率将会减小，反之则保持较大的学习率。这种机制允许在每个参数元素上进行学习率的衰减，使得在训练过程中，波动较大的参数的学习率逐渐降低，从而实现更稳定的优化过程。以下是 AdaGrad 的代码实现：

```python
class AdaGrad:
    def __init__(self,lr=0.01):
        self.lr=lr
        self.h=None

    def update(self,params,grads):
        if self.h is None:
            self.h={}
            for key,val in params.items():
                self.h[key]=np.zeros_like(val)

        for key in params.keys():
            self.h[key]+=grads[key]*grads[key]
            params[key]-=self.lr * grads[key]/(np.sqrt(self.h[key])+1e-7)
```

在上述代码中，AdaGrad 类用于实现 AdaGrad 优化算法，其初始化方法 __init__() 接受学习率 lr 作为参数，并将历史梯度平方和 h 初始化为 None。在参数更新方法 update() 中，首先检查 h 是否为 None，如果是，则将其初始化为与参数 params 形状相同的零字典，以存储每个参数的历史梯度平方和。接下来，对于每个参数，更新历史梯度的平方和，并根据 AdaGrad 的更新规则调整参数的值，具体通过将当前梯度除以历史梯度平方和的平方根以及一个小常数（以避免除以零）来实现。这种机制使得频繁更新的参数具有较小的学习率，进而提升模型在处理稀疏数据时的训练效率和稳定性。

3.1.5 Adam

Momentum 方法可以类比为小球在碗中滚动的物理规则，而 AdaGrad 则为每个参数的元素适当地调整更新步伐。如果将这两种方法融合在一起，会产生什么效果呢？这正是 Adam (Adaptive Moment Estimation) 方法的基本思路。Adam 是一种在 2015 年提出的新优化算法，其理论相对复杂，但可以直观地理解为 Momentum 和 AdaGrad 的结合。通过结合这两种方法的优点，Adam 旨在实现参数空间的高效搜索，并且特别引入了超参数的"偏置校正"机制，进一步提高了优化的稳定性。

在 Adam 的更新过程中，参数的调整类似于小球在碗中滚动的方式。虽然 Momentum 也具有类似的移动特性，但相比之下，Adam 的小球在左右摇晃的幅度上有所减轻，这得益于其学习更新的步伐得到了适当的调整。通过动态调整学习率和引入动量，Adam 能够更好地适应不同的参数更新需求，从而在训练过程中实现更快的收敛和更好的性能。

这四种优化方法各具优势，并不存在一种能够在所有问题中都表现良好的通用方法。每种方法都有其独特的特点，擅长解决特定类型的问题，同时在某些情况下可能表现不佳。尽管 SGD 方法相对简单，但许多研究中仍然广泛使用它，因为它在很多场景下依然有效。Momentum 和 AdaGrad 也都是值得尝试的优化方法，能够在不同的应用中提供良好的性能。近年来，Adam 方法因其结合了动量和自适应学习率的优点而受到众多研究人员和技术人员的青睐，成为优化算法中的热门选择。每种方法的选择应根据具体问题的特性和需求进行相应的调整，以达到最佳的优化效果。

3.2 权重的初始值

在神经网络的学习过程中，权重的初始值极为重要。实际上，权重初始值的选择往往直接关系到神经网络学习的成功与否。如果初始权重设置不当，可能导致梯度消失或爆炸现象，从而阻碍网络的有效训练。因此，合理设置权重初始值对于加速收敛和提升模型性能至关重要。本节将介绍几种推荐的权重初始值设置方法，并通过实验验证这些方法对神经网络学习速度的影响，以确保模型能够快速而有效地进行训练。

3.2.1 可以将权重初始值设为 0 吗？

在神经网络的学习中，权重的初始值设定至关重要。本章后面将介绍一种抑制过拟合、提高泛化能力的技巧——权值衰减。权值衰减的核心思想是通过减小权重参数的值来抑制过拟合的发生。为了有效实现这一目标，权重的初始值应该设定为较小的随机值。例如，常见的做法是使用类似于 0.01 * np. random. randn（10, 100）的形式，从标准差为 0.01 的高斯分布中生成权重初始值。

既然可设定为较小的随机值，那么可以将权重初始值设为 0 吗？虽然可以将权重初始值设定为较小的随机值，但将其设为 0 并不是一个好主意。当所有权重初始化为 0 时，网络中的每个神经元在正向传播时仅依赖于偏置项，从而产生相同的输出。这种情况使得各个神经元无法学习到不同的特征，因为它们的计算过程完全一致。在反向传播过程中，所有权重的更新也将是相同的，这导致它们保持相同的值，严重限制了网络的学习能力和表达能力。由于神经元的输出没有差异，网络无法有效拟合输入与输出之间的复杂关系，进而可能陷入局部最优解，影响训练效果。因此，为了确保神经网络能够独立学习每个参数并提高模型的性能，权重的初始值应设定为小的随机值，以打破对称性并促进有效学习。将权重设置为相同的值并不是一个好的做法，原因与将权重初始化为 0 类似。

因此，为了防止"权重均一化"，必须随机生成初始权重值。通过引入随机性，可以打破对称性，确保网络中的每个神经元能够独立学习，从而提高模型的表达能力和学习效果。

3.2.2 隐藏层的激活值的分布

隐藏层的激活值的分布在神经网络中具有重要意义，它直接影响信息的传递和模型的学习能力。各层的激活值需要具备适当的广度，以便通过层间传递多样性的数据，从而支持神经网络的高效学习。相反，如果传递的是偏向性数据，就可能导致梯度消失或者"表现力受限"的问题，从而使学习过程难以顺利进行。因此，选择合适的激活函数和权重初始化方法至关重要。

当激活函数为 ReLU 时，权重参数通常使用 He 初始化；而当采用 Sigmoid 或 tanh 等 S

型激活函数时，权重参数推荐使用 Xavier 初始化。这些做法被广泛认为是最佳实践，有助于提升网络的训练效率和最终性能。

激活值反映了输入数据经过网络处理后的状态，良好的激活值分布能够有效促进梯度的计算与传播，从而避免梯度消失或爆炸的问题。如果激活值过于集中或分散，可能会导致网络在训练过程中难以学习到有用的特征，从而影响模型的整体性能。

3.3 Batch Normalization

通过上一节的讨论，了解到设定合适的权重初始值可以使各层的激活值分布具有适当的广度，从而顺利地进行学习。那么，为了确保各层的激活值拥有适当的广度，"强制性"地调整激活值的分布将会如何影响学习过程呢？实际上，Batch Normalization 方法就是基于这个理念而产生的。

Batch Normalization（下文简称 BN）是 2015 年提出的方法，在许多研究和实际应用中得到了广泛应用，许多优秀的成果也基于这一方法的使用。那么，为什么 BN 如此引人注目呢？首先，BN 能够增大学习率，从而使模型更快收敛，缩短训练时间。其次，使用 BN 后，模型对权重初始值的敏感性降低，使得训练过程更加稳定。此外，BN 通过规范化激活值，有效减少了对 Dropout 等正则化方法的依赖，从而降低了过拟合的风险。

BN 的思路是调整各层的激活值分布使其拥有适当的广度。为此，要向神经网络中插入对数据分布进行正规化的层，即 BN 层。使用 BN 层的神经网络结构图如图 3-1 所示。

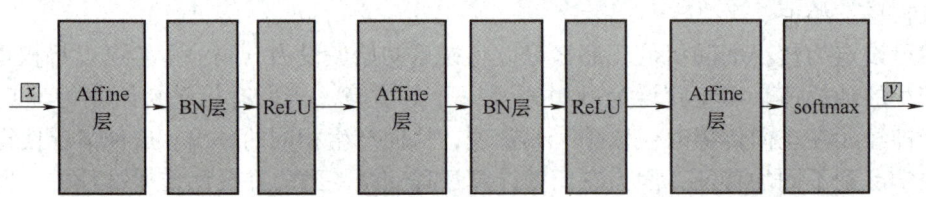

图 3-1 使用 BN 层的神经网络结构图

BN 是以进行学习时的 mini-batch 为单位进行规范化。具体而言，它通过将数据的均值调整为 0，方差调整为 1 来实现规范化，计算公式为

$$\begin{cases} \mu_B \leftarrow \dfrac{1}{m}\sum_{i=1}^{m} x_i \\ \sigma_B^2 \leftarrow \dfrac{1}{m}\sum_{i=1}^{m}(x_i - \mu_B)^2 \\ \hat{x}_i \leftarrow \dfrac{x_i - \mu_B}{\sqrt{\sigma_B^2 + \varepsilon}} \end{cases} \quad (3\text{-}4)$$

在式（3-4）中，对 mini-batch 的 m 个输入数据的集合 $B = \{x_1, x_2, \cdots, x_m\}$ 求均值 μ_B 和方差 σ_B^2。随后，对输入数据进行规范化，使其均值为 0、方差为 1，从而达到合适的分布。在式（3-4）中，ε 是一个极小值，一般取值为 e-7，用于防止出现除以 0 的情况。

式（3-4）所做的工作是将 mini-batch 的输入数据 $\{x_1, x_2, \cdots, x_m\}$ 变换为均值为 0、方

差为 1 的数据 $\{\hat{x}_1, \hat{x}_2, \cdots, \hat{x}_m\}$，这一过程非常简单。通过将这一处理插入激活函数的前面，可以有效减小数据分布的偏差。

接着，BN 层会对正规化后的数据进行缩放和平移的变换，具体的计算公式为

$$y_i \leftarrow \gamma \hat{x}_i + \beta \tag{3-5}$$

式中，γ 和 β 是可学习的参数。初始时，$\gamma = 1$，$\beta = 0$，然后通过学习逐步调整到合适的值。

实验评估表明，使用 BN 可以有效推动学习的进行，并使模型对权重初始值变得更加健壮（"对初始值健壮"意味着模型不那么依赖初始值）。由于 BN 具备如此优良的特性，它必将在更多场合中得到应用。

3.4 正则化

在机器学习中，过拟合是一个非常常见的问题。过拟合指的是模型在训练数据上表现良好，但在未包含在训练数据中的其他数据上却无法有效拟合。机器学习的目标是提高模型的泛化能力，即使面对未观测的数据，模型也能做出正确的预测。虽然可以构建复杂且表现力强的模型，但同样重要的是采用有效的技巧来抑制过拟合。

3.4.1 过拟合

发生过拟合的原因，主要有以下两个：
1）模型拥有大量参数，表现力强。
2）训练数据少。

这里，故意满足这两个条件，制造过拟合现象。为此，选择 300 个数据，并且为了增加模型复杂度，使用 7 层神经网络模型，实现代码如下：

```python
import numpy as np
import matplotlib.pyplot as plt
from sklearn.neural_network import MLPClassifier
from sklearn.model_selection import train_test_split
# 设定随机种子以确保可重复性
np.random.seed(0)


# 生成随机数据
# 300 个样本,20 个特征
X = np.random.rand(300,20)
# 根据特征和生成标签,使得条件更具挑战性
y = (np.sum(X,axis=1)+ np.random.normal(0,2,300)>10).astype(int)

# 拆分数据集为训练集和测试集
X_train,X_test,y_train,y_test=train_test_split(X,y,test_size=0.2,random_state=42)
```

```python
# 创建具有 7 个隐藏层的 MLPClassifier
model=MLPClassifier(hidden_layer_sizes=(128,128,128,128,128,
128),
                    max_iter=100,
                    alpha=0.01,
                    solver='adam',
                    random_state=1,
                    warm_start=True)     # 允许在每个 epoch 后继续训练

# 记录训练和测试的准确率
train_accuracies=[]
test_accuracies=[]

# 训练模型
for epoch in range(1,101):
    model.fit(X_train,y_train)                           # 训练模型
    train_accuracy=model.score(X_train,y_train)# 计算训练准确率
    test_accuracy=model.score(X_test,y_test)     # 计算测试准确率

    train_accuracies.append(train_accuracy)
    test_accuracies.append(test_accuracy)

# 可视化训练数据和测试数据的准确率随 epoch 的变化
plt.figure(figsize=(12,6))
plt.plot(train_accuracies,label='Training Accuracy',marker='o')
plt.plot(test_accuracies,label='Testing Accuracy',marker='o')
plt.title('Training and Testing Accuracy Over Epochs')
plt.xlabel('Epochs')
plt.ylabel('Accuracy')
plt.xticks(np.arange(0,101,10))
plt.ylim(0,1)
plt.legend()
plt.grid()
plt.show()
```

运行结果如图 3-2 所示。

由图 3-2 可知, 用训练数据测得的准确率几乎达到了 100%。然而, 对于测试数据, 准确率与 100% 之间仍存在较大的差距。这种显著的准确率差异表明模型只是在拟合训练数

据，而未能有效泛化到测试数据。从图 3-2 中可以看出，模型对测试数据的拟合效果并不理想。

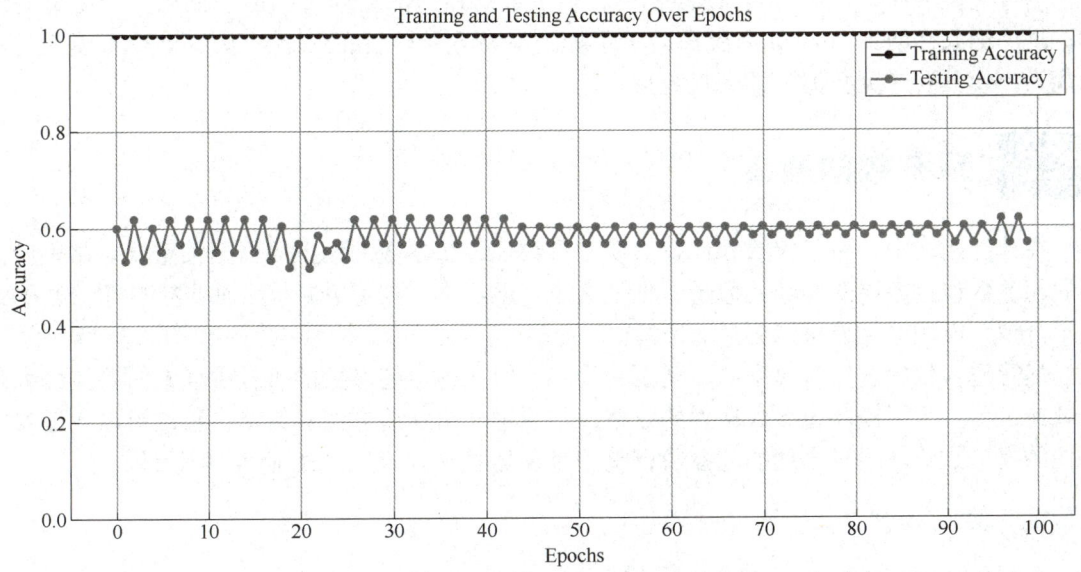

图 3-2　训练数据和测试数据的准确率的变化

3.4.2　权值衰减

权值衰减是一种常用的抑制过拟合的方法。该方法通过在学习过程中对较大的权重施加惩罚，从而抑制过拟合现象。许多过拟合的情况往往是由于权重参数取值过大所导致的，因此，通过控制权重的大小，权值衰减可以有效提高模型的泛化能力。

神经网络的学习目的是最小化损失函数的值。为了抑制权重过大，可以在损失函数中加入权重的平方范数（L2 范数）。具体来说，如果将权重记为 W，则 L2 范数的权值衰减就是 $\frac{1}{2}\lambda W^2$，然后将 $\frac{1}{2}\lambda W^2$ 加到损失函数中。其中，λ 是控制正则化的超参数，λ 设置得越大，对较大的权重施加的惩罚就越重。此外，$\frac{1}{2}\lambda W^2$ 开头的 $\frac{1}{2}$ 是用于将 $\frac{1}{2}\lambda W^2$ 的求导结果变成 λW 的调整用常量。通过这种方式，模型能够更有效地抑制过拟合，提升泛化能力。

3.4.3　Dropout

当网络模型变得非常复杂时，仅依靠权值衰减可能难以有效控制过拟合。在这种情况下，通常会采用 Dropout 方法。

Dropout 是一种在训练过程中随机删除神经元的技术。具体而言，在每次训练时，随机选择一定比例的隐藏神经元，并将其"删除"，即这些神经元在该次正向传播中不参与信号的传播。这意味着被删除的神经元不会对后续层的计算产生影响。

在训练过程中，每次数据传递时，都会随机选择要删除的神经元。这样可以促使模型学习到更加鲁棒的特征，减少对特定神经元的依赖。当模型进入测试阶段时，所有神经元都会参与信号传播，但为了保持一致性，输出会乘以训练时的删除比例，以确保模型的输出在训练和测试阶段之间保持平衡。

通过实验表明，使用 Dropout 技术后，训练数据和测试数据之间的识别精度差距显著减小。这一结果表明，Dropout 有效地减少了模型对特定神经元的依赖，从而提高了模型的泛化能力，使其在未见数据上的表现更加稳健。

3.5 超参数的验证

在神经网络中，除了权重和偏置等模型参数外，超参数的设置同样至关重要。这里所提到的超参数包括各层的神经元数量、批量大小、学习率、权值衰减等。如果这些超参数的设置不合理，模型的性能可能会显著下降。

尽管超参数的选择对模型的表现至关重要，但在确定超参数的过程中通常需要经历大量的试错过程。为了提高超参数搜索的效率，本节将介绍一些方法和策略，帮助更高效地寻找最佳的超参数值。通过合理的超参数调整，可以显著提升模型的性能和训练效果。

3.5.1 验证数据

之前将数据集分成了训练数据和测试数据，训练数据用于模型学习，而测试数据则用于评估模型的泛化能力。这种划分使得能够判断模型是否过拟合训练数据，以及其泛化性能如何。

接下来，对超参数进行验证时，必须注意避免使用测试数据来评估超参数的性能。这一点非常重要，但常常被忽视。

那么，为什么不能用测试数据来评估超参数的性能呢？原因在于，如果使用测试数据来调整超参数，超参数的值可能会对测试数据发生过拟合。换句话说，用测试数据来确认超参数的"优劣"会导致超参数调整为仅仅适合测试数据的值。结果将导致模型无法有效拟合其他数据，进而显著降低泛化能力。

因此，在调整超参数时，必须使用专门的验证数据。验证数据用于评估超参数的效果，从而确保模型的泛化能力不受测试数据的影响。通过合理使用验证数据，可以更有效地调整超参数，提升模型性能。

3.5.2 超参数最优化

在进行超参数优化时，逐渐缩小超参数"良好值"范围的重要性不言而喻。首先大致设定一个超参数的范围，然后从中随机选择一个值（采样），并使用该值进行识别精度的评估。接着，重复这一过程多次，观察识别精度的结果。根据评估结果，可以逐步缩小超参数的"良好值"范围。通过不断重复这一操作，能够逐渐确定超参数的合适范围。这种方法不仅提高了超参数优化的效率，还能有效找到最佳的超参数组合，从而提升模型的性能。

上述超参数优化方法是一种实践性的策略，虽然有效，但更像是基于实践者经验的结果。在超参数优化中，如果需要更为精确的方法，可以考虑使用贝叶斯优化。贝叶斯优化基于贝叶斯定理的数学理论，能够更严密和高效地进行优化过程。通过这种方式，可以在探索超参数空间时实现更好的收敛性和效率，从而提升模型的性能。

3.6　本章小结

本章探讨了神经网络的学习方法，涵盖了参数更新、权重初始化、正则化技术和超参数验证等关键主题。首先介绍了几种参数更新方法，包括随机梯度下降（SGD）及其变体（如 Momentum、AdaGrad 和 Adam），并讨论了它们在收敛速度和学习稳定性方面的优缺点。接着强调了权重初始化的重要性，指出合适的初始化方法可以有效避免训练中的问题。随后分析了如何使用 Batch Normalization 改善训练的稳定性，并深入讨论了正则化技术，包括权值衰减和 Dropout，以应对过拟合问题。最后探讨了超参数验证的重要性，强调了使用验证数据和优化策略来提升模型的性能和泛化能力。本章的内容为神经网络的设计与优化奠定了坚实基础。

3.7　习题

1. 描述 SGD 在神经网络参数更新中的作用及其基本原理。
2. SGD 为什么会导致参数更新的"之字形"路径？这种路径有什么缺点？
3. 解释 Momentum 方法如何克服 SGD 的缺点。
4. 为什么不能将所有权重初始化为 0？
5. Batch Normalization 在正向传播和反向传播中分别起到什么作用？
6. 解释 Batch Normalization 如何促进神经网络训练的稳定性和收敛速度。
7. 权值衰减是如何抑制过拟合的？它和 L2 范数有什么联系？
8. 描述在超参数优化过程中，为什么要避免使用测试数据集？
9. 讨论超参数搜索过程中，逐渐缩小搜索范围的方法。

第 2 篇
计算机视觉篇

  计算机视觉在深度学习中占据着重要地位，它通过模拟人类视觉系统，使计算机能够理解和处理图像和视频数据。深度学习的快速发展，尤其是卷积神经网络（CNN）的引入，极大地提升了计算机视觉任务的性能，如图像分类、目标检测和图像分割等。这些技术的突破使得计算机在诸如自动驾驶、医疗影像分析和智能监控等领域取得了显著的应用成果。

  本篇将深入探讨卷积神经网络在计算机视觉中的关键作用。首先，第 4 章将介绍卷积神经网络的基本概念、结构和原理，重点分析卷积层和池化层的功能及其在图像处理中的应用。随后，第 5 章将聚焦于几种经典的卷积网络结构，包括 LeNet、AlexNet 和 VGG，详细介绍它们的特点、优势及实际案例，以展示这些网络在特定任务中的表现。最后，第 6 章将探讨更为先进的网络结构，如 GoogLeNet 和 ResNet，强调它们在图像处理中的创新设计和应用，尤其是在目标检测和图像分割等领域的影响。通过这些内容的讲解，本篇将为读者提供一个全面的视角，帮助其理解卷积神经网络在计算机视觉领域的发展和应用。

第 4 章

卷积神经网络

本章将详细探讨卷积神经网络（Convolutional Neural Network，CNN）的基本概念、工作原理及其在计算机视觉领域的广泛应用。作为深度学习的核心模型之一，CNN 通过引入卷积层、池化层和全连接层的巧妙组合，成功解决了传统神经网络在处理高维数据（如图像和视频）时遇到的诸多挑战。CNN 的架构设计不仅有效减少了模型参数量，提升了计算效率，还保留了输入数据的空间特征，使其在各类视觉任务中表现出色。

自问世以来，CNN 迅速成为计算机视觉领域的主流技术，在图像分类、目标检测、图像分割等应用中展现了卓越的性能。学习 CNN 不仅能够帮助读者理解深度学习模型的结构与功能，还为后续学习更复杂的视觉任务打下坚实的理论与实践基础。

本章将从 CNN 的基本结构入手，逐步分析每一层的功能与作用，并通过具体案例深入讲解 CNN 在实际应用中的表现。此外，还将探讨 CNN 在处理视觉任务时的独特优势及其在现代深度学习研究中的重要地位。通过本章的学习，读者将全面理解 CNN 的核心思想与应用方法，为进一步学习更复杂的神经网络模型奠定基础。

4.1 神经网络和卷积神经网络

神经网络（Neural Network）是一类受生物神经系统启发的仿生学模型，能够通过模拟人脑神经元之间的连接和交互来处理复杂的计算任务。传统神经网络通常由多层感知机（Multilayer Perceptron，MLP）组成，其中每一层的神经元通过全连接的方式与前后层的神经元相连接。这种结构使得神经网络在解决各类问题时具备较高的灵活性。然而，当处理高维度输入数据（如图像和视频）时，传统神经网络常常面临参数爆炸和计算效率低下的问题，难以有效捕捉输入数据的空间结构。

CNN 是对传统神经网络的扩展，专为处理具有空间结构的数据而设计，特别是在图像、视频等视觉数据的处理上表现出色。与传统神经网络不同，CNN 引入了局部连接和权值共享的概念，从根本上优化了神经网络的结构，使其既能保持高效的计算能力，又能有效捕捉输入数据中的局部特征。

具体来说，局部连接指的是在卷积层中，每个神经元只与前一层的局部区域相连接，而不是与所有神经元相连。这不仅大幅减少了模型的参数数量，还保留了数据的空间结构信息，避免了参数冗余。权值共享则意味着在卷积层内，所有神经元使用相同的卷积核（滤波器），通过在输入数据上滑动该卷积核来提取相同类型的特征。这种架构使得 CNN 能够高效处理视觉任务，如图像识别、目标检测和图像分割，在保持高准确率的同时，大幅提高了计算效率。

通过引入这些创新，CNN 在计算机视觉领域中取得了显著成果，成为现代深度学习模型的核心组成部分。

4.2 卷积存在的意义

卷积操作在 CNN 中起到了至关重要的作用，其意义不仅在于提高计算效率，更在于增强模型对空间信息的捕捉能力。

首先，卷积通过局部连接的方式处理输入数据，每个卷积核仅与输入数据的局部区域进行计算。这种方式不仅有效降低了模型的参数数量，使网络更加轻量化，还保留了数据的空间信息。对于图像等高维数据，卷积能够很好地提取局部特征，如边缘、纹理等，这些特征对于理解图像内容至关重要。

其次，卷积核的权值共享特性大幅减少了参数的冗余。在传统的全连接网络中，每个神经元都与前一层的所有神经元相连，导致参数数量急剧增加。而卷积核在输入图像上滑动，相同的卷积核在不同的位置提取相同类型的特征，使得卷积层能够以较少的参数量生成具有高度信息密度的特征图。这不仅提升了模型的计算效率，还增强了其泛化能力，使得 CNN 在面对新数据时的表现更加稳健。

再次，卷积操作具备平移不变性（Translation Invariance）。卷积核在图像上的滑动使得相同的特征可以在不同的位置被检测到，这意味着无论特征出现在图像的哪个位置，卷积层都能对其进行有效识别。这一特性对于处理实际应用中的图像变换问题，如对象的平移、旋转和缩放等，具有重要意义。

最后，卷积的多层次特征提取能力使得 CNN 能够从浅层的简单特征（如边缘、角点等）逐步提取到深层的复杂特征（如对象的形状、纹理等）。这种逐层提取和组合特征的方式，使得 CNN 能够构建对图像内容的高级抽象表示，从而在图像分类、目标检测、语义分割等任务中表现卓越。

综上所述，卷积的引入不仅提高了计算效率，更重要的是赋予了 CNN 强大的特征提取能力，使其能够有效处理具有复杂空间结构的视觉数据，成为计算机视觉领域不可或缺的技术基础。

4.3 CNN 的整体结构

首先，来看一下 CNN 的整体结构。在之前介绍的神经网络中，相邻层的所有神经元之间都有连接，这种结构称为全连接（Fully-connected）。如图 4-1 所示，在全连接的神经网络中，Affine 层后面通常紧跟着一个激活函数层，比如 ReLU 层（或 Sigmoid 层）。在图 4-1 中，前 4 层是"Affine-ReLU"组合的堆叠，第 5 层是一个单独的 Affine 层，最后由 softmax 层输出最终的结果（概率分布）。

那么，CNN 的结构又是怎样的呢？如图 4-2 所示，CNN 中新增了卷积层（Convolution Layer）和池化层（Pooling Layer）（图 4-2 中的灰色部分）。在 CNN 中，层的连接顺序通常是"Convolution-ReLU-(Pooling)"，其中池化层有时会被省略。这可以理解为将之前的"Affine-ReLU"连接替换为"Convolution-ReLU-(Pooling)"连接。需要注意的是，在靠近输出的层中，依然使用了之前的"Affine-ReLU"组合。此外，在最终的输出层中，使用了"Affine-softmax"组合来输出最终的结果。

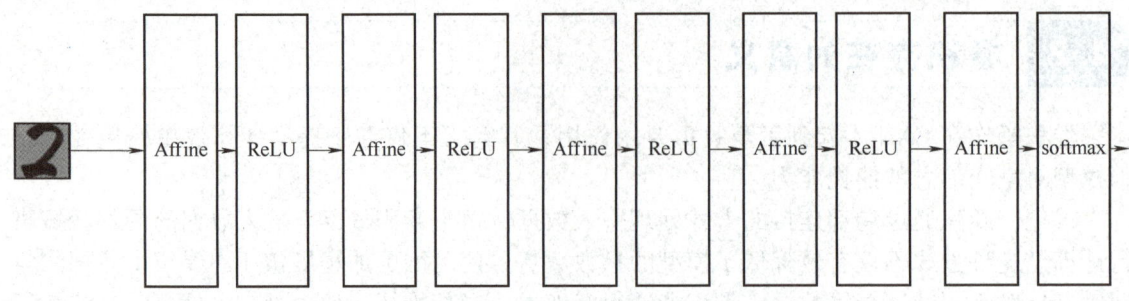

图 4-1 基于全连接层（Affine 层）的网络

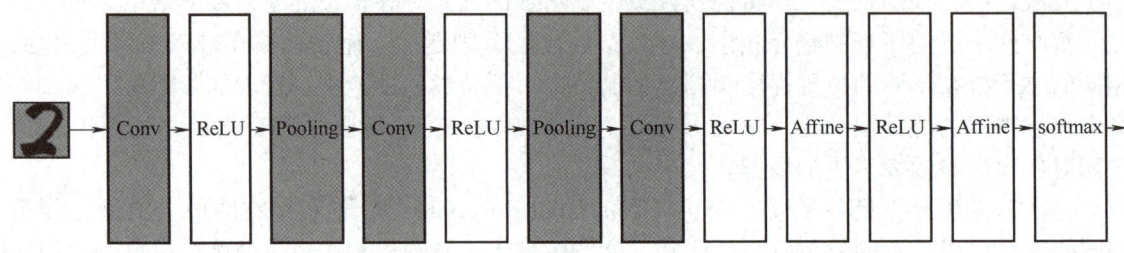

图 4-2 CNN 的结构

4.4 卷积层

在 CNN 中，卷积层是核心组件之一，专门用于从输入数据中提取局部特征。与传统的全连接网络不同，卷积层利用局部连接和权值共享的机制，能够高效处理具有空间结构的高维数据（如图像），同时保留重要的空间信息。卷积层还引入了填充（Padding）和步幅（Stride）等关键参数，以灵活调整输出特征图的尺寸，并有效捕捉不同尺度的特征。这些特性使得卷积层在复杂数据的表达力和计算效率上远胜于传统全连接层，是 CNN 在处理视觉任务时表现卓越的基础。

4.4.1 全连接层的问题

在传统的全连接层中，数据的形状往往被"忽视"了。以图像为例，输入数据通常具有高度、宽度和通道三个维度，构成一个三维结构。然而，在输入全连接层时，这样的三维数据必须被展平为一维向量。例如，使用 MNIST 数据集时，原始图像为单通道、高度 28 像素、宽度 28 像素的结构（即 1×28×28），但在输入全连接层之前，它们会被展平成一列包含 784 个数据点的向量。这种展平过程丢失了原始数据中的空间信息，而这些信息对于理解图像内容至关重要。

图像的三维形状中蕴含着大量的空间信息，这些信息对于捕捉图像的本质特征至关重要。例如，空间上邻近的像素通常具有相似的值，而 RGB 各个通道之间存在密切的关联性。相反，图像中相距较远的像素之间的关联性则相对较弱。这些空间信息能够帮助模型识别图像中的边缘、纹理等关键特征。然而，全连接层在处理展平后的数据时，无法充分利用这些空间关系，从而削弱了对图像内容的理解能力。

卷积层的引入有效地解决了全连接层无法利用空间信息的问题。与全连接层不同，卷积层能够保持输入数据的三维结构不变，这使得它在处理图像时能够更好地捕捉空间结构信息。当输入数据是图像时，卷积层以三维数据的形式接收输入，并以三维数据的形式输出到下一层。通过这种方式，卷积层能够在不丢失空间信息的情况下提取图像中的局部特征，如边缘、纹理等。

在 CNN 中，卷积层的输入和输出数据通常被称为特征图（Feature Map）。输入数据被称为输入特征图（Input Feature Map），输出数据则被称为输出特征图（Output Feature Map）。这些特征图保留了图像的空间结构，并且通过逐层卷积，网络能够逐渐提取出从低级到高级的特征表示，使得模型在处理图像任务时具备更强的表达能力和泛化能力。

4.4.2　卷积运算

卷积层进行的处理就是卷积运算。卷积运算相当于图像处理中的"滤波器运算"。下面来看一个具体的例子，如图 4-3 所示。

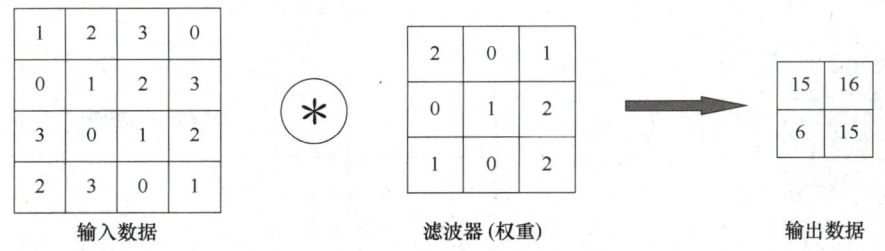

图 4-3　卷积运算

输入数据是有高、宽方向的形状的数据，滤波器也一样，有高、宽方向上的维度。假设用（height，width）表示数据和滤波器的形状，则在图 4-3 中，输入数据大小是（4，4），滤波器大小是（3，3），输出数据大小是（2，2）。另外，有的文献中也会用"核"这个词来表示这里所说的"滤波器"。

对于输入数据，卷积运算以一定间隔滑动滤波器的窗口并应用。如图 4-4 所示，将各个位置上滤波器的元素和输入的对应元素相乘，再求和（有时将这个计算称为乘积累加运算）。然后，将这个结果保存到输出的对应位置。将这个过程在所有位置都进行一遍，就可以得到卷积运算的输出。

在全连接的神经网络中，除了权重参数，还存在偏置。在 CNN 中，滤波器的参数就对应之前的权重，并且 CNN 中也存在偏置。包含偏置的卷积运算的处理流如图 4-5 所示。

4.4.3　CNN 的卷积操作

1. 填充

在进行卷积层处理之前，有时需要在输入数据的周围填入固定的数据（如 0 等），这称为填充（Padding）。填充是卷积运算中经常使用的一种处理方法。卷积运算的填充处理如图4-6所示。

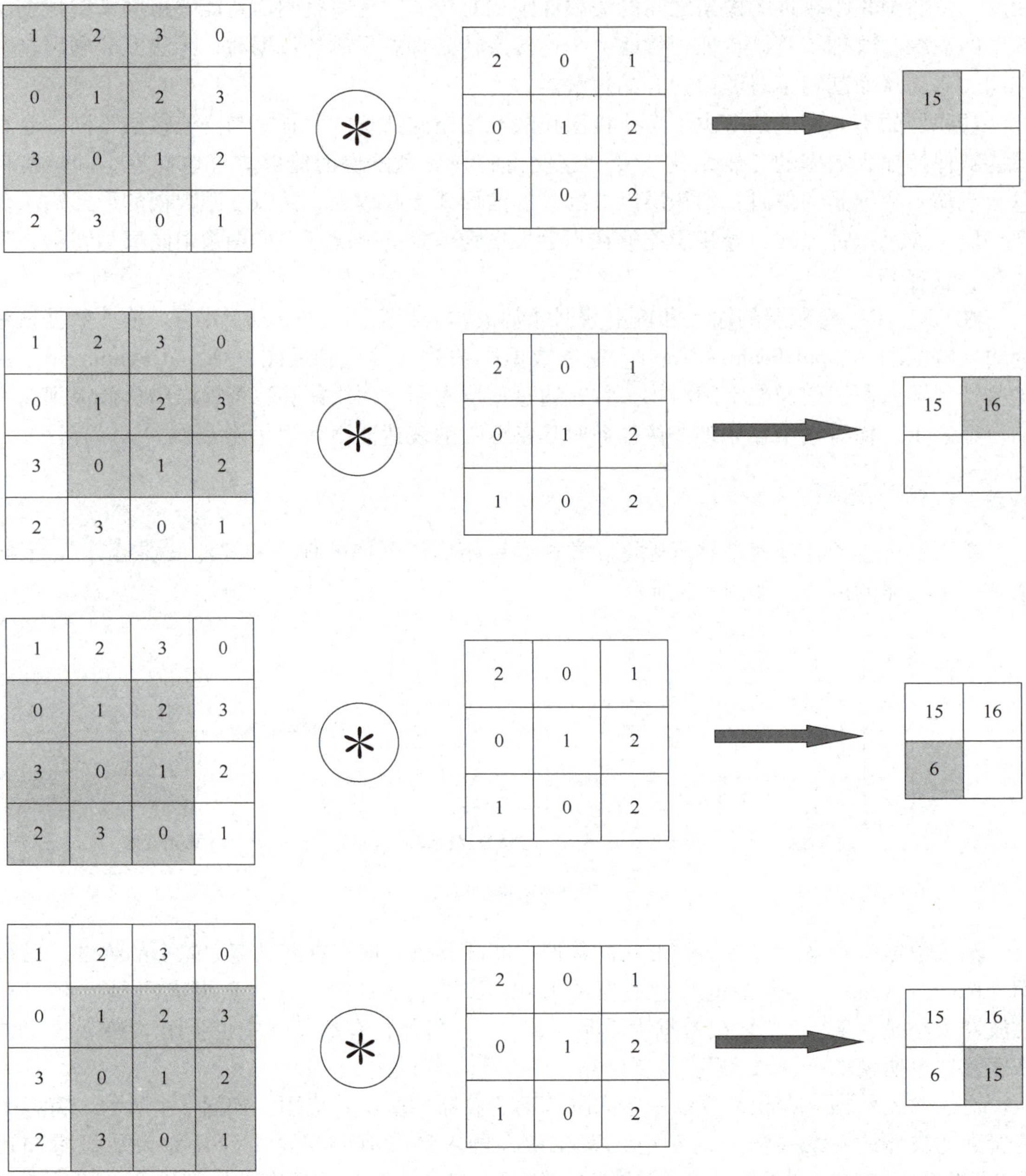

图 4-4 卷积运算的计算顺序

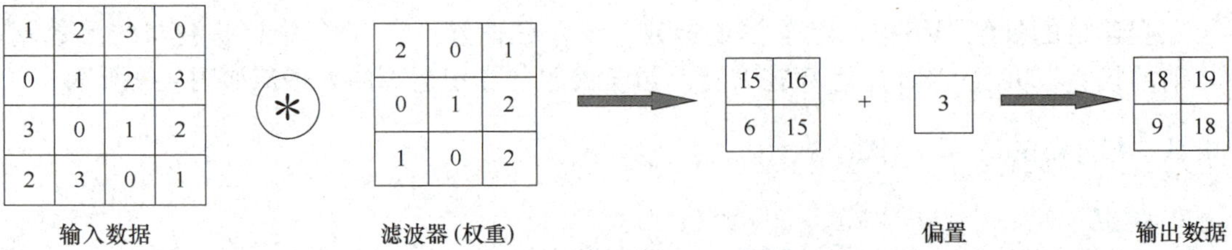

图 4-5 包含偏置的卷积运算的处理流

图 4-6 中，对大小为 (4, 4) 的输入数据应用了幅度为 1 的填充。"幅度为 1 的填充"是指在输入数据的周围用 1 像素宽的 0 进行填充。通过填充，大小为 (4, 4) 的输入数据变成了 (6, 6) 的形状。然后，应用大小为 (3, 3) 的滤波器，生成了大小为 (4, 4) 的输出数据。这个例子中将填充的值设为 1，也可以设置成 2、3 等任意的整数。

使用填充的主要目的是调整输出的大小。如果每次进行卷积运算都会缩小空间，那么最终输出的尺寸可能会变得非常小，甚至缩减为 1，导致无法再进行后续的卷积运算。为了避免这种情况的发生，就需要使用填充。

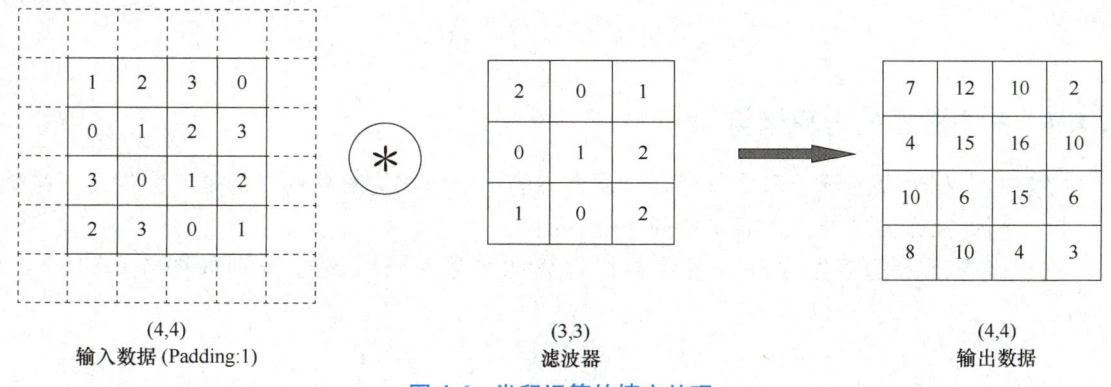

图 4-6 卷积运算的填充处理

2. 步幅

滤波器在输入数据上移动的间隔称为步幅（Stride）。在之前的例子中，步幅都是 1，即每次移动一个元素。如果将步幅设为 2，滤波器的窗口每次移动的间隔将变为两个元素，如图 4-7 所示。

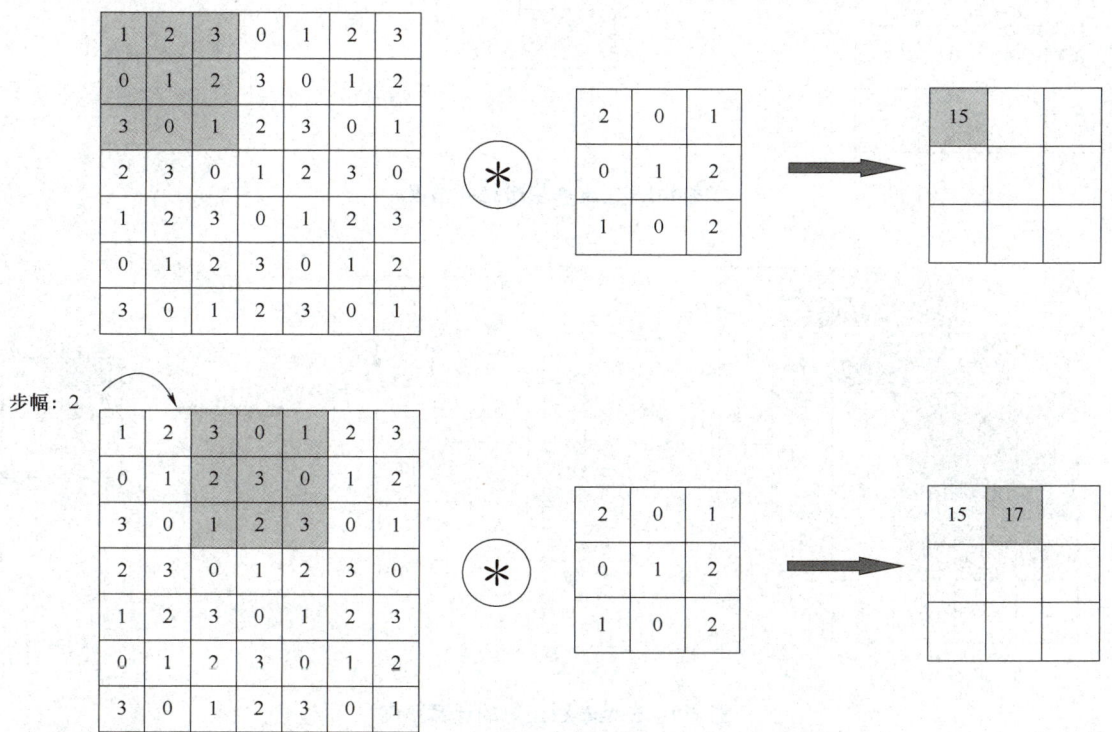

图 4-7 步幅为 2 的卷积运算

因此，增大步幅后，输出数据的大小会变小；而增大填充后，输出数据的大小会变大。那么，如果将这样的关系写成算式，会是什么样的呢？接下来，看一下如何根据填充和步幅来计算输出的大小。

这里，假设输入大小为（H, W），滤波器大小为（FH, FW），输出大小为（OH, OW），填充为 P，步幅为 S。此时，输出大小可通过式（4-1）进行计算：

$$\begin{cases} OH = \dfrac{H+2P-FH}{S}+1 \\ OW = \dfrac{W+2P-FW}{S}+1 \end{cases} \tag{4-1}$$

4.4.4 三维数据的卷积运算

之前的卷积运算的例子都是以有高、宽方向的二维形状为对象的。但是，图像是三维数据，除了高、宽方向之外，还需要处理通道方向。

这里以 3 通道的数据为例，三维卷积运算的结果和计算顺序分别如图 4-8 和图 4-9 所示。

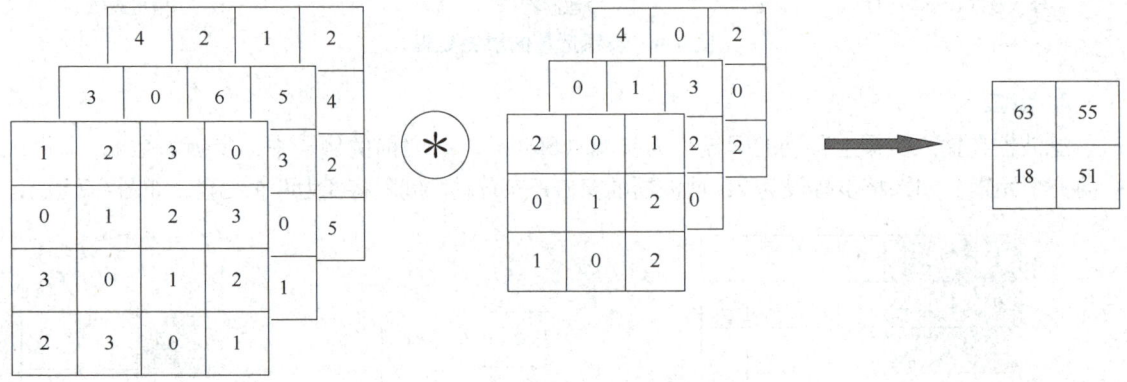

图 4-8 三维卷积运算的结果

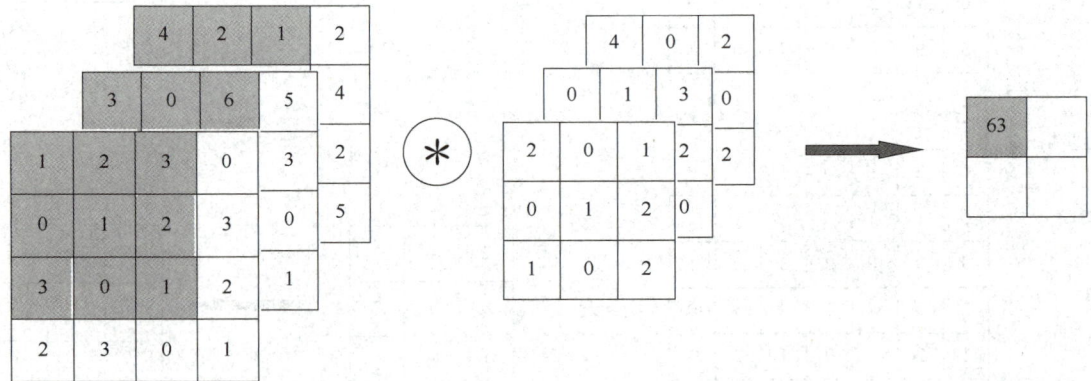

图 4-9 三维卷积运算的计算顺序

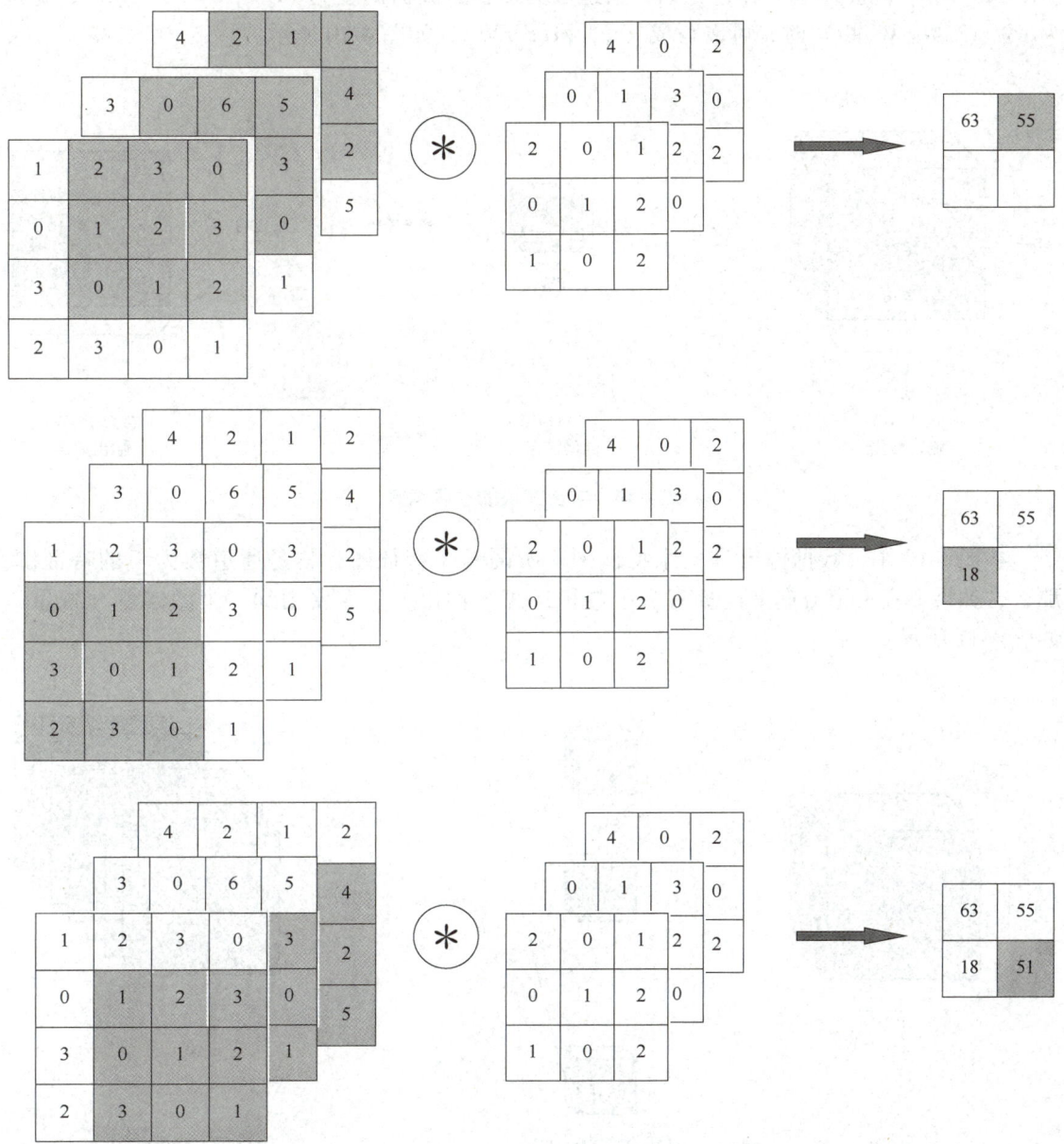

图 4-9 三维卷积运算的计算顺序（续）

需要注意的是，在三维数据的卷积运算中，输入数据和滤波器的通道数要设为相同的值，即滤波器的通道数也为 3。滤波器大小可以设定为任意值（不过，每个通道的滤波器大小要全部相同）。

4.4.5 卷积层参数

将数据和滤波器结合长方体的方块来考虑，把三维数据表示为多维数组时，书写顺序为（channel，height，width）。比如，通道数为 C、高度为 H、宽度为 W 的数据的形状可以写成

(C, H, W)。滤波器也一样，比如，通道数为 C、滤波器高度为 FH（Filter Height）、宽度为 FW（Filter Width）时，可以写成（C, FH, FW），如图 4-10 所示。

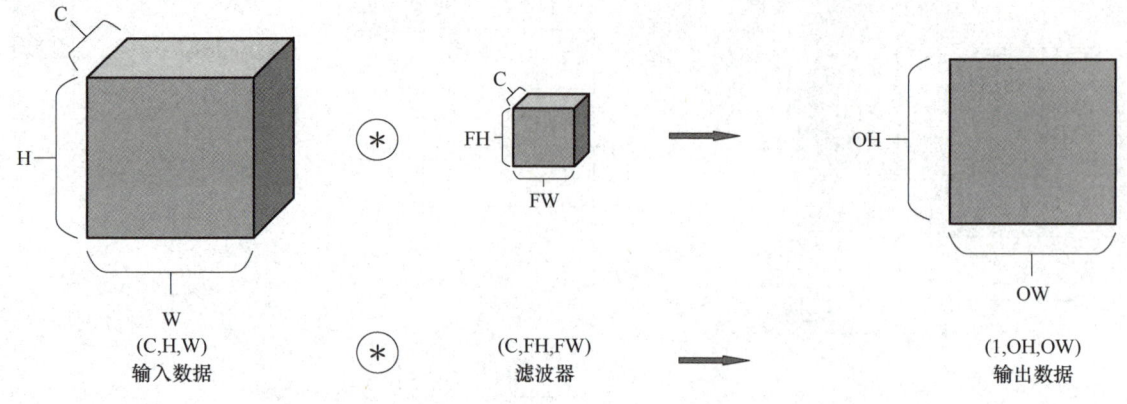

图 4-10　结合方块的卷积运算

在图 4-10 中，数据输出是一张特征图。所谓一张特征图，就是通道数为 1 的特征图。那么，如果要在通道方向上也拥有多个卷积运算的输出，就需要用到多个滤波器（权重），如图 4-11 所示。

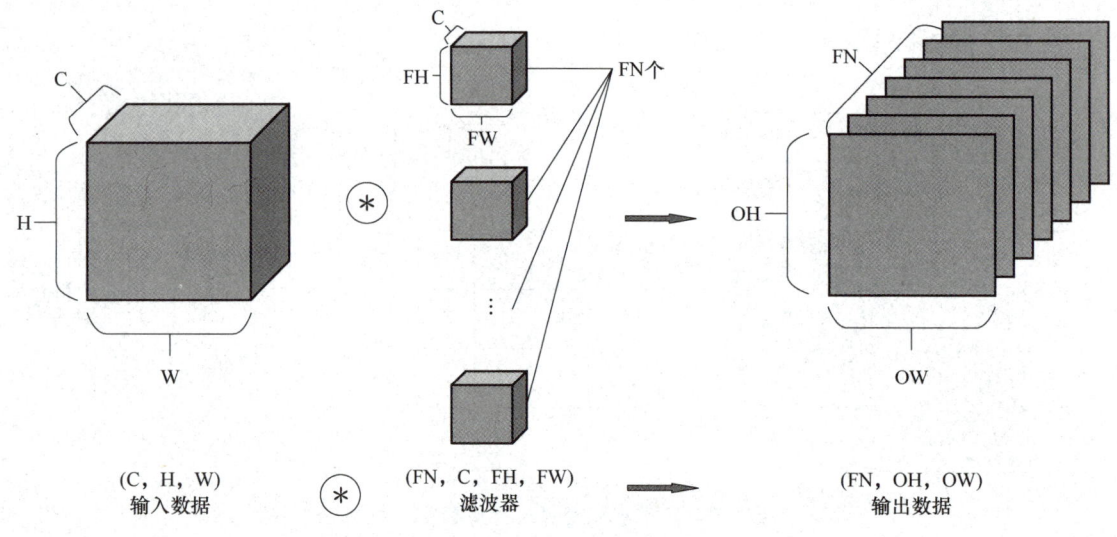

图 4-11　基于多个滤波器的卷积运算

因此关于卷积运算的滤波器，也必须考虑滤波器的数量。作为四维数据，滤波器的权重数据要按（output_channel, input_channel, height, width）的顺序书写。比如，通道数为 3、大小为 5×5 的滤波器有 20 个时，可以写成（20, 3, 5, 5）。

和全连接层一样，卷积运算中也存在偏置。如果进一步追加偏置的加法运算处理，结果如图 4-12 所示。

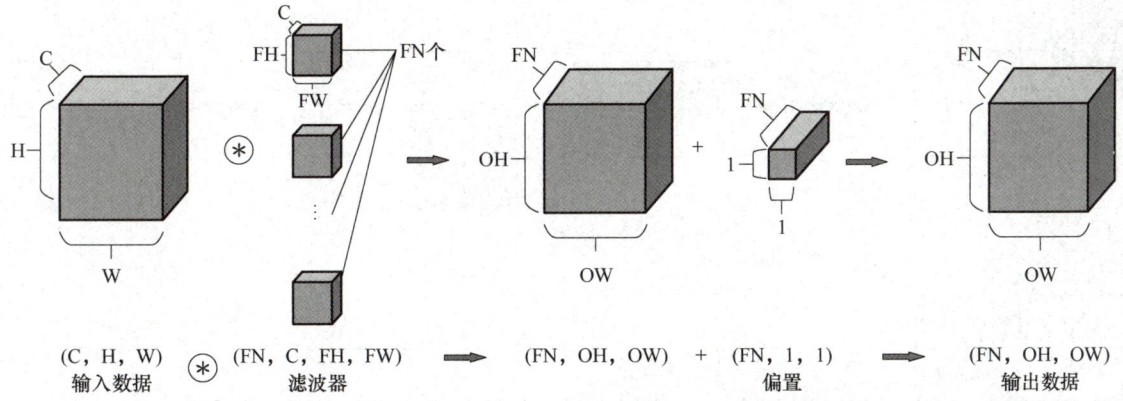

图 4-12 包含偏置的卷积运算的处理流

4.5 池化层

池化层（Pooling Layer）是 CNN 中的重要组成部分，主要用于对特征图进行下采样（Subsampling）或降维（Dimensionality Reduction），从而减少数据的空间维度和计算量，同时保留关键信息。池化层通过对输入数据的局部区域进行聚合操作（如取最大值或平均值），有效地压缩了数据表示。这一过程不仅有助于减少网络的计算复杂度，还增强了模型对输入数据的平移、旋转等变换的鲁棒性。

在 CNN 中，池化层通常在卷积层之后使用，通过对特征图进行处理，进一步提取有意义的特征并降低数据量。接下来，将详细讨论池化层的具体操作，包括常见的池化方法及其参数设置。

4.5.1 池化操作

池化操作是指在池化层中对输入数据进行的具体处理过程。最常见的池化操作包括最大池化（Max Pooling）和平均池化（Average Pooling）。这些操作通常应用在输入数据的局部区域内，对该区域中的数值进行聚合，以生成一个新的、更小的特征图。如图 4-13 所示，将 2×2 的区域集约成一个元素，从而缩小空间。

图 4-13 是按步幅为 2 进行 2×2 的最大池化的处理顺序。"最大池化"是获取最大值的运算。一般来说，池化的窗口大小会和步幅设定成相同的值。

4.5.2 池化层特征

池化层具有以下特征：

1）没有要学习的参数：池化层和卷积层不同，没有要学习的参数。池化只是从目标区域中取最大值或者平均值，所以不存在要学习的参数。

2）通道数不发生变化：经过池化运算，输入数据和输出数据的通道数不会发生变化，如图 4-14 所示。

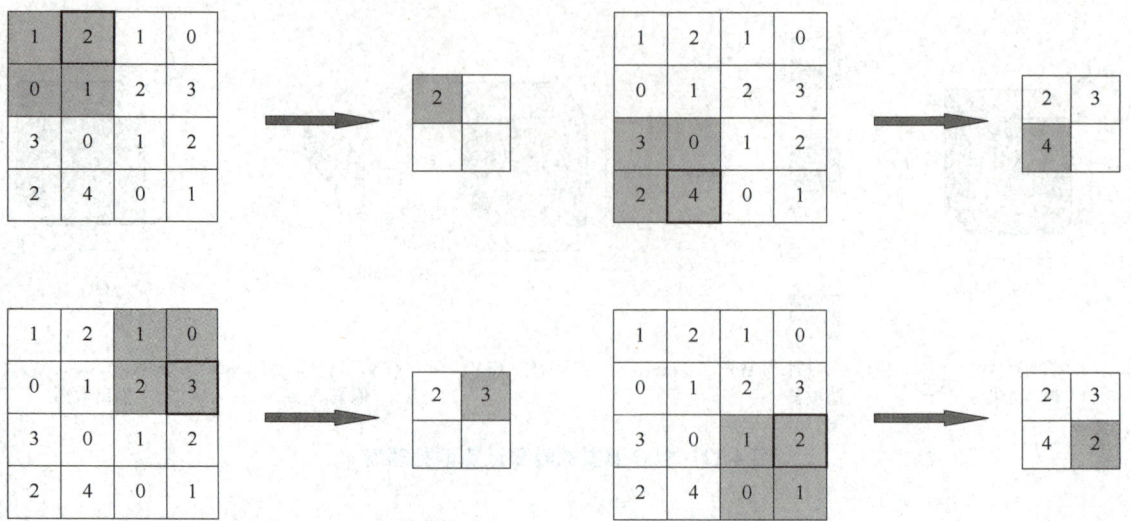

图 4-13 最大池化的处理顺序

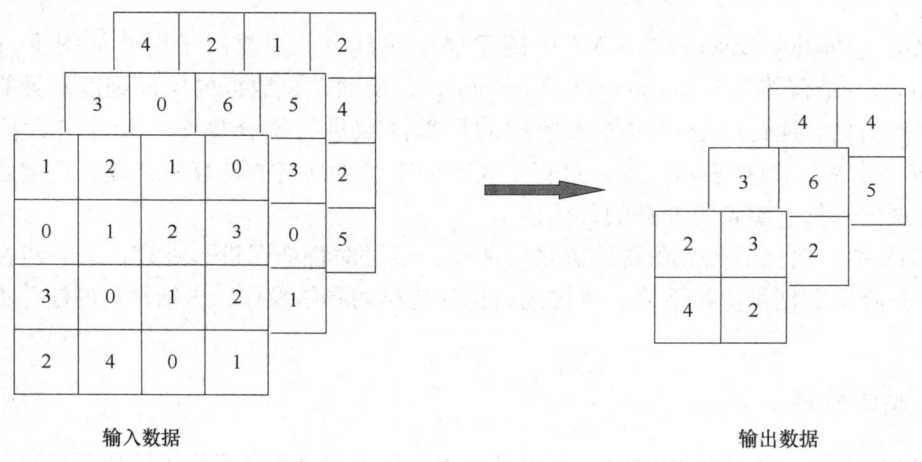

输入数据   输出数据

图 4-14 池化中通道数不变

3）对微小的位置变化具有鲁棒性：输入数据发生微小偏差时，池化仍会返回相同的结果，如图 4-15 所示。

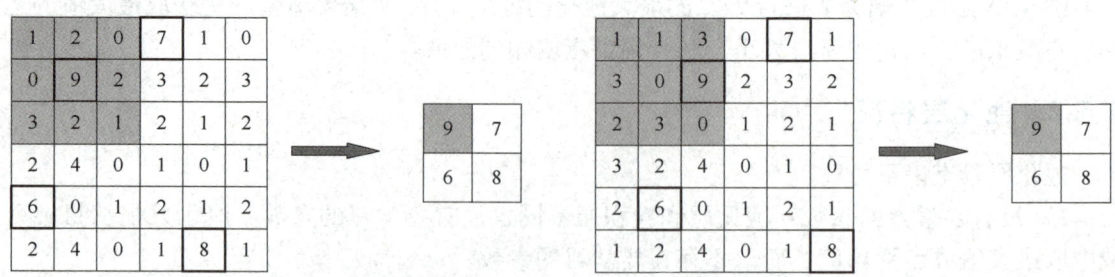

图 4-15 输入数据在宽度上只偏离一个元素时，仍输出相同的结果

4.6 卷积层和池化层的实现

前面详细介绍了卷积层和池化层的基本原理,本节将利用 Python 来实现这两个层。和第 3 章一样,将为实现的类添加 forward 和 backward 方法,使其可以作为模块灵活使用。许多人可能会觉得卷积层和池化层的实现相对复杂,但实际上,借助一些技巧,可以很轻松地实现这些功能。本节将介绍这种技巧,以简化问题的复杂性,然后再介绍卷积层的具体实现。

4.6.1 四维数组

如前所述,CNN 中各层间传递的数据是四维数组。如果四维数组的形状是(10,1,28,28),则它对应 10 个高为 28、宽为 28、通道为 1 的数据。用 Python 实现的代码如下:

```
import numpy as np
x=np.random.rand(10,1,28,28)
```

如果访问 x 的第 1 个数据,只要用 x[0] 就可以了。同样地,用 x[2] 可以访问第 3 个数据。如果要访问第 1 个数据的第 1 个通道的空间数据,可以用 x[0,0] 或者 x[0][0] 进行访问。在 CNN 中处理的是四维数据,因此卷积运算的实现看起来相对复杂。然而,借助 im2col 可以显著简化这个问题。将卷积操作转化为矩阵乘法,从而使卷积运算的实现变得更加简单和高效。接下来,将详细介绍 im2col 的原理及其在卷积运算实现中的应用。

4.6.2 im2col

如果按照传统的方式实现卷积运算,可能需要嵌套多个 for 循环来处理每一层的计算,这样的实现不仅烦琐,而且在使用 NumPy 时,过多的 for 语句会导致性能下降。为了解决这个问题,将不再依赖 for 循环,而是使用 im2col 这个高效的函数来简化卷积运算的实现。通过将输入数据转换为列的形式,可以利用矩阵运算来加速计算,从而提高整体性能。接下来,将详细介绍 im2col 的使用方法及其在卷积运算实现中的具体应用。

im2col 是一个函数,用于将输入数据展开,以便适应滤波器(权重)。如图 4-16 所示,当对三维的输入数据应用 im2col 后,数据会被转换为二维矩阵(准确来说,是将包含批量数量的四维数据转换为二维数据)。这种转换可以利用矩阵运算来高效地执行卷积操作,从而简化计算过程并提升性能。

在图 4-16 中,为了便于观察,将步幅设置得较大。然而,在实际的卷积运算中,过滤器的应用区域通常是重叠的。在这种重叠的情况下,使用 im2col 展开后,展开后的元素个数往往会超过原方块的元素个数。因此,使用 im2col 的实现相较于传统方法会消耗更多的内存。尽管如此,将数据汇总成一个大的矩阵进行计算对计算机的性能是十分有利的。例如,在许多矩阵计算库(如线性代数库)中,矩阵运算的实现已经被高度优化,可以高效地执行大矩阵的乘法运算。因此,通过将卷积操作转化为矩阵计算,能够有效地利用这些线性代数库,从而提高整体计算效率。

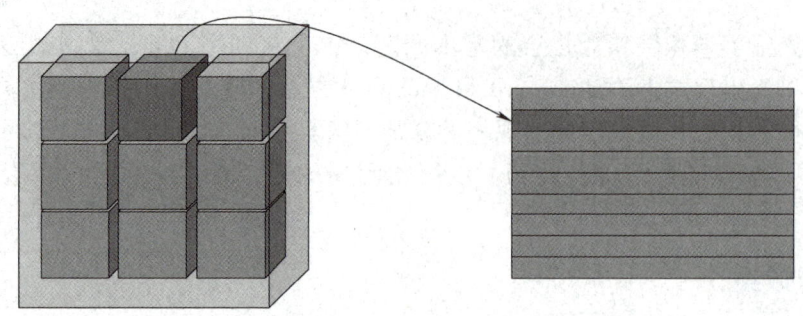

图 4-16　im2col 的应用示意图

im2col 是 "image to column" 的缩写,即从图像到矩阵。使用 im2col 展开输入数据后,就只需将卷积层的滤波器(权重)纵向展开 1 列,并计算 2 个矩阵的乘积即可,和全连接层的 Affine 层进行的处理基本相同。卷积运算的滤波器处理的细节如图 4-17 所示。

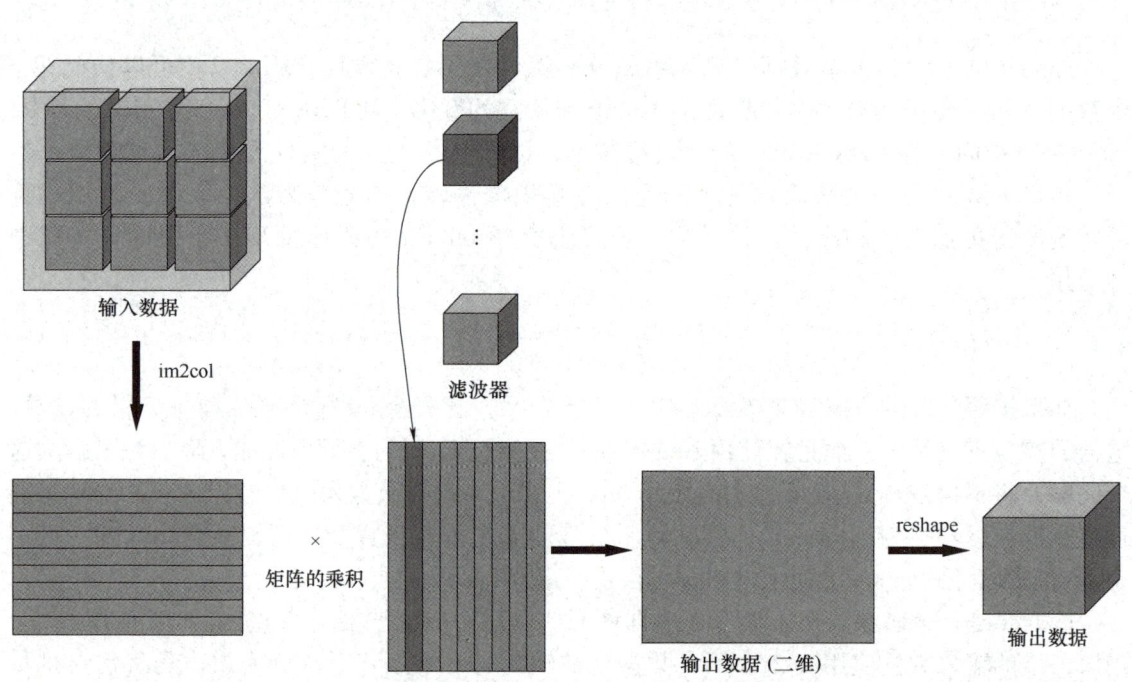

图 4-17　卷积运算的滤波器处理的细节

图 4-17 中,将滤波器纵向展开为一列,并计算和 im2col 展开的数据的矩阵乘积,最后转换为输出数据的大小。从图 4-17 中可知,基于 im2col 方式的输出结果是二维矩阵。因为在 CNN 中数据会被保存为四维数组,所以要将二维数据输出数据转换为合适的形状。

4.6.3 卷积层的实现

本节利用 im2col 函数对卷积层进行实现。首先对 im2col 函数进行实现，代码如下：

```
import numpy as np
def im2col(input_data,filter_height,filter_width,stride=1,pad=0):
    # 获取输入的维度
    N,C,H,W=input_data.shape

    # 计算输出的维度
    out_height=(H+2*pad-filter_height)//stride+1
    out_width=(W+2*pad-filter_width)//stride+1

    # 对输入数据进行填充
    img=np.pad(input_data,((0,0),(0,0),(pad,pad),(pad,pad)),'constant')

    # 创建一个空矩阵用于输出
    col=np.zeros((N,C,filter_height,filter_width,out_height,out_width))

    # 填充输出矩阵
    for y in range(filter_height):
        y_max=y+stride*out_height
        for x in range(filter_width):
            x_max=x+stride*out_width
            col[:,:,y,x,:,:]=img[:,:,y:y_max:stride,x:x_max:stride]

    # 将输出重塑为(N,C*filter_height*filter_width,out_height*out_width)
    col=col.reshape(N,out_height*out_width,C*filter_height*filter_width)

    return col
```

在上述代码中，定义一个名为 im2col 的函数，接受输入数据、卷积核高度、卷积核宽度、步幅和填充参数。input_data 为四维数组构成的输入数据，filter_h 为滤波器的高，filter_w 为滤波器的宽，stride 表示步幅，pad 表示填充。

代码 "img=np.pad(input_data,((0,0),(0,0),(pad,pad),(pad,pad)),'constant')" 表

示的含义为每个维度上要添加的填充量。每个元组的两个元素分别表示在该维度的前后填充量。

第一个（0,0）表示在第一个维度（批量维度）上不填充。

第二个（0,0）表示在第二个维度（通道维度）上不填充。

第三个（pad, pad）表示在高度维度上前后各填充 pad 个像素。

第四个（pad,pad）表示在宽度维度上前后各填充 pad 个像素。

此代码的含义就是将输入图像中的每个卷积核位置提取为一个列向量，从而将整个输入图像转换为一个适合进行快速矩阵乘法的列格式。

【例 4-1】 使用 im2col 的操作示例。代码如下：

```
x1=np.random.rand(1,3,7,7)
col1=im2col(x1,5,5,stride=1,pad=0)
print(col1.shape)
```

运行结果为：

```
(1,9,75)
(10,9,75)
```

第一个是批大小为 1、通道为 3 的 7×7 的数据，第二个的批大小为 10，数据形状和第一个相同。分别对其应用 im2col 函数，在这两种情形下，第二维的元素个数均为 75。这是滤波器（通道为 3，大小为 5×5）的元素个数的总和。批大小为 1 时，im2col 的结果是（9,75）。而第 2 个例子中批大小为 10，所以保存了 10 倍的数据，即（90, 75）。

现在使用 im2col 来实现卷积层，代码如下：

```
class Convolution:
    def __init__(self,W,b,stride=1,pad=0):
        self.W=W
        self.b=b
        self.stride=stride
        self.pad=pad

    def forward(self,x):
        FN,C,FH,FW=self.W.shape
        N,C,H,W=x.shape
        out_h=int(1+(H+2*self.pad-FH)/self.stride)
        out_w=int(1+(W+2*self.pad-FW)/self.stride)

        col=im2col(x,FH,FW,self.stride,self.pad)
        col_W=self.W.reshape(FN,-1).T
```

```
out=np.dot(col,col_w)+self.b

out=out.reshape(N,out_h,out_w,-1).transpose(0,3,1,2)

return out
```

卷积层的初始化方法接收以下参数：滤波器（权重）、偏置、步幅和填充。其中，滤波器是（FN，C，FH，FW），FN 表示 Filter Number（过滤器数量）、C 表示输入通道数，FH 表示过滤器的高度，FW 表示过滤器的宽度。对输入数据使用 im2col 函数展开为列矩阵，随后将滤波器（权重）重塑为一个二维数组，计算展开后的矩阵的乘积，得到卷积操作的结果。

在实现卷积层时，将各个滤波器的方块纵向展开为 1 列，如图 4-17 所示。具体来说，使用 reshape（FN,-1）的方式来进行这一操作。这是 reshape 函数的一个便利功能，在调用 reshape 时指定其中一个维度为-1，函数会自动计算该维度上的元素个数，以确保多维数组的元素个数在转换前后一致。例如，对于一个形状为（10,3,5,5）的数组，其元素总数为 750。当将其重塑为 reshape（10,-1）时，reshape 函数会自动计算出第二个维度的大小，使其变成形状为（10,75）的数组。

在正向传播过程的实现中，最后将输出大小转换为合适的形状。转换时使用了 NumPy 的 transpose 函数。transpose 函数会更改多维数组的轴的顺序。如图 4-18 所示，通过指定从 0 开始的索引（编号）序列，就可以更改轴的顺序。

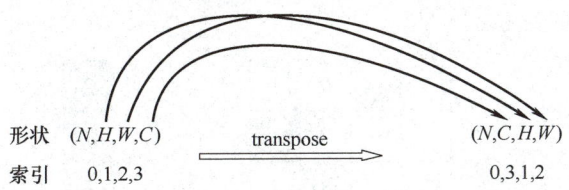

图 4-18　基于 NumPy 的 transpose 的轴顺序的更改

以上就是卷积层的正向传播过程的实现。通过使用 im2col 进行展开，基本上可以像实现全连接层的 Affine 层一样。接下来是卷积层的反向传播过程的实现，因为和 Affine 层的实现有很多共通的地方，所以不再赘述。但有一点要注意，在实现卷积层的反向传播时，必须进行 im2col 的逆处理。

4.6.4　池化层的实现

池化层的实现和卷积层相同，都使用 im2col 展开输入数据。不过，在池化的情况下，在通道方向上是独立的，这一点和卷积层不同。对输入数据展开池化的应用区域如图 4-19 所示。从图中可以看到，池化的应用区域按通道单独展开。

展开之后，只需对展开的矩阵求各行的最大值，并转换为合适的形状即可。池化层的实现流程如图 4-20 所示。

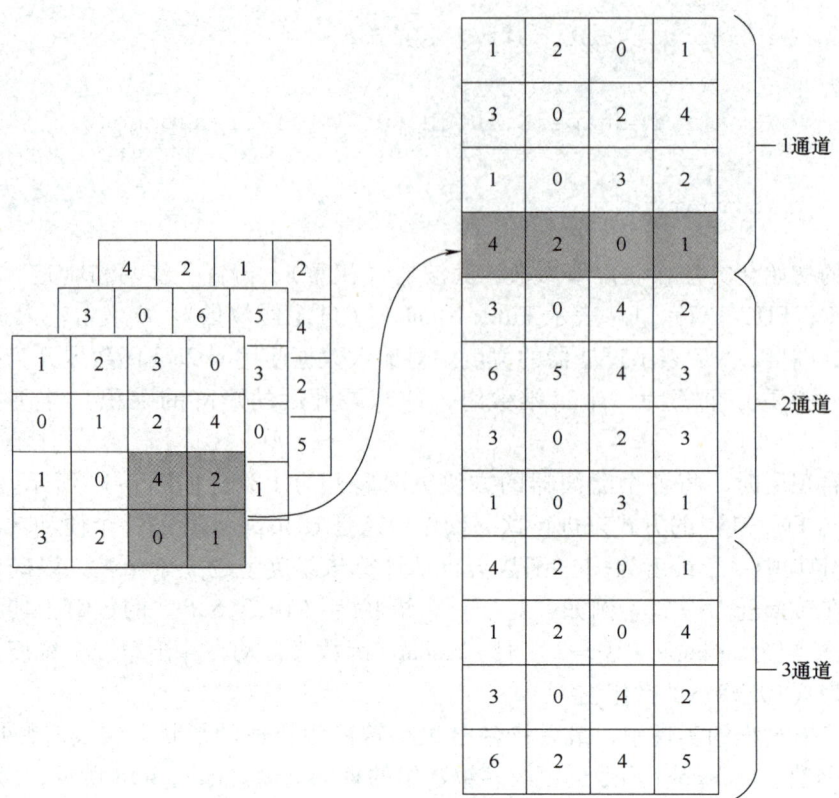

图 4-19 对输入数据展开池化的应用区域（2×2 池化的例子）

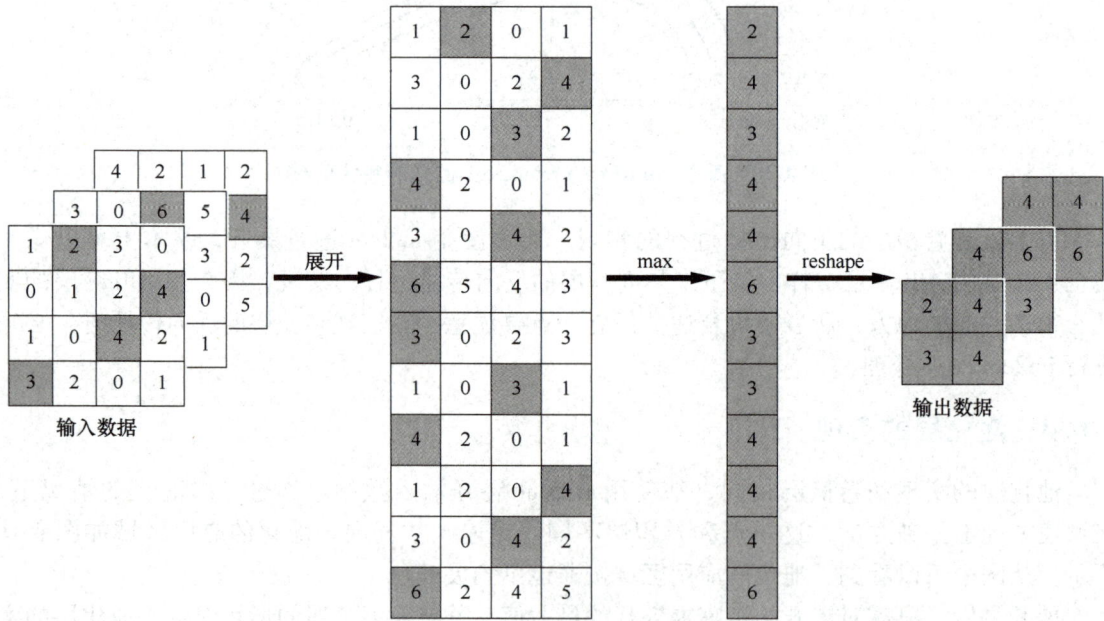

图 4-20 池化层的实现流程（池化的应用区域内的最大值元素用灰色表示）

池化层的实现按下面三个阶段进行:
1) 展开输入数据。
2) 求各行的最大值。
3) 转换为合适的输出大小。

下面给出池化层的正向传播过程的 Python 实现代码:

```python
class Pooling:
    def __init__(self,pool_h,pool_w,stride=1,pad=0):
        # 初始化池化层的参数
        self.pool_h=pool_h              # 池化窗口的高度
        self.pool_w=pool_w              # 池化窗口的宽度
        self.stride=stride              # 步幅
        self.pad=pad                    # 填充
    
    def forward(self,x):
        # 正向传播,进行池化操作
        N,C,H,W=x.shape     # 获取输入数据的形状,N 为批量大小,C 为通道数,H 为高度,W 为宽度
        
        # 计算输出的高度和宽度
        out_h=int(1 +(H - self.pool_h)/ self.stride)
        out_w=int(1 +(W - self.pool_w)/ self.stride)
        
        # 使用 im2col 函数将输入数据转换为列形式,适应池化操作
        col=im2col(x,self.pool_h,self.pool_w,self.stride,self.pad)
        col=col.reshape(-1,self.pool_h * self.pool_w)
                        # 将列转换为二维数组,每一行为一个窗口的像素
        
        # 对每个窗口进行最大池化操作,返回每个窗口的最大值
        out=np.max(col,axis=1)
        
        # 将结果重塑为输出的形状,并调整通道和空间维度的顺序
        out=out.reshape(N,out_h,out_w,C).transpose(0,3,1,2)
        
        return out      # 返回池化后的输出
```

以上是池化层的正向传播过程的实现。关于池化层的反向传播,之前已经介绍过相关内容,这里不再赘述。

4.7 CNN 案例实践分析

前面章节已经实现了卷积层和池化层,现在,将这些层组合在一起,构建一个用于手写数字识别的 CNN,该网络结构如图 4-21 所示。该结构包含以下层次:卷积层(Conv)、激活层(ReLU)、池化层(Pooling)、全连接层(Affine)、激活层(ReLU)、全连接层(Affine)和 softmax 层。接下来,将实现这个 SimpleConvNet 的类。

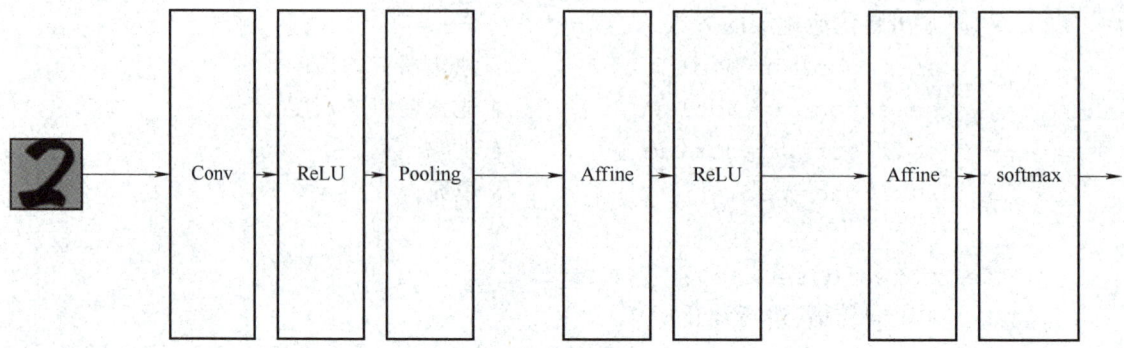

图 4-21 简单 CNN 的结构

其代码如下:

```
class SimpleConvNet:
    """简单的 ConvNet
    conv - relu - pool - affine - relu - affine - softmax
    Parameters
    ----------
    input_size :输入大小(对于 MNIST 数据集,该值为 784)
    hidden_size_list :隐藏层的神经元数量的列表(例如[100,100,100])
    output_size :输出大小(对于 MNIST 数据集,该值为 10)
    activation :'relu' or 'sigmoid'
    weight_init_std :指定权重的标准差(例如 0.01)
        指定'relu'或'he'的情况下设定"He 的初始值"
        指定'sigmoid'或'xavier'的情况下设定"Xavier 的初始值"
    """
    def __init__(self,input_dim=(1,28,28),
        conv_param={'filter_num':30,'filter_size':5,'pad':0,'stride':1},
            hidden_size=100,output_size=10,weight_init_std=0.01):
        filter_num=conv_param['filter_num']
        filter_size=conv_param['filter_size']
```

```python
            filter_pad=conv_param['pad']
            filter_stride=conv_param['stride']
            input_size=input_dim[1]
            conv_output_size=(input_size-filter_size+2*filter_pad)/filter_stride+1
            pool_output_size=int(filter_num*(conv_output_size/2)*(conv_output_size/2))
            # 初始化权重
            self.params={}
            self.params['W1']=weight_init_std*np.random.randn(filter_num,input_dim[0],filter_size,filter_size)
            self.params['b1']=np.zeros(filter_num)
            self.params['W2']=weight_init_std*np.random.randn(pool_output_size,hidden_size)
            self.params['b2']=np.zeros(hidden_size)
            self.params['W3']=weight_init_std*np.random.randn(hidden_size,output_size)
            self.params['b3']=np.zeros(output_size)
            # 生成层
            self.layers=OrderedDict()
            self.layers['Conv1']=Convolution(self.params['W1'],self.params['b1'],conv_param['stride'],conv_param['pad'])
            self.layers['Relu1']=Relu()
            self.layers['Pool1']=Pooling(pool_h=2,pool_w=2,stride=2)
            self.layers['Affine1']=Affine(self.params['W2'],self.params['b2'])
            self.layers['Relu2']=Relu()
            self.layers['Affine2']=Affine(self.params['W3'],self.params['b3'])
            self.last_layer=softmaxWithLoss()
        def predict(self,x):
            for layer in self.layers.values():
                x=layer.forward(x)
            return x
        def loss(self,x,t):
            """求损失函数
            参数 x 是输入数据、t 是教师标签
            """
```

```python
        y=self.predict(x)
        return self.last_layer.forward(y,t)
    def accuracy(self,x,t,batch_size=100):
        if t.ndim!=1:t=np.argmax(t,axis=1)
        acc=0.0
        for i in range(int(x.shape[0]/batch_size)):
            tx=x[i*batch_size:(i+1)*batch_size]
            tt=t[i*batch_size:(i+1)*batch_size]
            y=self.predict(tx)
            y=np.argmax(y,axis=1)
            acc+=np.sum(y==tt)
        return acc/x.shape[0]
    def numerical_gradient(self,x,t):
        """求梯度(数值微分)
        Parameters
        ----------
        x:输入数据
        t:教师标签
        Returns
        -------
        具有各层的梯度的字典变量
            grads['W1'],grads['W2'],…是各层的权重
            grads['b1'],grads['b2'],…是各层的偏置
        """
        loss_w=lambda w:self.loss(x,t)
        grads={}
        for idx in(1,2,3):
            grads['W'+str(idx)]=numerical_gradient(loss_w,self.params['W'+str(idx)])
            grads['b'+str(idx)]=numerical_gradient(loss_w,self.params['b'+str(idx)])
        return grads
    def gradient(self,x,t):
        """求梯度(误差反向传播法)
        Parameters
        ----------
        x:输入数据
        t:教师标签
```

```
Returns
-------
具有各层的梯度的字典变量
    grads['W1'],grads['W2'],…是各层的权重
    grads['b1'],grads['b2'],…是各层的偏置
"""
# forward
self.loss(x,t)
# backward
dout=1
dout=self.last_layer.backward(dout)
layers=list(self.layers.values())
layers.reverse()
for layer in layers:
    dout=layer.backward(dout)
# 设定
grads={}
grads['W1'], grads['b1'] = self.layers['Conv1'].dW, self.layers['Conv1'].db
grads['W2'], grads['b2'] = self.layers['Affine1'].dW, self.layers['Affine1'].db
grads['W3'], grads['b3'] = self.layers['Affine2'].dW, self.layers['Affine2'].db
return grads

def save_params(self,file_name="params.pkl"):
    params={}
    for key,val in self.params.items():
        params[key]=val
    with open(file_name,'wb') as f:
        pickle.dump(params,f)

def load_params(self,file_name="params.pkl"):
    with open(file_name,'rb') as f:
        params=pickle.load(f)
    for key,val in params.items():
        self.params[key]=val
    for i,key in enumerate(['Conv1','Affine1','Affine2']):
        self.layers[key].W=self.params['W'+str(i+1)]
        self.layers[key].b=self.params['b'+str(i+1)]
```

上述代码中，卷积层的超参数通过名为 conv_param 的字典传入，例如通过设置 conv_param={'filter_num':30,'filter_size':5,'pad':0,'stride':1} 保存必要的超参数值。将由初始化参数传入的卷积层的超参数从字典中取了出来（以方便后面使用），然后，计算卷积层的输出大小。

学习所需的参数是第 1 层的卷积层和剩余两个全连接层的权重和偏置，将这些参数保存在实例变量的字典 params 中。将第 1 层的卷积层的权重设为关键字 W1，偏置设为关键字 b1。同样，分别用关键字 W2、b2 和关键字 W3、b3 来保存第 2 个和第 3 个全连接层的权重和偏置。

最后，生成必要的层，从最前面开始按顺序向有序字典 OrderedDict 的 layers 中添加层。只有最后的 softmaxWithLoss 层被添加到变量 last_layer 中。

上述代码展示了通过手动定义卷积层、池化层、全连接层和 softmax 损失层来实现一个简单的卷积神经网络。这样做的目的是帮助读者深入理解神经网络的底层原理，特别是卷积操作、正向传播、反向传播和梯度计算的具体过程。通过手动定义每一层，能够更清晰地掌握每一层的计算细节，并加深对网络如何进行学习和优化的理解。

现在比较流行 PyTorch 框架，此框架可以大大简化模型的构建与训练。框架自动处理计算图、梯度计算和优化过程，能够更高效地设计和训练复杂的模型，特别是在处理大规模数据和任务时，能够节省大量时间和精力。利用 PyTorch 框架实现卷积神经网络的代码如下：

```python
num_epochs=10

# 数据预处理
transform=transforms.Compose([
    transforms.ToTensor(),
    transforms.Normalize((0.1307,),(0.3081,))
                ])

# 加载 MNIST 数据集
train_dataset=torchvision.datasets.MNIST(root='./data',train=True,transform=transform,download=True)
test_dataset=torchvision.datasets.MNIST(root='./data',train=False,transform=transform,download=True)

train_loader=DataLoader(dataset=train_dataset,batch_size=batch_size,shuffle=True)
test_loader=DataLoader(dataset=test_dataset,batch_size=batch_size,shuffle=False)

# 定义卷积神经网络
```

```python
class SimpleConvNet(nn.Module):
    def __init__(self):
        super(SimpleConvNet,self).__init__()
        self.conv1=nn.Conv2d(1,32,kernel_size=3,stride=1,padding=1)
        self.conv2=nn.Conv2d(32,64,kernel_size=3,stride=1,padding=1)
        self.pool=nn.MaxPool2d(kernel_size=2,stride=2,padding=0)
        self.fc1=nn.Linear(64*7*7,128)
        self.fc2=nn.Linear(128,10)
        self.relu=nn.ReLU()
        self.dropout=nn.Dropout(0.25)

    def forward(self,x):
        x=self.pool(self.relu(self.conv1(x)))
        x=self.pool(self.relu(self.conv2(x)))
        x=x.view(-1,64*7*7)
        x=self.relu(self.fc1(x))
        x=self.dropout(x)
        x=self.fc2(x)
        return x

# 创建模型实例
model=SimpleConvNet()

# 定义损失函数和优化器
criterion=nn.CrossEntropyLoss()
optimizer=optim.Adam(model.parameters(),lr=learning_rate)

# 训练模型
def train_model(model,train_loader,test_loader,criterion,optimizer,num_epochs):
    model.train()
    train_acc_history=[]
    test_acc_history=[]

    for epoch in range(num_epochs):
        running_loss=0.0
        correct=0
        total=0
```

```python
all_labels=[]
all_preds=[]

# 训练集
for images,labels in train_loader:
    optimizer.zero_grad()
    outputs=model(images)
    loss=criterion(outputs,labels)
    loss.backward()
    optimizer.step()

    running_loss +=loss.item()
    _,predicted=torch.max(outputs.data,1)
    total +=labels.size(0)
    correct +=(predicted==labels).sum().item()

    all_labels.extend(labels.cpu().numpy())
    all_preds.extend(predicted.cpu().numpy())

epoch_loss=running_loss / len(train_loader)
epoch_acc=correct / total
train_acc_history.append(epoch_acc)

# 测试集
model.eval()
correct=0
total=0
with torch.no_grad():
    for images,labels in test_loader:
        outputs=model(images)
        _,predicted=torch.max(outputs.data,1)
        total +=labels.size(0)
        correct +=(predicted==labels).sum().item()

test_acc=correct / total
test_acc_history.append(test_acc)

print(f"Epoch [{epoch+1}/{num_epochs}],Loss:{epoch_loss:.4f},"
```

```
            f"Train Accuracy:{epoch_acc:.4f},Test Accuracy:{test_acc:.4f}")

    return train_acc_history,test_acc_history

# 执行训练和测试
train_acc_history,test_acc_history=train_model(model,train_loader,test_loader,criterion,optimizer,num_epochs)

# 绘制训练集和测试集准确率图
plt.figure(figsize=(10,5))
plt.plot(range(1,num_epochs+1),train_acc_history,label='Training Accuracy')
plt.plot(range(1,num_epochs+1),test_acc_history,label='Test Accuracy')
plt.xlabel('Epoch')
plt.ylabel('Accuracy')
plt.title('Training and Test Accuracy over Epochs')
plt.legend()
plt.grid(True)
plt.show()
```

运行结果如图 4-22 所示。

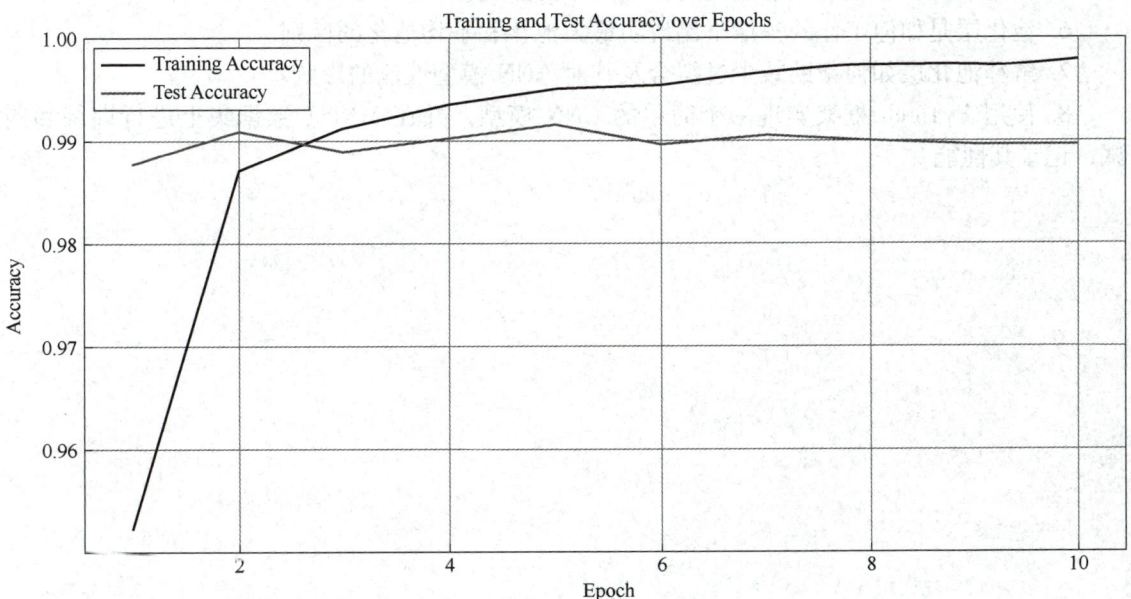

图 4-22　训练集和测试集的准确率随轮数变化的曲线

由运行结果可知,当训练达到 10 轮时,准确率接近 1;当测试达到 10 轮以上时,准确率接近 0.99。效果比较好。

4.8 本章小结

本章深入探讨了 CNN 的基本概念及其组成部分。首先介绍了神经网络与卷积神经网络之间的关系,以及卷积操作在图像处理中的重要性,阐明了卷积存在的意义。接着,介绍了 CNN 的整体结构,强调了卷积层、池化层和全连接层的相互作用和功能。在讨论卷积层时,分析了全连接层面临的问题,并详细解释了卷积运算的原理及其在 CNN 中的应用,包括三维数据的卷积运算和卷积层参数的设置。随后,介绍了池化层的基本概念、池化操作及其参数设置,重点强调了池化在减少计算量和控制过拟合方面的重要性。在实现部分,详细讲解了如何处理四维数组,介绍了 im2col 方法的应用,以及卷积层和池化层的具体实现,帮助读者掌握实际操作中的细节。最后,通过实际案例分析,展示了 CNN 的应用,进一步促进了理论与实践的结合,使读者对卷积神经网络的结构和工作原理有了全面的理解,为后续学习更复杂的网络架构和应用打下了坚实的基础。

4.9 习题

1. 解释 CNN 与传统神经网络的主要区别。
2. 描述卷积操作的意义及其在图像处理中的应用。
3. 在卷积层中,局部连接和权值共享分别有什么作用?
4. 如何确定卷积层输出尺寸的计算公式?
5. 描述填充和步幅的概念及其对输出尺寸的影响。
6. 池化层是如何工作的?请举例说明最大池化和平均池化的区别。
7. 解释池化层如何帮助减少过拟合及其对 CNN 模型性能的影响。
8. 使用 PyTorch 框架实现一个简单的 CNN 模型,并在 MNIST 数据集上进行训练和测试,记录其性能。

第 5 章

经典卷积网络结构

经典卷积神经网络结构在计算机视觉任务中广泛应用,并且发展出了一些具有重要影响的网络架构,包括 LeNet、AlexNet、VGG、GoogLeNet(Inception)、ResNet、DenseNet 等。这些经典卷积网络结构在深度学习领域发挥重要作用,为计算机视觉任务提供了强大的特征提取能力。它们通过不同的网络设计和创新的层结构,推动了深度学习技术的进步,并在图像分类、物体检测和语义分割等任务中取得了显著的成果。

5.1 LeNet

5.1.1 LeNet 简介

LeNet 是由 Yann LeCun 等人在 1998 年提出的第一个成功应用于手写数字识别任务的卷积神经网络。它被认为是深度学习在计算机视觉领域的先驱之一,对现代卷积神经网络的发展具有重要影响。LeNet 首次采用了卷积层和池化层这两个全新的神经网络组件,能够接收灰度图像,并输出其中包含的手写数字。在手写数字识别任务上,LeNet 取得了显著的准确率,展示了卷积神经网络在图像处理中的潜力。

LeNet 经过多次发展,形成了一系列的版本,其中 LeNet-5 是最为著名的,也是 LeNet 系列中效果最佳的版本。LeNet-5 的结构包括多个卷积层和池化层,能够有效提取图像特征,并通过全连接层进行分类。这一架构的设计理念为后来的深度学习模型奠定了基础,促使卷积神经网络在更复杂的视觉任务中的广泛应用。

LeNet-5 这个网络虽然很小,但是它包含了深度学习的基本模块:卷积层、池化层、全连接层。LeNet-5 结构框架如图 5-1 所示。

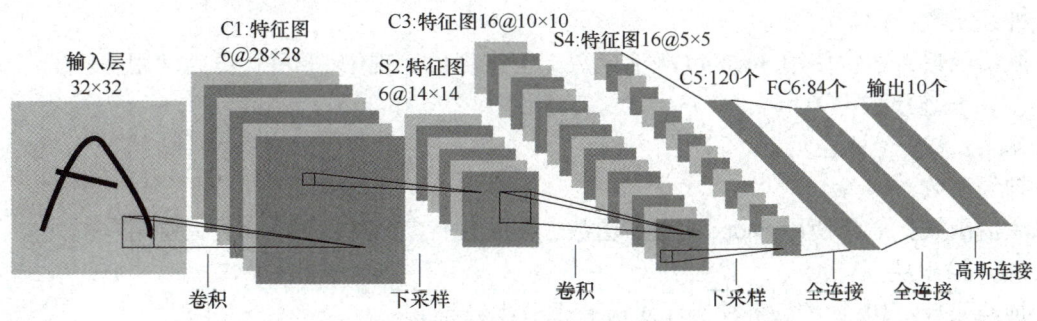

图 5-1　LeNet-5 结构框架

1. LeNet-5 结构框架

（1）输入层

输入图像尺寸：32×32 像素的灰度图像。

图像通道数：1（因为是灰度图像）。

（2）卷积层 C1

卷积核：6 个 5×5 的卷积核。

步长：默认步长为 1。

填充方式：无填充（Valid Padding），卷积操作会使特征图尺寸缩小。

输出尺寸：28×28×6（宽 28、高 28、6 个特征图）。

计算：输入尺寸−卷积核尺寸+1 = 32−5+1 = 28。

（3）池化层 S2

池化类型：最大池化。

池化窗口：2×2。

步长：默认步长为 2。

输出尺寸：14×14×6（宽 14、高 14、6 个特征图）。

计算：特征图尺寸/池化窗口尺寸 = 28/2 = 14。

（4）卷积层 C3

卷积核：16 个 5×5 的卷积核。

步长：默认步长为 1。

填充方式：无填充。

输出尺寸：10×10×16（宽 10、高 10、16 个特征图）。

计算：输入尺寸−卷积核尺寸+1 = 14−5+1 = 10。

（5）池化层 S4

池化类型：最大池化。

池化窗口：2×2。

步长：默认步长为 2。

输出尺寸：5×5×16（宽 5、高 5、16 个特征图）。

计算：特征图尺寸/池化窗口尺寸 = 10/2 = 5。

（6）卷积层 C5

输入：将池化层 S4 的输出展平成一个向量，尺寸为 5×5×16 = 400。

神经元数：120 个。

激活函数：通常使用 Sigmoid 激活函数，但在现代实现中，ReLU 更为常用。

（7）全连接层 FC6

输入：120 个神经元。

神经元数：84 个。

激活函数：通常使用 Sigmoid 激活函数，但在现代实现中，ReLU 更为常用。

（8）输出层

神经元数：10 个（每个神经元对应一个分类结果）。

激活函数：softmax，用于多类分类的概率分布。

2. 卷积层的特点和作用

卷积层的主要作用是从输入数据中提取特征。它通过卷积操作对输入进行局部感受,以识别出特定的模式或特征。卷积层的特点和作用包括:

1)特征提取:卷积层通过应用卷积核(或滤波器)对输入进行卷积操作,从而提取局部特征,如边缘、角点等。

2)局部感受:卷积操作关注输入数据的局部区域,这样能够捕捉到局部特征。

3)权重共享:同一个卷积核在整个输入图像上进行卷积,因此同一个特征在不同的位置可以被检测到。

4)减少参数:卷积核的参数在整个输入图像上共享,减少了模型的参数数量,从而降低了计算复杂度和过拟合风险。

3. 池化层的特点和作用

池化层用于对特征图进行下采样,降低其维度,同时保持重要的特征信息。池化层的特点和作用包括:

1)降维:通过池化操作(如最大池化或平均池化),池化层减少了特征图的尺寸,从而降低计算量和内存使用。

2)特征选择:池化操作保留了局部区域中的重要信息(如最大值或平均值),有助于增强特征的表达能力。

3)不变性:池化层提高了模型对输入数据的小变动和变形的鲁棒性,使得特征对小的平移或变形不那么敏感。

4)防止过拟合:通过减少特征图的尺寸,池化层有助于减少模型的复杂度,从而降低过拟合的风险。

4. 全连接层的特点和作用

全连接层是网络的最后几层,用于将提取到的特征映射到最终的输出。全连接层的特点和作用包括:

1)特征整合:全连接层将前面所有层提取的特征进行整合,形成最终的决策或预测。

2)分类或回归:在分类任务中,全连接层的输出通常是一个包含各类别概率的向量。在回归任务中,输出则是一个连续的值。

3)非线性映射:全连接层通常会应用非线性激活函数(如 ReLU、Sigmoid 或 softmax),以提高模型的表达能力。

4)参数较多:由于全连接层的每个神经元与前一层的所有神经元都有连接,这会导致参数数量较多,计算复杂度较高。

LeNet 模型的设计结合了卷积层和池化层的交替使用,以及全连接层的引入,使得它能够有效地提取和识别手写数字图像中的特征。尽管在今天看来它相对简单,但 LeNet 的成功为卷积神经网络在计算机视觉领域的应用奠定了基础,对深度学习的发展产生了深远的影响。

5.1.2 LeNet 实践案例分析

利用 LeNet-5 实现手写数字图像分类,具体代码实现如下:

```python
from keras.datasets import mnist
import matplotlib.pyplot as plt
import numpy as np
import pandas as pd
import seaborn as sns
from sklearn.metrics import confusion_matrix
from tensorflow.keras.layers import Conv2D,MaxPooling2D,Flatten,Dense,Input,Dropout
from keras.models import Model
from tensorflow.python.keras.utils import np_utils

"""
数据集获取
"""
def get_mnist_data():

    (x_train_original,y_train_original),(x_test_original,y_test_original)=mnist.load_data()

    # 从训练集中分配验证集
    x_val=x_train_original[50000:]
    y_val=y_train_original[50000:]
    x_train=x_train_original[:50000]
    y_train=y_train_original[:50000]

    # 将图像转换为四维矩阵(nums,rows,cols,channels),这里把数据从unint类型转化为float32类型,提高训练精度
    x_train = x_train.reshape(x_train.shape[0],28,28,1).astype('float32')
    x_val=x_val.reshape(x_val.shape[0],28,28,1).astype('float32')
    x_test=x_test_original.reshape(x_test_original.shape[0],28,28,1).astype('float32')

    # 原始图像的像素灰度值为0~255,为了提高模型的训练精度,通常将数值归一化映射到0~1
    x_train=x_train / 255
    x_val=x_val / 255
    x_test=x_test / 255
```

```python
    # 图像标签一共有 10 个类别, 即 0~9, 这里将其转化为独热编码(one-hot)向量
    y_train=np_utils.to_categorical(y_train)
    y_val=np_utils.to_categorical(y_val)
    y_test=np_utils.to_categorical(y_test_original)

    return x_train,y_train,x_val,y_val,x_test,y_test

"""
定义 LeNet-5 模型
"""
def LeNet5():

    input_shape=Input(shape=(28,28,1))

    x=Conv2D(6,(5,5),activation="relu",padding="same")(input_shape)
    x=MaxPooling2D((2,2),2)(x)
    x=Conv2D(16,(5,5),activation="relu",padding='same')(x)
    x=MaxPooling2D((2,2),2)(x)

    x=Flatten()(x)
    x=Dense(120,activation='relu')(x)
    x=Dense(84,activation='relu')(x)
    x=Dense(10,activation='softmax')(x)

    model=Model(input_shape,x)
    print(model.summary())

    return model

"""
编译网络并训练
"""
x_train,y_train,x_val,y_val,x_test,y_test=get_mnist_data()
model=LeNet5()

# 编译网络(定义损失函数、优化器、评估指标)
```

```python
model.compile(loss='categorical_crossentropy',optimizer='adam',
metrics=['accuracy'])

# 开始网络训练(定义训练数据与验证数据、定义训练代数,定义训练批大小)
train_history=model.fit(x_train,y_train,validation_data=(x_val,
y_val),epochs=10,batch_size=32,verbose=2)

# 模型保存
model.save('lenet_mnist.h5')

# 定义训练过程可视化函数(训练集损失、验证集损失、训练集准确率、验证集准确率)
def show_train_history(train_history,train,validation):
    plt.plot(train_history.history[train])
    plt.plot(train_history.history[validation])
    plt.title('Train History')
    plt.ylabel(train)
    plt.xlabel('Epoch')
    plt.legend(['train','validation'],loc='best')
    plt.show()

show_train_history(train_history,'accuracy','val_accuracy')
show_train_history(train_history,'loss','val_loss')

# 输出网络在测试集上的损失与准确率
score=model.evaluate(x_test,y_test)
print('Test loss:',score[0])
print('Test accuracy:',score[1])

# 测试集结果预测
predictions=model.predict(x_test)
predictions=np.argmax(predictions,axis=1)
print('前20张图片预测结果:',predictions[:20])

# 预测结果图像可视化
(x_train_original,y_train_original),(x_test_original,y_test_original)=mnist.load_data()
def mnist_visualize_multiple_predict(start,end,length,width):
```

```
    for i in range(start,end):
        plt.subplot(length,width,1+i)
        plt.imshow(x_test_original[i],cmap=plt.get_cmap('gray'))
        title_true='true='+str(y_test_original[i])
        # title_prediction=','+'prediction '+str(model.predict_clas-
ses(np.expand_dims(x_test[i],axis=0)))
        title_prediction=','+'prediction '+str(predictions[i])
        title=title_true+title_prediction
        plt.title(title)
        plt.xticks([])
        plt.yticks([])
    plt.show()

mnist_visualize_multiple_predict(start=0,end=9,length=3,width=3)
```

运行结果如图 5-2~图 5-5 所示。

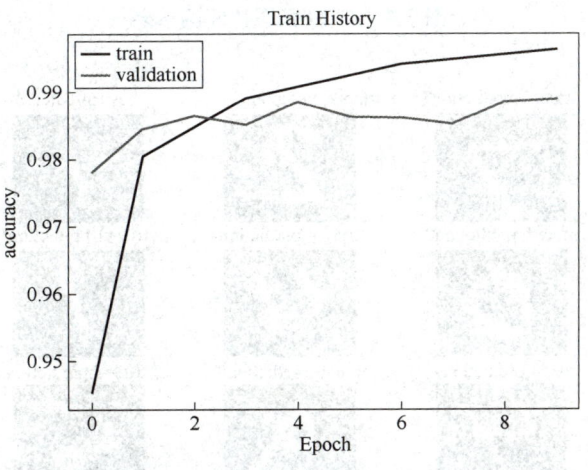

图 5-2　训练过程准确率变化曲线

上述代码在 MNIST 数据集上实现了 LeNet-5，由运行结果图 5-2 和图 5-3 可知，LeNet-5 随着训练轮数的增加，准确率越来越高，当训练达到 8 轮以上，准确率能达到 0.98 以上，损失能降到 0.075 以下；由图 5-5 可知，手写数字全部分类预测正确。可见，LeNet-5 作为一种经典的卷积神经网络架构，其在手写数字识别等图像分类任务中表现优异。在实际操作中，LeNet-5 的架构和设计原则为理解卷积神经网络的基本概念和技术细节提供了宝贵的经验。虽然现代应用中可能会使用更复杂的网络架构，但 LeNet-5 仍然是理解卷积神经网络的基石。

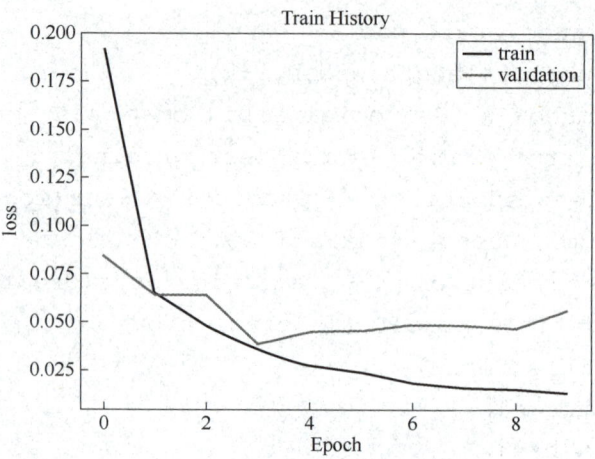

图 5-3　训练过程损失变化曲线

```
Test loss: 0.04321734979748726
Test accuracy: 0.9887999892234802
313/313 ━━━━━━━━━━━━━━━━━━━━ 0s 928us/step
前20张图片预测结果：[7 2 1 0 4 1 4 9 5 9 0 6 9 0 1 5 9 7 8 4]
```

图 5-4　前 20 张图片预测结果

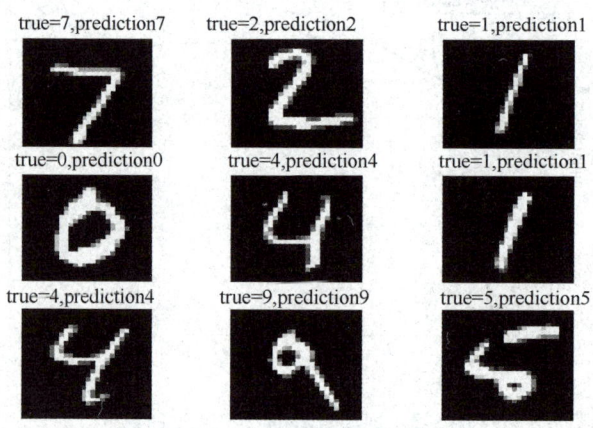

图 5-5　代码运行结果图

5.2　AlexNet

5.2.1　AlexNet 简介

AlexNet 是由 Alex Krizhevsky、Ilya Sutskever 和 Geoffrey Hinton 在 2012 年提出的一个深度卷积神经网络架构，它在当年的 ImageNet 大规模视觉识别挑战赛（ILSVRC）中取得了显著的成功，标志着深度学习在计算机视觉领域的重大突破。AlexNet 的成功不仅推动了深度学习技术的发展，也引发了对深度学习模型的广泛研究和应用。

AlexNet 模型为 8 层深度网络，由 5 个卷积层和 3 个全连接层构成，不计局部响应归一化（Local Response Normalization，LRN）层和池化层。AlexNet 与 LeNet 结构类似，但使用了更多的卷积层和更大的参数空间来拟合大规模数据集 ImageNet。AlexNet 是浅层神经网络和深度神经网络的分界线，具体结构如图 5-6 所示。

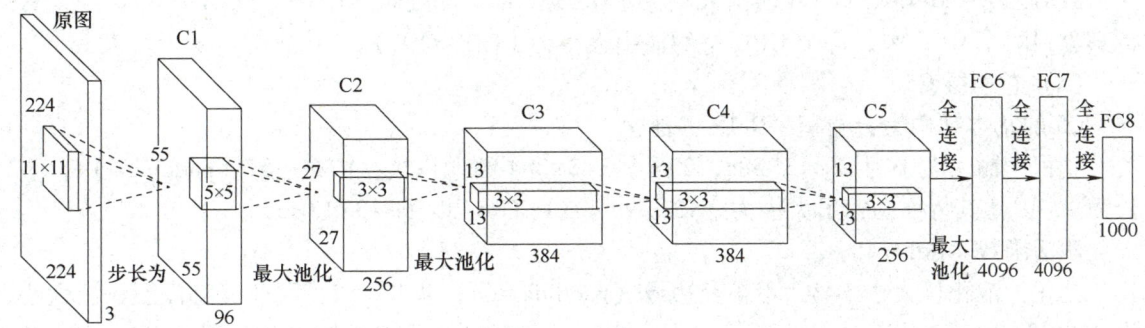

图 5-6　AlexNet 结构

AlexNet 的结构包括以下内容（注意，原图输入大小为 224×224×3，是进行了随机裁剪，实际大小为 227×227）：

（1）卷积层 C1

C1 的基本结构为：卷积→ReLU→池化。

卷积：输入大小为 227×227×3，96 个 11×11×3 的卷积核，不扩充边缘（padding=0），步长为 4，因此其特征图（Feature Map）输出大小为 (227−11+0×2+4)/4=55，即 55×55×96。

激活函数：ReLU。

池化：池化核大小为 3×3，不扩充边缘（padding=0），步长为 2，因此其特征图输出大小为 (55−3+0×2+2)/2=27，即 C1 输出大小为 27×27×96（此处未将输出分到两个 GPU 中，若将其分到两个 GPU 中，每个 GPU 中的输出大小为 27×27×48）。

（2）卷积层 C2

C2 的基本结构为：卷积→ReLU→池化。

卷积：输入大小为 27×27×96，256 个 5×5×96 的卷积核，扩充边缘（padding=2），步长为 1，因此其特征图大小为 (27−5+2×2+1)/1=27，即 27×27×256。

激活函数：ReLU。

池化：池化核大小为 3×3，不扩充边缘（padding=0），步长为 2，因此其特征图输出大小为 (27−3+0+2)/2=13，即 C2 输出大小为 13×13×256（此处未将输出分到两个 GPU 中，若将其分到两个 GPU 中，每个 GPU 中的输出大小为 13×13×128）。

（3）卷积层 C3

C3 的基本结构为：卷积→ReLU。注意，此层没有进行最大池化操作。

卷积：输入大小为 13×13×256，384 个 3×3×256 的卷积核，扩充边缘（padding=1），步

长为 1，因此其特征图输出大小为（13-3+1×2+1）/1=13，即 13×13×384。

激活函数：ReLU，即 C3 输出大小为 13×13×384（此处未将输出分到两个 GPU 中，若将其分到两个 GPU 中，每个 GPU 中的输出大小为 13×13×192）。

（4）卷积层 C4

C4 的基本结构为：卷积→ReLU。注意，此层也没有进行最大池化操作。

卷积：输入大小为 13×13×384，384 个 3×3×384 的卷积核，扩充边缘（padding=1），步长为 1，因此其特征图输出大小为（13-3+1×2+1）/1=13，即 13×13×384。

激活函数：ReLU，即 C4 输出大小为 13×13×384（此处未将输出分到两个 GPU 中，若将其分到两个 GPU 中，每个 GPU 中的输出大小为 13×13×192）。

（5）卷积层 C5

C5 的基本结构为：卷积→ReLU→池化。

卷积：输入大小为 13×13×384，256 个 3×3×384 的卷积核，扩充边缘（padding=1），步长为 1，因此其特征图输出大小为（13-3+1×2+1）/1=13，即 13×13×256。

激活函数：ReLU。

池化：池化核大小 3×3，不扩充边缘（padding=0），步长为 2，因此其特征图输出大小为（13-3+0×2+2）/2=6，即 C5 输出大小为 6×6×256（此处未将输出分到两个 GPU 中，若将其分到两个 GPU 中，每个 GPU 中的输出大小为 6×6×128）。

（6）全连接层 FC6

FC6 的基本结构为：全连接→ReLU→Dropout。

全连接：输入大小为 6×6×256，使用 4096 个大小为 6×6×256 的卷积核进行卷积，因此其特征图输出大小为（6-6+0×2+1）/1=1，即 1×1×4096。

激活函数：ReLU。

Dropout：全连接层中去掉了一些神经节点，防止过拟合，FC6 输出大小为 1×1×4096。

（7）全连接层 FC7

FC7 的基本结构为：全连接→ReLU→Dropout。

全连接：输入大小为 1×1×4096。

激活函数：ReLU。

Dropout：全连接层中去掉了一些神经节点，防止过拟合，FC7 输出大小为 1×1×4096。

（8）全连接层 FC8

FC8 的基本结构为：全连接→softmax。

全连接：，输入大小为 1×1×4096。

softmax：最后一层全连接层的输出是 1000 维 softmax 的输入，softmax 会产生 1000 个类别预测的值，FC8 输出大小为 1×1×1000。

在整个过程中，并没有将 C1 与 C2 中的局部响应归一化操作添加在其中，此操作用于将 ReLU 得到的结果进行归一化。

5.2.2 AlexNet 的改进和优势

在深度学习领域中引入 AlexNet 后，有以下几个显著的改进和优势：

（1）网络层数增加

AlexNet 是首个深度较大的卷积神经网络，具有 8 层变换，包括 5 层卷积层和 3 层全连接层。这种深度和宽度的设计使得网络能够更好地学习和表示复杂的视觉特征，从而提高了图像分类和识别的准确性。

（2）ReLU 激活函数

使用 ReLU 激活函数取代了传统的 Sigmoid 函数，在训练过程中加速了收敛速度。相比于 Sigmoid 和 tanh 函数，ReLU 函数在训练深层网络时可以表现出更好的性能。

（3）局部响应归一化（LRN）

在池化层之后的局部响应归一化（LRN）操作有助于增强模型的泛化能力，通过对局部神经元活动的抑制，提高了网络的鲁棒性和分类准确性。

（4）数据增强

AlexNet 通过对训练图像进行随机裁剪、水平翻转等数据增强操作，扩展了训练集的多样性，减少了过拟合的风险。这种方法有效地提高了模型在实际场景中的泛化能力。

（5）Dropout

在全连接层中引入 Dropout 技术，通过随机关闭部分神经元来减少过拟合。这种技术有效地增加了模型的鲁棒性，提升了在不同数据集上的泛化能力。

（6）GPU 加速

AlexNet 是最早利用 GPU 进行大规模并行计算的卷积神经网络之一。它利用 GPU 的高效性能加速了训练过程，大幅缩短了训练时间，使得更深层次的网络结构得以实现和优化。

总体来说，AlexNet 不仅在模型结构上做出了创新和改进，还通过大规模并行计算和数据增强等技术手段，显著提高了图像分类任务的准确性和效率。AlexNet 的成功标志着深度卷积神经网络在计算机视觉任务中的崛起，它的架构和设计理念为后来更加深层次的网络模型奠定了基础，如 VGG、GoogLeNet 和 ResNet 等。

5.2.3 AlexNet 实践案例分析

利用 AlexNet 来实现手写数字图像处理，具体代码如下：

```python
import torch
import os
from torch import nn
from torch.nn import functional as F
from torch.autograd import Variable
import matplotlib.pyplot as plt
from torchvision.datasets import ImageFolder
import torch.optim as optim
import torch.utils.data
from PIL import Image
import torchvision.transforms as transforms

# 超参数设置
```

```python
DEVICE=torch.device('cuda' if torch.cuda.is_available() else 'cpu')
EPOCH=10
BATCH_SIZE=32

# 网络模型构建
class AlexNet(nn.Module):
    def __init__(self,num_classes=2):
        super(AlexNet,self).__init__()
        self.features=nn.Sequential(
            nn.Conv2d(3,48,kernel_size=11),
            nn.ReLU(inplace=True),
            nn.MaxPool2d(kernel_size=3,stride=2),
            nn.Conv2d(48,128,kernel_size=5,padding=2),
            nn.ReLU(inplace=True),
            nn.MaxPool2d(kernel_size=3,stride=2),
            nn.Conv2d(128,192,kernel_size=3,stride=1,padding=1),
            nn.ReLU(inplace=True),
            nn.Conv2d(192,192,kernel_size=3,stride=1,padding=1),
            nn.ReLU(inplace=True),
            nn.Conv2d(192,128,kernel_size=3,stride=1,padding=1),
            nn.ReLU(inplace=True),
            nn.MaxPool2d(kernel_size=3,stride=2),
        )
        self.classifier=nn.Sequential(
            nn.Linear(6*6*128,2048),
            nn.ReLU(inplace=True),
            nn.Dropout(0.5),
            nn.Linear(2048,2048),
            nn.ReLU(inplace=True),
            nn.Dropout(),
            nn.Linear(2048,num_classes),
        )
    def forward(self,x):
        x=self.features(x)
        x=torch.flatten(x,start_dim=1)
        x=self.classifier(x)

        return x
```

```python
# 归一化处理
normalize = transforms.Normalize(mean=[0.485,0.456,0.406],std=[0.229,0.224,0.225])

# 训练集
path_1=r'C:\Users\52930\Desktop\AlexNet\train\train\train'
    trans_1=transforms.Compose([
    transforms.Resize((65,65)),
    transforms.ToTensor(),
    normalize,
])

# 数据集
train_set=ImageFolder(root=path_1,transform=trans_1)
# 数据加载器
train_loader=torch.utils.data.DataLoader(train_set,batch_size=BATCH_SIZE,
                        shuffle=True,num_workers=0)

# 测试集
path_2=r'C:\Users\52930\Desktop\AlexNet\train\train\test'
    trans_2=transforms.Compose([
    transforms.Resize((65,65)),
    transforms.ToTensor(),
    normalize,
])
test_data=ImageFolder(root=path_2,transform=trans_2)
test_loader=torch.utils.data.DataLoader(test_data,batch_size=BATCH_SIZE,
                        shuffle=True,num_workers=0)

# 验证集
path_3=r'C:\Users\52930\Desktop\AlexNet\train\train\val'
valid_data=ImageFolder(root=path_2,transform=trans_2)
valid_loader=torch.utils.data.DataLoader(valid_data,batch_size=BATCH_SIZE,
                        shuffle=True,num_workers=0)
```

```python
# 定义模型
model=AlexNet().to(DEVICE)
# 优化器的选择
optimizer=optim.SGD(model.parameters(),lr=0.01,momentum=0.9,weight_decay=0.0005)

# 训练过程
def train_model(model,device,train_loader,optimizer,epoch):
    train_loss=0
    model.train()
    for batch_index,(data,label)in enumerate(train_loader):
        data,label=data.to(device),label.to(device)
        optimizer.zero_grad()
        output=model(data)
        loss=F.cross_entropy(output,label)
        loss.backward()
        optimizer.step()
        if batch_index % 300==0:
            train_loss=loss.item()
            print('Train Epoch:{}\ttrain loss:{:.6f}'.format(epoch,loss.item()))

    return train_loss

# 测试部分的函数
def test_model(model,device,test_loader):
    model.eval()
    correct=0.0
    test_loss=0.0

    # 不需要梯度的记录
    with torch.no_grad():
        for data,label in test_loader:
            data,label=data.to(device),label.to(device)
            output=model(data)
            test_loss +=F.cross_entropy(output,label).item()
            pred=output.argmax(dim=1)
            correct +=pred.eq(label.view_as(pred)).sum().item()
```

```python
        test_loss /= len(test_loader.dataset)
        print('Test_average_loss:{:.4f},Accuracy:{:3f}\n'.format(
            test_loss,100 * correct / len(test_loader.dataset)
        ))
        acc=100 * correct / len(test_loader.dataset)
        return test_loss,acc

# 训练开始
list=[]
Train_Loss_list=[]
Valid_Loss_list=[]
Valid_Accuracy_list=[]

# Epoch 的调用
for epoch in range(1,EPOCH+1):
    # 训练集训练
    train_loss=train_model(model,DEVICE,train_loader,optimizer,epoch)
    Train_Loss_list.append(train_loss)
    torch.save(model,r'C:\Users\52930\Desktop\AlexNet\save_model\model%s.pth'% epoch)

    # 验证集进行验证
    test_loss,acc=test_model(model,DEVICE,valid_loader)
    Valid_Loss_list.append(test_loss)
    Valid_Accuracy_list.append(acc)
    list.append(test_loss)

# 验证集的 test_loss

min_num=min(list)
min_index=list.index(min_num)

print('model%s'%(min_index+1))
print('验证集最高准确率:')
print('{}'.format(Valid_Accuracy_list[min_index]))

# 取表现最好的模型参数重新进行测试
```

```python
model=torch.load(r'C:\Users\52930\Desktop\AlexNet\save_model\model%s.pth'%(min_index+1))
model.eval()

accuracy=test_model(model,DEVICE,test_loader)
print('测试集准确率')
print('{}%'.format(accuracy))

# 绘图
# 字体设置,字符显示
plt.rcParams['font.sans-serif']=['SimHei']
plt.rcParams['axes.unicode_minus']=False

# 坐标轴变量含义
x1=range(0,EPOCH)
y1=Train_Loss_list
y2=Valid_Loss_list
y3=Valid_Accuracy_list

# 创建一个2×2的子图布局
fig,axs=plt.subplots(2,2,figsize=(10,8))

# 训练集损失
axs[0,0].plot(x1,y1,'-o',color='blue')
axs[0,0].set_title('训练集损失')
axs[0,0].set_ylabel('损失')
axs[0,0].set_xlabel('轮数')

# 验证集损失
axs[0,1].plot(x1,y2,'-o',color='red')
axs[0,1].set_title('验证集损失')
axs[0,1].set_ylabel('损失')
axs[0,1].set_xlabel('轮数')

# 验证集准确率
axs[1,0].plot(x1,y3,'-o',color='green')
axs[1,0].set_title('验证集准确率')
axs[1,0].set_ylabel('准确率')
```

```
axs[1,0].set_xlabel('轮数')

# 隐藏未使用的子图
fig.delaxes(axs[1,1])

# 调整子图之间的间距
plt.subplots_adjust(left=0.1,right=0.9,top=0.9,bottom=0.1,
wspace=0.3,hspace=0.4)

# 显示
plt.show()
```

运行结果如图 5-7 和图 5-8 所示。

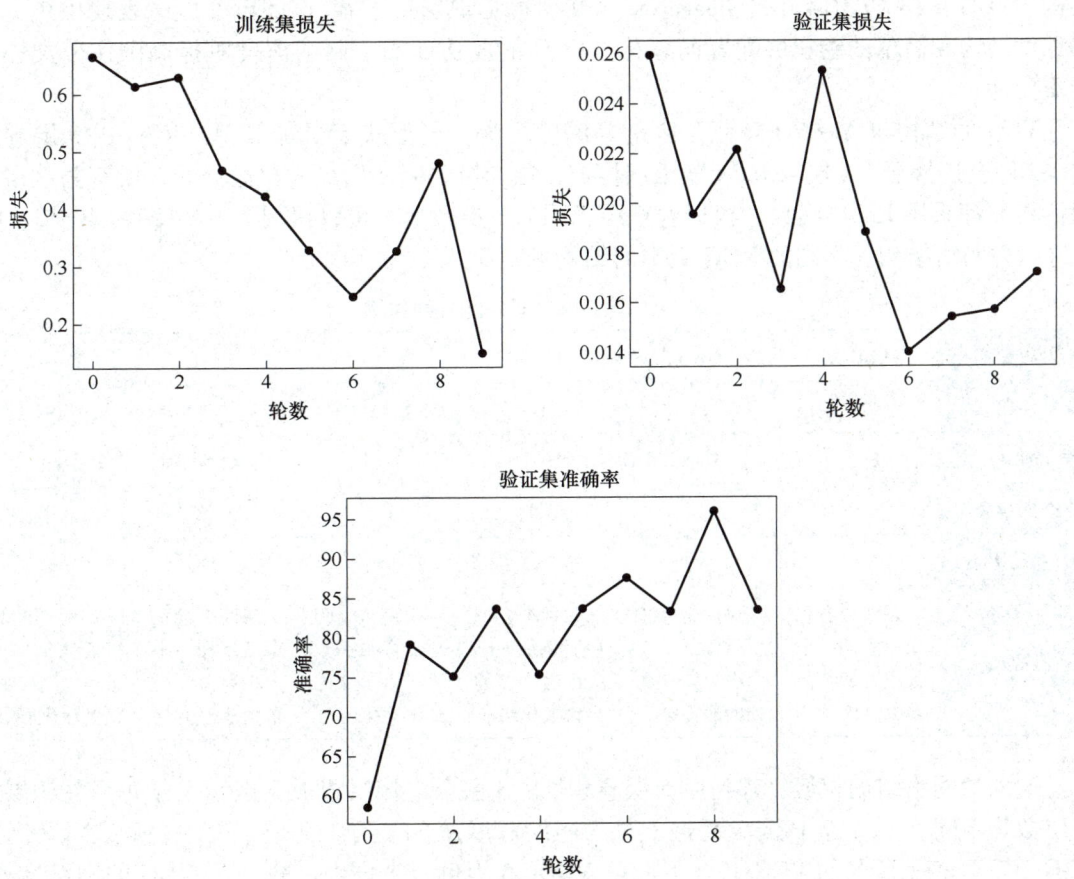

图 5-7　训练过程损失变化曲线和准确率变化曲线

由图 5-7 可知，随着训练轮数的增多，损失逐渐减少，当达到 8 轮时，训练损失减少到 0.15 以下，验证集损失减少到 0.018 以下；由图 5-8 可知，随着训练轮数的增加，验证集的准确率达到 0.8 以上，最高达到 0.875，说明此模型较好。

验证集最高准确率：
87.5
Test_average_loss：0.0140，Accuracy：87.500000

测试集准确率
(0.014032493034998575，87.5)%

图 5-8　运行代码结果图

5.3　VGG

5.3.1　VGG 简介

VGG 是由牛津大学的视觉几何组（Visual Geometry Group）提出的一系列卷积神经网络架构。VGG 网络在 2014 年的 ImageNet 大规模视觉识别挑战赛（ILSVRC）中表现出色，以其深度结构和简单的卷积层配置而著称。VGG 的成功证明了网络深度对提高图像分类性能的重要性。

VGG 的结构与 AlexNet 类似，区别是深度更深，但形式上更加简单。VGG 由 5 层卷积层、3 层全连接层、1 层 softmax 输出层构成，层与层之间使用最大化池分开，所有隐藏层的激活单元都采用 ReLU 函数。根据卷积层不同的子层数量，可以得到 A、A-LRN、B、C、D、E 这六种网络结构。不同的 VGG 版本的结构见表 5-1。

表 5-1　不同的 VGG 版本的结构

版本	VGG-A	VGG-A-LRN	VGG-B	VGG-C	VGG-D	VGG-E
层数	11	11	13	15	16	19
卷积层	8 个	8 个	10 个	12 个	13 个	16 个
全连接层	3 个	3 个	3 个	3 个	3 个	3 个
卷积核大小	3×3	3×3	3×3	3×3	3×3	3×3
池化层	每两个卷积层后添加一个大小为 2×2 的最大池化层	每两个卷积层后添加一个大小为 2×2 的最大池化层	每两个卷积层后添加一个大小为 2×2 的最大池化层	每两个卷积层后添加一个大小为 2×2 的最大池化层	每两个卷积层后添加一个大小为 2×2 的最大池化层	每两个卷积层后添加一个大小为 2×2 的最大池化层

这六种网络结构相似，都是由 5 层卷积层、3 层全连接层组成，区别在于每个卷积层的子层数量不同，从 A 至 E 依次增加，总的网络深度从 11 层到 19 层。其中，D 表示著名的 VGG-16，E 表示著名的 VGG-19。下面以 VGG-16 为例，来详细剖析一下 VGG 的网络结构。VGG-16 的结构如图 5-9 所示。

VGG-16 总共包含 16 个子层，第 1 层卷积层由 2 个 conv3-64 组成，第 2 层卷积层由 2 个 conv3-128 组成，第 3 层卷积层由 3 个 conv3-256 组成，第 4 层卷积层由 3 个 conv3-512 组成，第 5 层卷积层由 3 个 conv3-512 组成，然后是 2 个 FC4096，1 个 FC1000。总共 16 层，这也

就是 VGG-16 名字的由来。VGG-16 的具体结构如下。

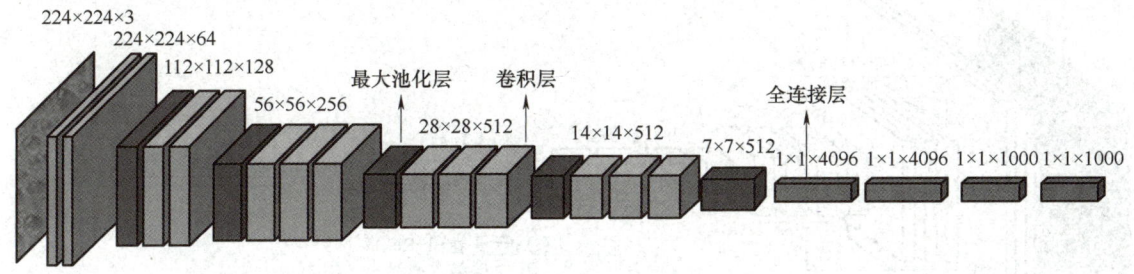

图 5-9　VGG-16 结构图

1. 输入层

VGG 输入图片的大小是 224×224×3。

2. 卷积层

（1）第 1 层卷积层（如图 5-10 所示）

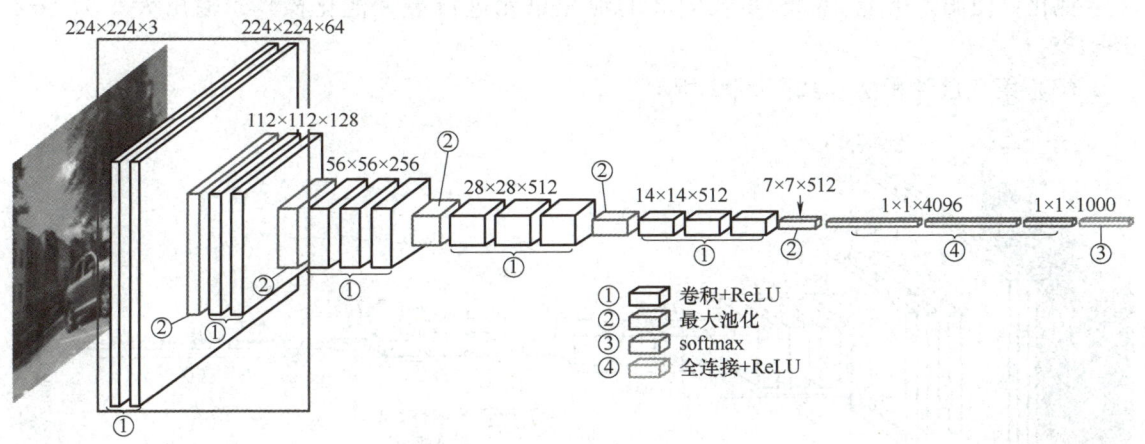

图 5-10　第 1 层卷积层

第 1 层卷积层由 2 个 conv3-64 组成，输出大小为 224×224×64。该层的处理流程是卷积→ReLU→卷积→ReLU→池化。

卷积：2 个连续的卷积层，每个卷积层都有 64 个卷积核，每个卷积核大小为 3×3，步长为 1，填充为 1。后面接 1 个 2×2 的最大池化层，步长为 2。

ReLU：将卷积层输出的特征图输入 ReLU 函数中。

池化：使用大小为 2×2、步长为 2 的池化单元进行最大池化操作，输出大小为 112×112×64。

（2）第 2 层卷积层（如图 5-11 所示）

第 2 层卷积层由 2 个 conv3-128 组成，输出大小为 112×112×128。该层的处理流程是卷积→ReLU→卷积 →ReLU→池化。

卷积：2 个连续的卷积层，每个卷积层都有 128 个卷积核，每个卷积核大小为 3×3，步长为 1，填充为 1。后面接 1 个 2×2 的最大池化层，步长为 2。

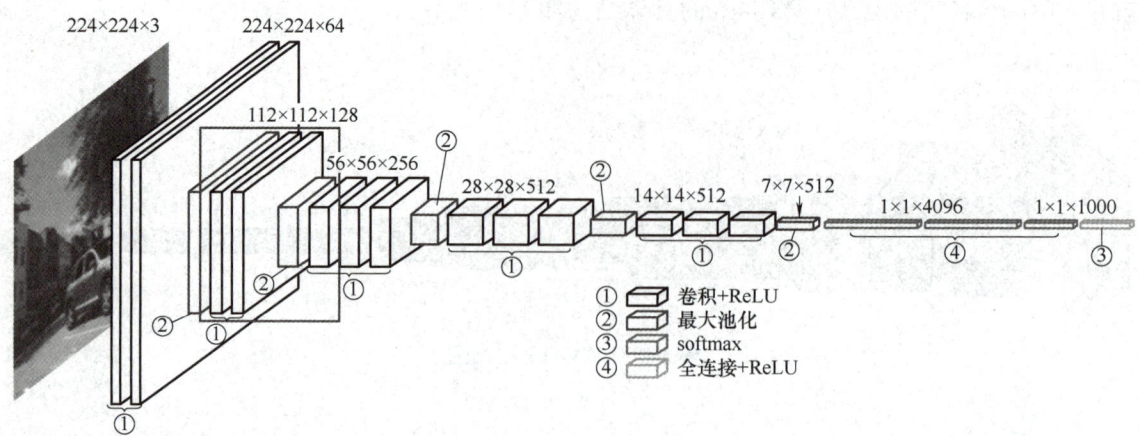

图 5-11　第 2 层卷积层

ReLU：将卷积层输出的特征图输入 ReLU 函数中。

池化：使用大小为 2×2、步长为 2 的池化单元进行最大池化操作，输出大小为 56×56×128。

（3）第 3 层卷积层（如图 5-12 所示）

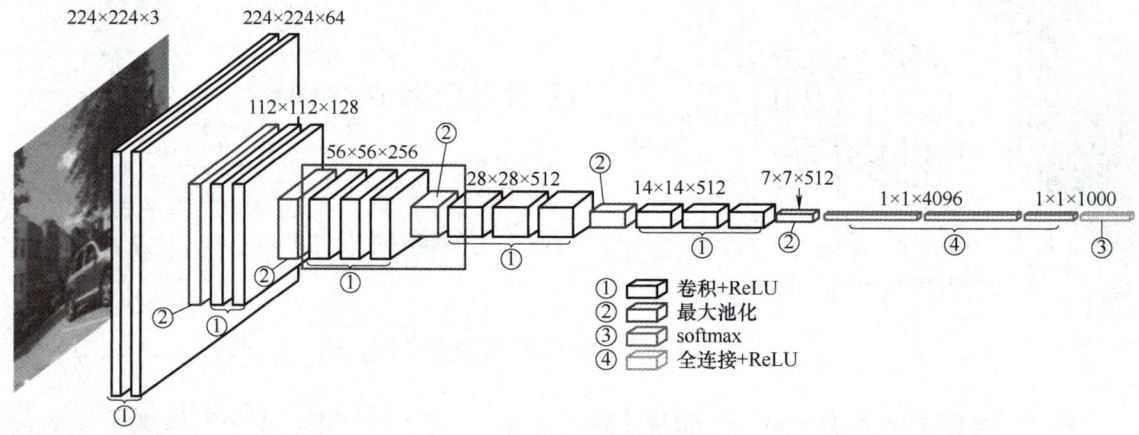

图 5-12　第 3 层卷积层

第 3 层卷积层由 3 个 conv3-256 组成，输出大小为 56×56×256。该层的处理流程是卷积→ReLU→卷积→ReLU→池化。

卷积：3 个连续的卷积层，每个卷积层都有 256 个卷积核，每个卷积核大小为 3×3，步长为 1，填充为 1。后面接 1 个 2×2 的最大池化层，步长为 2。

ReLU：将卷积层输出的特征图输入 ReLU 函数中。

池化：使用大小为 2×2、步长为 2 的池化单元进行最大池化操作，输出大小为 28×28×256。

（4）第 4 层卷积层（如图 5-13 所示）

第 4 层卷积层由 3 个 conv3-512 组成，输出大小为 28×28×512。该层的处理流程是卷积→ReLU→卷积→ReLU→池化。

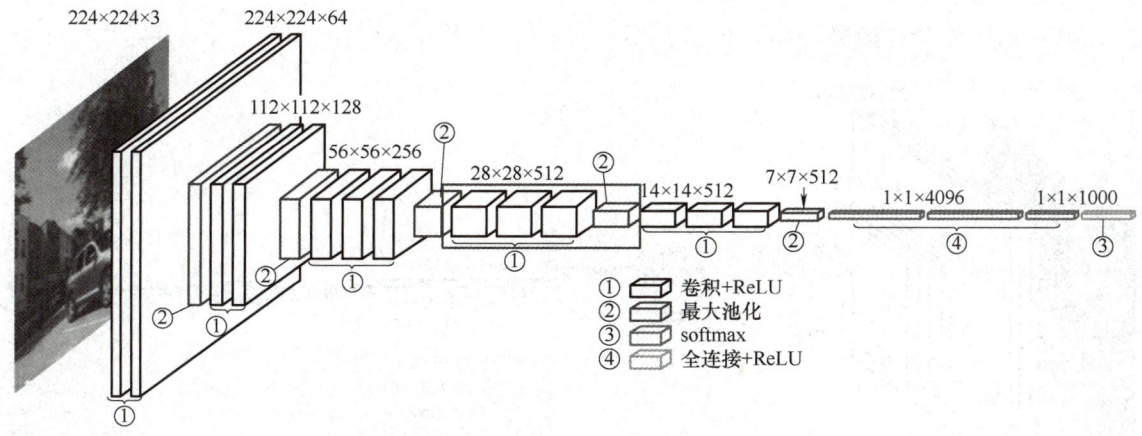

图 5-13　第 4 层卷积层

卷积：3 个连续的卷积层，每个卷积层都有 512 个卷积核，每个卷积核大小为 3×3，步长为 1，填充为 1。后面接 1 个 2×2 的最大池化层，步长为 2。

池化：使用大小为 2×2、步长为 2 的池化单元进行最大池化操作，输出大小为 14×14×512。

（5）第 5 层卷积层（如图 5-14 所示）

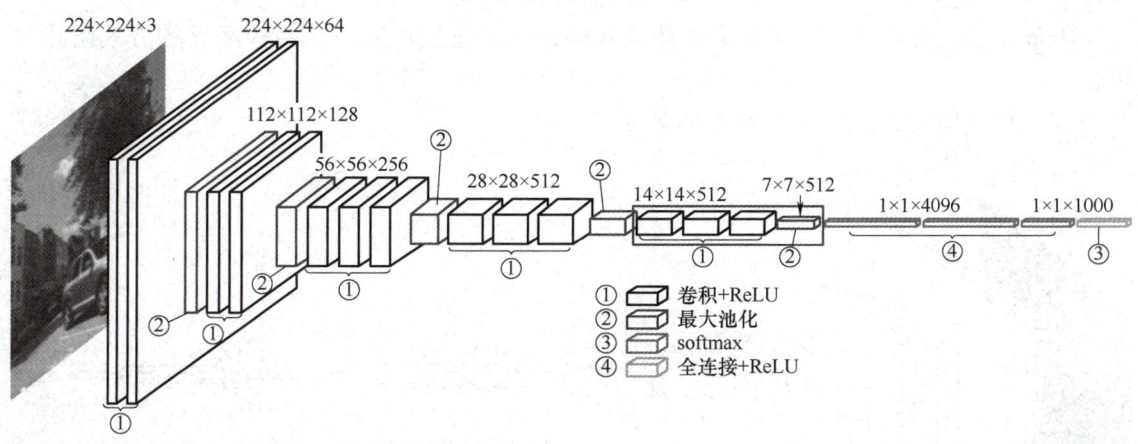

图 5-14　第 5 层卷积层

第 5 层卷积层由 3 个 conv3-512 组成，输出大小为 14×14×512。该层的处理流程是卷积→ReLU→卷积→ReLU→池化。

卷积：3 个连续的卷积层，每个卷积层都有 512 个卷积核，每个卷积核大小为 3×3，步长为 1，填充为 1。后面接 1 个 2×2 的最大池化层，步长为 2。

ReLU：将卷积层输出的特征图输入 ReLU 函数中。

池化：使用大小为 2×2、步长为 2 的池化单元进行最大池化操作，输出大小为 7×7×512。

3. 全连接层

（1）第 1 层全连接层（如图 5-15 所示）

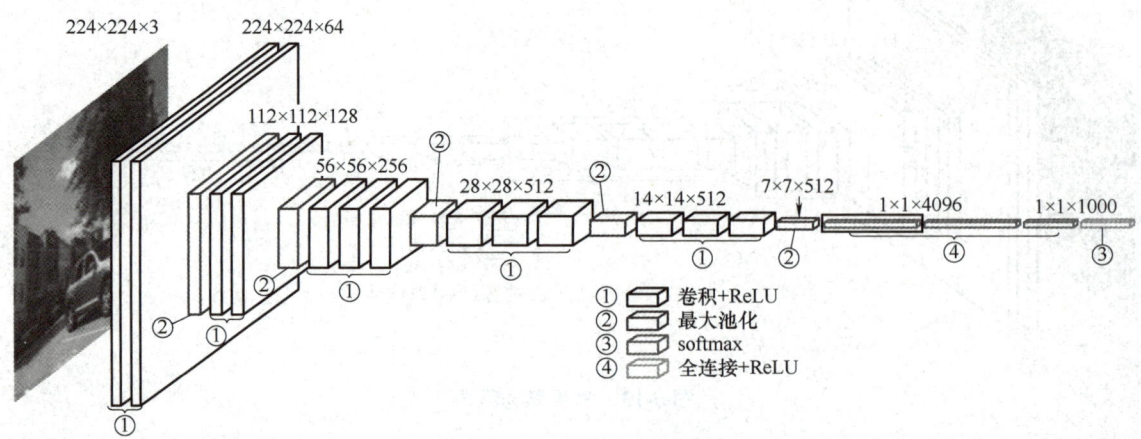

图 5-15　第 1 层全连接层

第 1 层全连接层 FC4096 由 4096 个神经元组成。该层的处理流程是 FC→ReLU→Dropout。

FC：输入是 7×7×512 的特征图，展开为 7×7×512 的一维向量，即 7×7×512 个神经元，输出为 4096 个神经元。

ReLU：将这 4096 个神经元的运算结果输入 ReLU 激活函数中。

Dropout：随机断开全连接层某些神经元的连接，通过不激活某些神经元的方式防止过拟合。

（2）第 2 层全连接层（如图 5-16 所示）

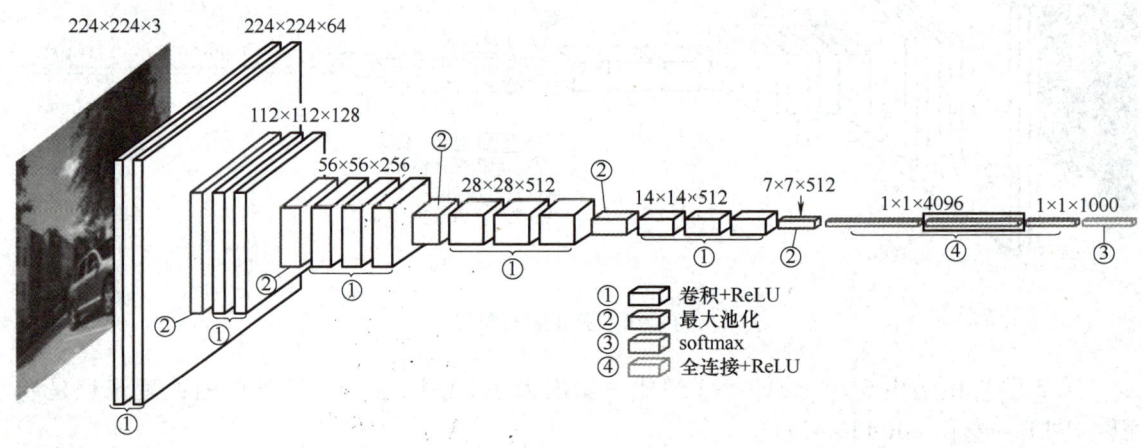

图 5-16　第 2 层全连接层

第 2 层全连接层 FC4096 由 4096 个神经元组成。该层的处理流程是 FC→ReLU→Dropout。

FC：输入是 4096 个神经元，输出为 4096 个神经元。

ReLU：将这 4096 个神经元的运算结果输入 ReLU 激活函数中。

Dropout：随机断开全连接层某些神经元的连接，通过不激活某些神经元的方式防止过拟合。

(3) 第 3 层全连接层 (如图 5-17 所示)

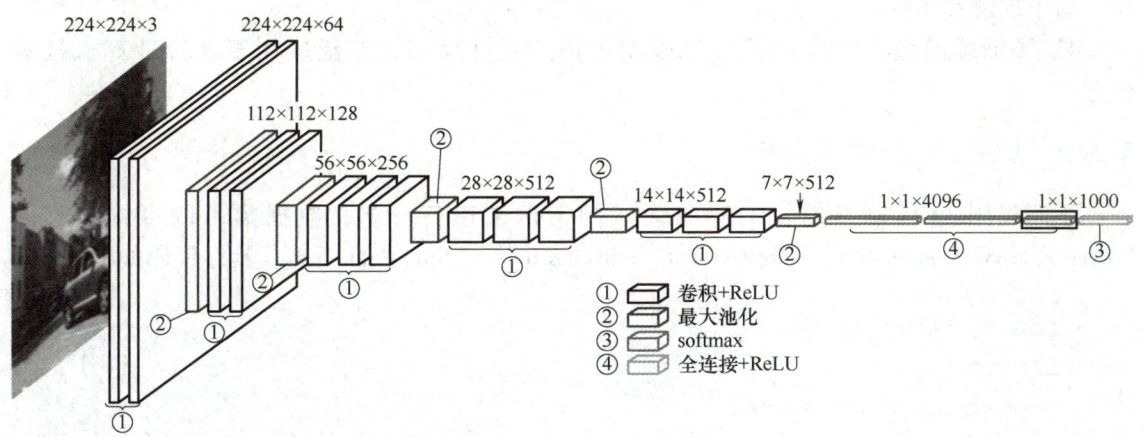

图 5-17 第 3 层全连接层

第 3 层全连接层 FC1000 由 1000 个神经元组成,对应 ImageNet 数据集的 1000 个类别。该层的处理流程是 FC。

FC:输入是 4096 个神经元,输出为 1000 个神经元。

4. softmax 层(如图 5-18 所示)

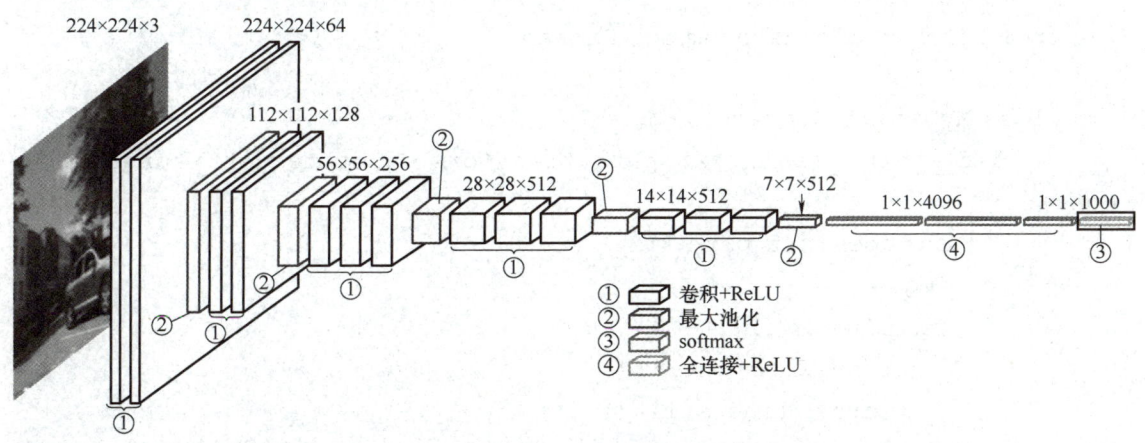

图 5-18 softmax 层

softmax:将这 1000 个神经元的运算结果输入 softmax 函数中,输出 1000 个类别对应的预测概率值。

5.3.2 VGG 的主要特点

1) 小卷积核:VGG 使用多个小的 3×3 卷积核来代替较大的卷积核,减少了模型的复杂度,同时通过增加深度来增加网络的表达能力。

2) 深度网络:VGG-16 和 VGG-19 是深度网络,具有多达 16 层和 19 层的可训练参数,显示了网络深度对性能提升的影响。

3）重复结构：VGG 的网络结构采用了重复的卷积和池化层组合，使得网络结构非常规整，易于理解和实现。

4）预训练模型：VGG 的预训练模型可用于迁移学习，广泛应用于各种计算机视觉任务。

5.3.3 VGG 实践案例分析

下面利用 VGG 网络结构对猫狗大战的案例来进行分析，数据集可以直接在官网 https://www.kaggle.com/c/dogs-vs-cats-redux-kernels-edition/data 下载。具体代码如下：

```python
import numpy as np
import torch
import torch.nn as nn
import torch.nn.functional as F
import torch.optim as optim
from torchvision import datasets,transforms
import time
from matplotlib import pyplot as plt

from PIL import Image
from torch.utils.data import Dataset

class MyDataset(Dataset):
    def __init__(self,txt_path,transform=None,target_transform=None):
        fh=open(txt_path,'r')
        imgs=[]
        for line in fh:
            line=line.rstrip()
            words=line.split()
            imgs.append((words[0],int(words[1]))) # 将类别转为整型 int
        self.imgs=imgs
        self.transform=transform
        self.target_transform=target_transform
    def __getitem__(self,index):
        fn,label=self.imgs[index]
        img=Image.open(fn).convert('RGB')
        #img=Image.open(fn)
        if self.transform is not None:
```

```python
            img=self.transform(img)
        return img,label
    def __len__(self):
        return len(self.imgs)

pipline_train=transforms.Compose([
    #transforms.RandomResizedCrop(224),
    transforms.RandomHorizontalFlip(),   #随机旋转图片
    #将图片尺寸转换为224×224
    transforms.Resize((224,224)),
    #将图片转化为Tensor格式
    transforms.ToTensor(),
    #正则化(当模型出现过拟合的情况时,用来降低模型的复杂度)
    transforms.Normalize((0.5,0.5,0.5),(0.5,0.5,0.5))
    #transforms.Normalize(mean=[0.485,0.456,0.406],std=[0.229,0.224,0.225])
])
pipline_test=transforms.Compose([
    #将图片尺寸转换为224×224
    transforms.Resize((224,224)),
    transforms.ToTensor(),
    transforms.Normalize((0.5,0.5,0.5),(0.5,0.5,0.5))
    #transforms.Normalize(mean=[0.485,0.456,0.406],std=[0.229,0.224,0.225])
])
train_data=MyDataset('D:/数据集/VGGNet/data/catVSdog/train.txt',transform=pipline_train)
test_data=MyDataset('D:/数据集/VGGNet/data/catVSdog/test.txt',transform=pipline_test)

#train_data 和 test_data 包含训练与测试数据,通过调用DataLoader批量加载
trainloader=torch.utils.data.DataLoader(dataset=train_data,batch_size=64,shuffle=True)
testloader=torch.utils.data.DataLoader(dataset=test_data,batch_size=32,shuffle=False)
# 类别信息也需要提前指定
classes=('cat','dog')# 对应label=0,label=1
```

```python
examples=enumerate(trainloader)
batch_idx,(example_data,example_label)=next(examples)
#批量展示图片
for i in range(4):
    plt.subplot(1,4,i+1)
    plt.tight_layout()          #自动调整子图参数,使之填充整个图像区域
    img=example_data[i]
    img=img.numpy()# FloatTensor 转为 ndarray
    img=np.transpose(img,(1,2,0))# 把 channel 放到最后
    img=img*[0.5,0.5,0.5]+[0.5,0.5,0.5]
    #img=img*[0.229,0.224,0.225]+[0.485,0.456,0.406]
    plt.imshow(img)
    plt.title("label:{}".format(example_label[i]))
    plt.xticks([])
    plt.yticks([])
plt.show()

class VGG(nn.Module):
    def __init__(self,features,num_classes=2,init_weights=False):
        super(VGG,self).__init__()
        self.features=features
        self.classifier=nn.Sequential(
            nn.Linear(512*7*7,500),
            nn.ReLU(True),
            nn.Dropout(p=0.5),
            nn.Linear(500,20),
            nn.ReLU(True),
            nn.Dropout(p=0.5),
            nn.Linear(20,num_classes)
        )
        if init_weights:
            self._initialize_weights()

    def forward(self,x):
        # N x 3 x 224 x 224
        x=self.features(x)
        # N x 512 x 7 x 7
        x=torch.flatten(x,start_dim=1)
```

```python
            # N x 512*7*7
            x=self.classifier(x)
            return x

    def _initialize_weights(self):
        for m in self.modules():
            if isinstance(m,nn.Conv2d):
                # nn.init.kaiming_normal_(m.weight,mode='fan_out',nonlinearity='relu')
                nn.init.xavier_uniform_(m.weight)
                if m.bias is not None:
                    nn.init.constant_(m.bias,0)
            elif isinstance(m,nn.Linear):
                nn.init.xavier_uniform_(m.weight)
                # nn.init.normal_(m.weight,0,0.01)
                nn.init.constant_(m.bias,0)

def make_features(cfg:list):
    layers=[]
    in_channels=3
    for v in cfg:
        if v=="M":
            layers +=[nn.MaxPool2d(kernel_size=2,stride=2)]
        else:
            conv2d=nn.Conv2d(in_channels,v,kernel_size=3,padding=1)
            layers +=[conv2d,nn.ReLU(True)]
            in_channels=v
    return nn.Sequential(*layers)

cfgs={
    'vgg11':[64,'M',128,'M',256,256,'M',512,512,'M',512,512,'M'],
    'vgg13':[64,64,'M',128,128,'M',256,256,'M',512,512,'M',512,512,'M'],
    'vgg16':[64,64,'M',128,128,'M',256,256,256,'M',512,512,512,'M',512,512,512,'M'],
    'vgg19':[64,64,'M',128,128,'M',256,256,256,256,'M',512,512,512,512,'M',512,512,512,512,'M'],
}
```

```python
def vgg(model_name="vgg16",**kwargs):
    assert model_name in cfgs,"Warning:model number {} not in cfgs dict!".format(model_name)
    cfg=cfgs[model_name]
    
    model=VGG(make_features(cfg),**kwargs)
    return model

cfg=cfgs['vgg16']
make_features(cfg)

#创建模型,部署GPU
device=torch.device("cuda" if torch.cuda.is_available() else "cpu")
model_name="vgg16"
model=vgg(model_name=model_name,num_classes=2,init_weights=True)
model.to(device)
#定义优化器
loss_function=nn.CrossEntropyLoss()
optimizer=optim.Adam(model.parameters(),lr=0.0001)

def train_runner(model,device,trainloader,loss_function,optimizer,epoch):
    #训练模型,启用Batch Normalization和Dropout,将Batch Normalization和Dropout置为True
    model.train()
    total=0
    correct=0.0
    
    # enumerate迭代已加载的数据集,同时获取数据和数据下标
    for i,data in enumerate(trainloader,0):
        inputs,labels=data
        # 把模型部署到device上
        inputs,labels=inputs.to(device),labels.to(device)
        # 初始化梯度
        optimizer.zero_grad()
        # 保存训练结果
```

```python
        outputs=model(inputs)
        #计算损失和
        #loss=F.cross_entropy(outputs,labels)
        loss=loss_function(outputs,labels)
        #获取最大概率的预测结果
        #dim=1 表示返回每一行的最大值对应的列下标
        predict=outputs.argmax(dim=1)
        total+=labels.size(0)
        correct+=(predict==labels).sum().item()
        #反向传播
        loss.backward()
        #更新参数
        optimizer.step()
        if i % 100==0:
            #loss.item()表示当前loss的数值
            print(
                "Train Epoch{} \t Loss:{:.6f},accuracy:{:.6f}%".format(epoch,loss.item(),100*(correct / total)))
            Loss.append(loss.item())
            Accuracy.append(correct / total)
    return loss.item(),correct / total

def test_runner(model,device,testloader):
    #模型验证是必不可少的步骤,否则在输入数据存在的情况下,即使不进行训练,模型的权重也可能会被修改
    #调用eval()将不启用 Batch Normalization 和 Dropout,Batch Normalization 和 Dropout 置为 False
    model.eval()
    #统计模型正确率,设置初始值
    correct=0.0
    test_loss=0.0
    total=0
    #torch.no_grad将不会计算梯度,也不会进行反向传播
    with torch.no_grad():
        for data,label in testloader:
            data,label=data.to(device),label.to(device)
            output=model(data)
            test_loss +=F.cross_entropy(output,label).item()
```

```python
            predict=output.argmax(dim=1)
            #计算预测正确的数量
            total +=label.size(0)
            correct +=(predict==label).sum().item()
        #计算损失值
        print("test_avarage_loss:{:.6f},accuracy:{:.6f}%".format(test_loss/total,100*(correct/total)))

#调用
epoch=10
Loss=[]
Accuracy=[]
for epoch in range(1,epoch+1):
    print("start_time",time.strftime('%Y-%m-%d %H:%M:%S',time.localtime(time.time())))
    loss,acc = train_runner(model,device,trainloader,loss_function,optimizer,epoch)
    Loss.append(loss)
    Accuracy.append(acc)
    test_runner(model,device,testloader)
    print("end_time:",time.strftime('%Y-%m-%d %H:%M:%S',time.localtime(time.time())),'\n')

print('Finished Training')
plt.subplot(2,1,1)
plt.plot(Loss)
plt.title('Loss')
plt.show()
plt.subplot(2,1,2)
plt.plot(Accuracy)
plt.title('Accuracy')
plt.show()

print(model)
torch.save(model,'./models/vgg-catvsdog.pth')#保存模型

from PIL import Image
import numpy as np
```

```python
if __name__=='__main__':
    device=torch.device('cuda' if torch.cuda.is_available()else'cpu')
    model=torch.load('./models/vgg-catvsdog.pth')# 加载模型
    model=model.to(device)
    model.eval()                                            # 把模型转为test模式

    # 读取要预测的图片
    img=Image.open("./images/test_dog.jpg")      # 读取图像
    # img.show()
    plt.imshow(img)                                          # 显示图片
    plt.axis('off')                                          # 不显示坐标轴
    plt.show()

    # 导入图片,图片扩展后为[1,1,32,32]
    trans=transforms.Compose(
        [
            transforms.Resize((227,227)),
            transforms.ToTensor(),
            transforms.Normalize((0.5,0.5,0.5),(0.5,0.5,0.5))
             # transforms.Normalize(mean=[0.485,0.456,0.406],std=[0.229,0.224,0.225])
        ])
    img=trans(img)
    img=img.to(device)
    img=img.unsqueeze(0)    # 图片扩展多一维,因为输入保存的模型中是四维[batch_size,通道,长,宽],而普通图片只有三维[通道,长,宽]

    # 预测
    # 预测
    classes=('cat','dog')
    output=model(img)
    prob=F.softmax(output,dim=1)                             # prob是2个分类的概率
    print("概率:",prob)
    value,predicted=torch.max(output.data,1)
    predict=output.argmax(dim=1)
    pred_class=classes[predicted.item()]
    print("预测类别:",pred_class)
```

运行结果如图 5-19~图 5-22 所示。

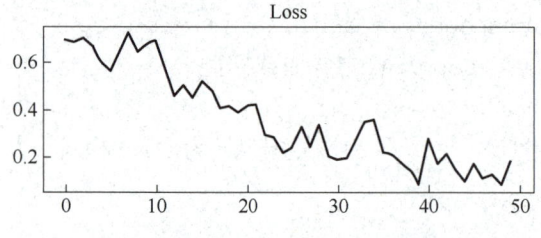

图 5-19　训练过程损失变化曲线

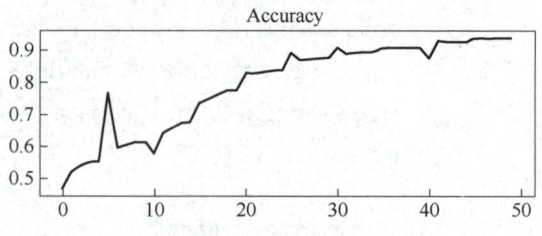

图 5-20　训练过程准确率变化曲线

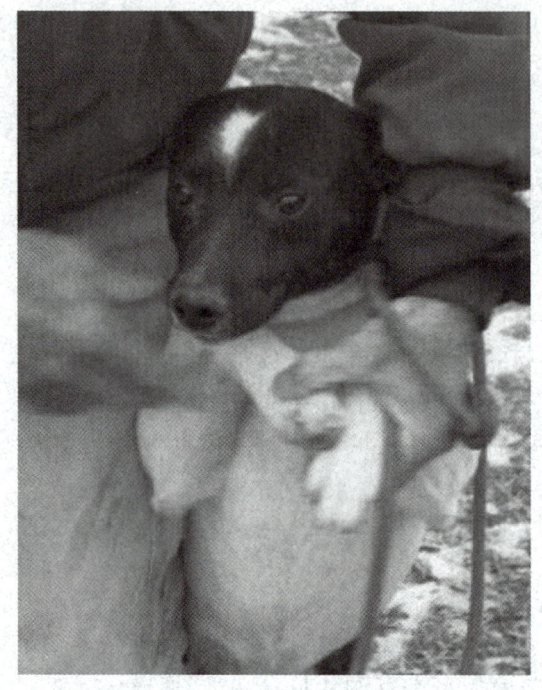

图 5-21　随机选取图片的预测结果图

概率:tensor([[0.4997,0.5003]],device='cuda:0',grad_fn=<SoftmaxBackward0>)
预测类别:dog

图 5-22　结果预测图

由图 5-19 和图 5-20 可知，随着轮数的增加，损失逐渐降低，当训练达到 50 轮时，损失在 0.2 左右；而准确率在上升，达到 0.95 以上。图 5-21 展示了随机选取图片的预测结果，与图 5-22 一致。以上运行结果表明此模型对图片的识别效果良好。

5.4　本章小结

本章深入探讨了几种经典的卷积神经网络结构，包括 LeNet、AlexNet 和 VGG。LeNet 作为最早的卷积网络之一，展示了卷积层与池化层的有效结合，成功应用于手写数字识别。接着，AlexNet 通过引入更深的网络结构、ReLU 激活函数和 Dropout，在图像识别领域实现了显著的准确性提升，并在 ImageNet 竞赛中取得了突破性成果。最后，VGG 以其均匀的卷积层堆叠和使用小卷积核的策略而闻名，展现了在特征提取中的强大能力。通过案例分析，可以看到这些经典网络为深度学习的发展奠定了基础，并在各种视觉识别任务中发挥了重要作用，推动了计算机视觉领域的创新与进步。

5.5 习题

1. 描述 LeNet、AlexNet 和 VGG 在架构上以及处理视觉信息的能力上的主要区别。

2. 解释为何像 VGG 这样更深的网络能够比较浅的网络如 LeNet 在视觉识别任务中实现更好的性能。

3. 描述在 CNN 架构中使用最大池化层的作用。

4. 解释在 VGG 中使用小卷积核（大小为 3×3）的意义，以及这种设计选择如何影响网络的性能和复杂性。

5. 使用你选择的深度学习框架（如 PyTorch、TensorFlow）实现 VGG 网络的简化版本，并在非 ImageNet 数据集（如 CIFAR-10）上进行训练。

6. 通过在卷积层后添加批量归一化（Batch Normalization）层来修改所实现的 VGG 网络。训练修改后的网络，并在训练速度和准确率方面，将其性能与原版进行比较。

第 6 章

经典卷积网络结构进阶

在计算机视觉领域，卷积神经网络的出现引发了一场革命。这些模型不仅在图像分类、目标检测、图像生成等任务中取得了卓越的成绩，更是推动了人工智能和深度学习技术的飞速发展。本章将介绍两种经典的卷积神经网络架构，GoogLeNet 和 ResNet。

6.1 GoogLeNet

6.1.1 GoogLeNet 简介

GoogLeNet 又称为 Inception V1，是由 Google 团队在 2014 年提出的一种深度卷积神经网络架构。这一模型在当年的 ImageNet 大规模视觉识别挑战赛（ILSVRC）中表现优异，取得了图像分类任务的冠军。GoogLeNet 中引入了多尺度特征提取的 Inception 模块，通过使用不同大小的卷积核并行计算，提升了模型的计算效率和特征提取能力。

GoogLeNet 的核心思想体现在以下两个方面：

1）多尺度特征提取：GoogLeNet 通过使用不同大小的卷积核，能够从多个尺度提取图像特征，从而增强了模型的表达能力。这种多尺度特征提取使得网络可以更好地捕捉到图像的细节和上下文信息。

2）网络深度与宽度的平衡：通过引入 Inception 模块，GoogLeNet 有效地避免了单纯加深网络带来的计算负担，巧妙地平衡了网络的深度与宽度。这种设计使得模型在保持较高性能的同时，能够提高计算效率和减少参数量。

GoogLeNet 的架构如图 6-1 所示，由 Inception 模块一、Inception 模块二、Inception 模块三和分类器四部分按顺序衔接构成。GoogLeNet 通过引入 Inception 模块，在卷积神经网络中增加了网络的宽度和深度，使得网络能够在相同计算量下提取多尺度的特征。池化层和归一化层帮助减少特征图的尺寸和提高模型的泛化能力。最终，通过全连接层和 softmax 层输出分类结果。

图 6-1 中的 inception（3a）、inception（3b）、inception（4a）、inception（4c）、inception（4d）、inception（5a）、inception（5b）的结构图如图 6-2 所示。

inception（4b）、inception（4e）与其他的略有不同，增加了一个辅助分类器，如图 6-3 所示。

图 6-1 GoogLeNet 的架构

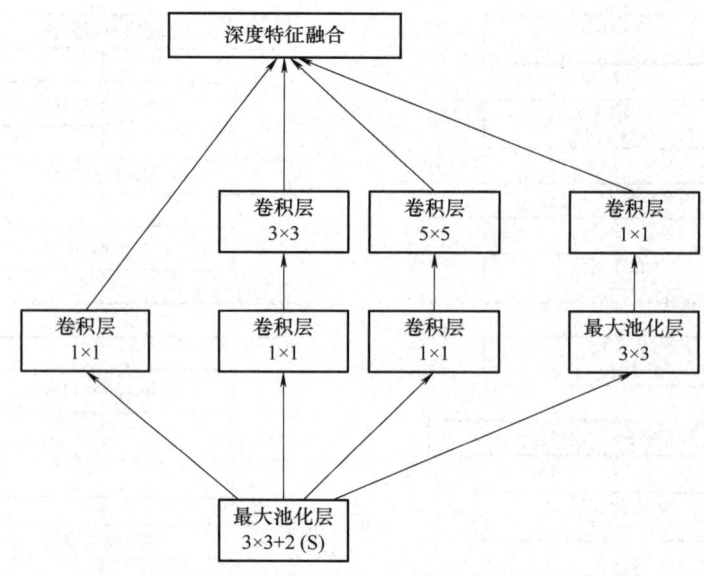

图 6-2 inception 原始结构

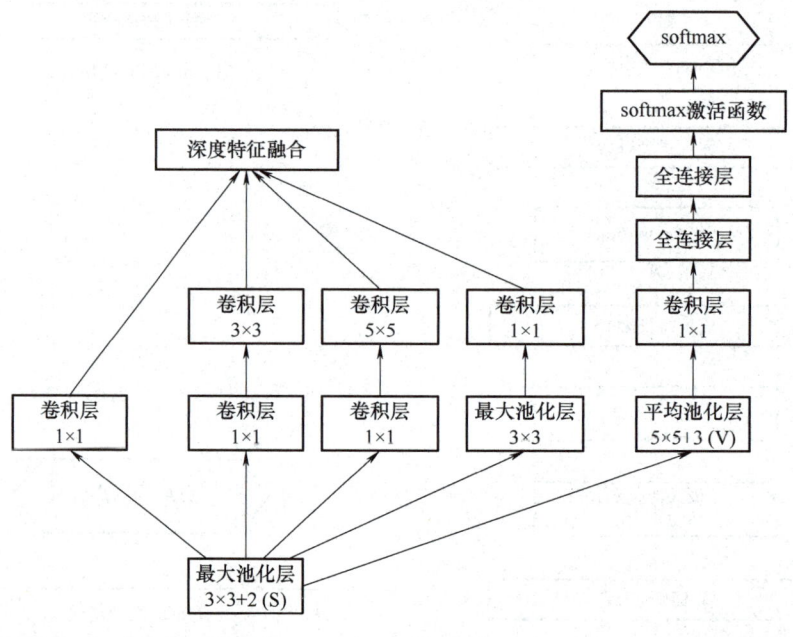

图 6-3 inception +辅助分类器

辅助分类器有以下两个作用：

1）可以把它看作 inception 网络中的一个小细节，它确保隐藏单元和中间层也参与了特征计算，又能预测图片的类别。辅助分类器在 inception 网络中起到一种调整的效果，并且能防止网络发生过拟合。

2）如果给定深度相对较大的网络，有效传播梯度反向通过所有层的能力是一个问题。通过将辅助分类器添加到这些中间层，有利于提高模型的判别力。在训练期间，它们的损失以折扣权重的形式（辅助分类器损失的权重是 0.3）加到网络的整个损失上。

GoogLeNet 由以下各个部分组成：

1）输入层（input）：输入层的主要功能是接收原始的输入图像数据，通常输入的是大小为 224×224×3 的 RGB 彩色图像。输入层通常会对输入图像进行归一化处理，这有助于加快模型的收敛速度，并避免较大的像素值对模型造成不良影响。输入层作为模型的起点，其输出数据（即归一化后的图像）会被传递到后续的卷积层，开始进行特征提取。

2）卷积层（Conv）：GoogLeNet 的卷积层由卷积层、最大池化层、局部响应归一化层组成，通过提取、整合和压缩图像特征，帮助模型更好地理解和表示输入图像中的信息。随着卷积层的堆叠，模型能够逐步学习到从简单的边缘和纹理到复杂的物体和场景的表示，这对于最终的分类任务至关重要。

3）分类器（Classifier）：分类器由全局平均池化层、全连接层、softmax 激活函数、softmax2 组成。GoogLeNet 的分类器模块负责将从前面提取到的复杂特征转换为具体的分类决策。通过使用全局平均池化层、全连接层和 softmax 层，以及引入辅助分类器，使得 GoogLeNet 在保证分类准确性的同时减少了模型参数量，提升了训练稳定性。这些设计使得 GoogLeNet 在大规模图像分类任务中表现出色。

6.1.2　GoogLeNet 实践案例分析

利用 GoogLeNet 实现对花朵的分类，具体实现代码如下：

```python
import warnings
from collections import namedtuple
from functools import partial
from typing import Any,Callable,List,Optional,Tuple

import torch
import torch.nn as nn
import torch.nn.functional as F
from torch import Tensor

# 定义 GoogLeNet 结构
class GoogLeNet(nn.Module):
    def __init__(self,num_classes=1000,aux_logits=True,transform_input=False,init_weights=True):
        super(GoogLeNet,self).__init__()
        # 是否使用辅助分类器
        self.aux_logits=aux_logits
        # 是否对输入进行预处理
```

```python
self.transform_input=transform_input

# 定义网络的第一部分
self.conv1=BasicConv2d(3,64,kernel_size=7,stride=2,padding=3)
# 输入通道数为3,输出通道数为64
self.maxpool1=nn.MaxPool2d(3,stride=2,ceil_mode=True)
# 第一个最大池化层
self.conv2=BasicConv2d(64,64,kernel_size=1)
# 第二个卷积层
self.conv3=BasicConv2d(64,192,kernel_size=3,padding=1)
# 第三个卷积层
self.maxpool2=nn.MaxPool2d(3,stride=2,ceil_mode=True)
# 第二个最大池化层

# 定义Inception模块的第一部分
self.inception3a=Inception(192,64,96,128,16,32,32)
self.inception3b=Inception(256,128,128,192,32,96,64)
self.maxpool3=nn.MaxPool2d(3,stride=2,ceil_mode=True)
# 第三个最大池化层

# 定义Inception模块的第二部分
self.inception4a=Inception(480,192,96,208,16,48,64)
self.inception4b=Inception(512,160,112,224,24,64,64)
self.inception4c=Inception(512,128,128,256,24,64,64)
self.inception4d=Inception(512,112,144,288,32,64,64)
self.inception4e=Inception(528,256,160,320,32,128,128)
self.maxpool4=nn.MaxPool2d(2,stride=2,ceil_mode=True)
# 第四个最大池化层

# 定义Inception模块的第三部分
self.inception5a=Inception(832,256,160,320,32,128,128)
self.inception5b=Inception(832,384,192,384,48,128,128)

# 如果启用辅助分类器,则初始化
if aux_logits:
    self.aux1=InceptionAux(512,num_classes)
    self.aux2=InceptionAux(528,num_classes)
```

```python
        # 定义最后的平均池化层、自适应池化层、Dropout层和全连接层
        self.avgpool=nn.AdaptiveAvgPool2d((1,1))  # 自适应平均池化层
        self.dropout=nn.Dropout(0.4)              # Dropout层
        self.fc=nn.Linear(1024,num_classes)       # 全连接层,输出类别数

        # 初始化权重
        if init_weights:
            for m in self.modules():
                if isinstance(m,nn.Conv2d) or isinstance(m,nn.Linear):
                    torch.nn.init.trunc_normal_(m.weight,mean=0.0,std=0.01,a=-2,b=2)
                    # 截断正态分布初始化
                elif isinstance(m,nn.BatchNorm2d):
                    nn.init.constant_(m.weight,1)
                    # 批量归一化层权重初始化为1
                    nn.init.constant_(m.bias,0)
                    # 批量归一化层偏置初始化为0

    # 输入预处理方法
    def _transform_input(self,x):
        if self.transform_input:
            x_ch0=torch.unsqueeze(x[:,0],1)*(0.229 / 0.5)+(0.485 - 0.5)/ 0.5
            x_ch1=torch.unsqueeze(x[:,1],1)*(0.224 / 0.5)+(0.456 - 0.5)/ 0.5
            x_ch2=torch.unsqueeze(x[:,2],1)*(0.225 / 0.5)+(0.406 - 0.5)/ 0.5
            x=torch.cat((x_ch0,x_ch1,x_ch2),1)
        return x

    # 前向传播方法
    def forward(self,x):
        x=self._transform_input(x)
        # 对输入进行预处理

        # 通过GoogLeNet的各个层传播
        x=self.conv1(x)          # 第一个卷积层
        x=self.maxpool1(x)       # 第一个池化层
        x=self.conv2(x)          # 第二个卷积层
        x=self.conv3(x)          # 第三个卷积层
        x=self.maxpool2(x)       # 第二个池化层
```

```python
        x=self.inception3a(x)          # 第一个 Inception 模块
        x=self.inception3b(x)          # 第二个 Inception 模块
        x=self.maxpool3(x)             # 第三个池化层

        x=self.inception4a(x)          # 第三个 Inception 模块
        if self.training and self.aux_logits:
                                       # 如果处于训练模式且启用了辅助分类器
            aux1=self.aux1(x)          # 使用第一个辅助分类器进行前向传播
        x=self.inception4b(x)          # 第四个 Inception 模块
        x=self.inception4c(x)          # 第五个 Inception 模块
        x=self.inception4d(x)          # 第六个 Inception 模块
        if self.training and self.aux_logits:
                                       # 如果处于训练模式且启用了辅助分类器
            aux2=self.aux2(x)          # 使用第二个辅助分类器进行前向传播

        x=self.inception4e(x)          # 第七个 Inception 模块
        x=self.maxpool4(x)             # 第四个池化层
        x=self.inception5a(x)          # 第八个 Inception 模块
        x=self.inception5b(x)          # 第九个 Inception 模块

        x=self.avgpool(x)              # 平均池化层
        x=torch.flatten(x,1)           # 展平张量
        x=self.dropout(x)              # Dropout 层
        x=self.fc(x)                   # 全连接层

        # 返回最终输出,或者在训练模式下返回辅助分类器的输出
        if self.training and self.aux_logits:
            return x,aux2,aux1
        return x

# 定义 Inception 模块
class Inception(nn.Module):
    def __init__(self,in_channels,ch1x1,ch3x3red,ch3x3,ch5x5red,ch5x5,pool_proj):
        super(Inception,self).__init__()
        # Inception 模块的四个分支
        self.branch1=BasicConv2d(in_channels,ch1x1,kernel_size=1)
                                       #第一个分支
```

```python
        self.branch2=nn.Sequential(
            BasicConv2d(in_channels,ch3x3red,kernel_size=1),  # 第二个分支,第一个卷积层
            BasicConv2d(ch3x3red,ch3x3,kernel_size=3,padding=1) # 第二个分支,第二个卷积层
        )

        self.branch3=nn.Sequential(
            BasicConv2d(in_channels,ch5x5red,kernel_size=1),
            # 第三个分支,第一个卷积层
            BasicConv2d(ch5x5red,ch5x5,kernel_size=3,padding=1)
            # 第三个分支,第二个卷积层
        )

        self.branch4=nn.Sequential(
            nn.MaxPool2d(kernel_size=3,stride=1,padding=1,ceil_mode=True),
            # 第四个分支,池化层
            BasicConv2d(in_channels,pool_proj,kernel_size=1)
            # 第四个分支,卷积层
        )

    # 前向传播方法
    def forward(self,x):
        # 计算每个分支的输出
        branch1=self
# 训练模型
print('[epoch %d] train_loss:%.3f  val_accuracy:%.3f' %
      (epoch+1,running_loss / train_steps,val_accurate))
# 训练的模型和原来模型进行比较
        if val_accurate > best_acc:
            best_acc=val_accurate
            torch.save(net,"./googleNet.pth")
# 预测花朵的种类
    print_result = f"class:{class_indict[str(predict_class)]}prob:{predict[predict_class].numpy():.3}"

    plt.title(print_result)
```

```
for i in range(len(predict)):
    print(f"class:{class_indict[str(i)]:10}  prob:{predict[i].numpy():.3}")
plt.show()
```

将花朵的特征数据输入训练好的模型,就可以预测出花朵的类型。GoogLeNet 输出结果如图 6-4 所示。从图 6-4 可以看到,预测结果为郁金香。

图 6-4　GoogLeNet 输出结果

GoogLeNet 通过其创新的 Inception 模块设计和高效的计算架构,在特征提取和计算效率方面取得了显著进步。GoogLeNet 在 ImageNet 挑战赛中的成功和实际应用中的出色表现,展示了深度学习技术在计算机视觉领域的巨大潜力和广泛应用前景。无论是在医疗影像分析、自动驾驶还是安防监控等领域,GoogLeNet 都为解决复杂视觉任务提供了高效而准确的解决方案。

6.2　ResNet

6.2.1　ResNet 简介

残差网络(Residual Network,ResNet)由微软研究院在 2015 年提出,是一种深度卷积神经网络。在 2015 年的 ImageNet 挑战赛中,ResNet 以显著的优势赢得了图像分类任务的冠军,并在多个计算机视觉任务中取得了优异成绩。ResNet 的结构是其成功的关键。ResNet 通过引入残差模块来解决深度神经网络中的梯度消失和梯度爆炸问题,使得训练非常深的网络成为可能。

ResNet 的架构如图 6-5 所示。

ResNet-18 通常由以下几个主要部分组成:

1)输入层:输入大小为 224×224×3 的图片。

2)卷积层:使用大小为 7×7 的大卷积核,输出 64 个特征图,步幅为 2。提取输入图像的初级特征,并通过下采样减少计算量,逐步简化输入信息。

3)最大池化层:使用大小为 3×3 的池化窗口,步幅为 2。进一步减少特征图的尺寸,

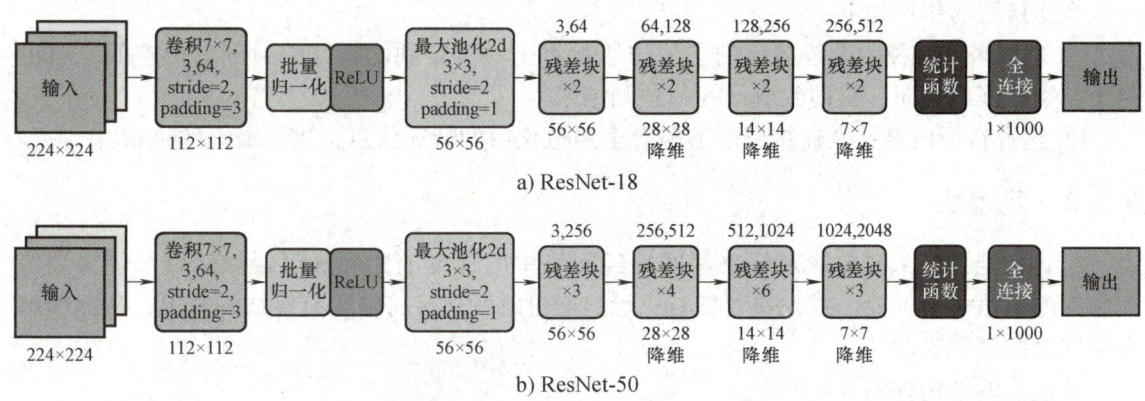

图 6-5　ResNet 的架构

同时保留最重要的特征，降低后续层的计算成本。

4）四个阶段的残差块（Residual Blocks）：残差块是 ResNet 的核心模块，每个残差块内部由几个卷积层组成，并通过"跳跃连接"将输入直接与输出相加。这种设计允许输入绕过中间的卷积层，直接传递到后续层。

每一个阶段都由两个残差块组成，其中的第一个残差块为降维（Downsample）残差块，第二个为标准（Standard）残差块。第一阶段的残差块输入和输出的通道数均为 64，并且特征图的尺寸保持不变，均为 64×64。第二、三、四阶段的残差块都将输出的通道数扩大到原来的 2 倍，特征图的尺寸减半。

① 降维残差块：当需要改变通道数或者缩小空间尺寸时，使用大小为 1×1 的卷积核对输入进行降维，再与输出相加。

② 标准残差块：输入和输出的通道数相同，输入可以直接与输出相加。

残差块的作用如下：

① 缓解梯度消失问题：通过引入跳跃连接，残差块能够有效缓解梯度消失问题，使得网络能够更容易地训练更深层次的结构。

② 提升模型性能：跳跃连接使得网络可以更深，同时保持较低的训练误差，提高模型的整体性能。

③ 降低计算复杂度：Bottleneck Block 通过使用 1×1 的卷积层降低计算量，然后再通过大小为 3×3 的卷积核进行实际特征提取。

5）全局平均池化层：将每个特征图的空间维度缩减为 1×1，输出一个固定长度的特征向量。全局平均池化层对每个特征图的所有像素值进行平均，使得每个特征图变成一个单一的数值，输出的结果是一个长度等于特征图数量的向量。

全局平均池化层的作用如下：

① 降低过拟合：通过将每个特征图的空间信息缩减为一个数值，这一步骤有助于减少参数数量，从而降低过拟合的风险。

② 保留全局信息：全局平均池化层通过对整个特征图进行平均，保留了全局的上下文信息，而不是只关注局部特征。

6）全连接层：将池化后的特征向量映射到最终的分类空间，输出分类结果。

全连接层的作用如下：

① 生成最终预测：全连接层的主要作用是将上一步得到的特征映射到分类空间，输出每个类别的概率分布，从而生成最终的预测结果。

② 整合特征信息：全连接层能够整合全局池化后的特征信息，进行最终的决策。

6.2.2 残差块

ResNet 通过引入残差块来解决深度神经网络中的梯度消失和梯度爆炸问题，使得训练非常深的网络成为可能。残差块的核心思想是通过跳跃连接将输入直接加到输出，从而缓解深层网络的训练难题。

残差块的结构如图 6-6 所示。

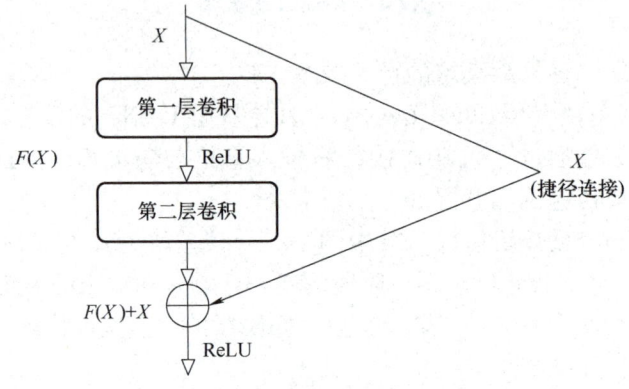

图 6-6　残差块的结构

残差块的基本路径可以分为两部分：一是主路径（Main Path）：这个路径包括一个或多个卷积层，负责对输入进行非线性变换并提取特征；二是捷径连接（Skip Connection）：这个路径直接将输入传递到模块的输出，相当于给输入增加了一个身份映射。

1. 标准残差块的计算

1）输入 X：输入数据经过这个残差块的初始值。

2）第一层卷积（Weight Layer 1）：输入 X 首先经过一个卷积层，这一层通常使用大小为 3×3 的卷积核。通过该卷积层后，数据经过 ReLU 激活函数，产生非线性输出。

3）第二层卷积（Weight Layer 2）：ReLU 激活后的输出再通过第二个卷积层，生成 $F(X)$，这是经过两次卷积后的特征提取结果。这一层通常也使用大小为 3×3 的卷积核，并且在输出前通过批量归一化。

4）加法运算：标准残差块中，输入 X 和 $F(X)$ 的尺寸和通道数相同，可以直接相加，生成的结果表示为 $F(X)+X$。

5）ReLU：相加后的结果通过 ReLU 激活函数，产生该残差块的最终输出。

6）捷径连接：输入 X 直接跳过两层卷积，直接加到 $F(X)$ 上。

2. 残差块的作用

1）缓解梯度消失问题：通过捷径连接，残差块允许梯度直接在输入和输出之间传播，缓解了深层网络中的梯度消失问题。

2）提高训练效率：残差块通过减少优化问题的深度，使得训练更深的网络成为可能，提升了模型的表达能力和性能。

3）增强特征学习：残差块在每一层都进行特征叠加，保留了不同层次的特征信息，有助于模型学习更复杂的特征。

残差块通过捷径连接缓解了梯度消失问题，并提高了特征学习的能力，推动了深度学习在计算机视觉领域的发展。

6.2.3　ResNet 实践案例分析

利用 ResNet 实现对花朵的分类，具体实现代码如下：

```python
import torch
from torch import nn

#对应18层和34层的基础残差结构
class BasicBlock(nn.Module):
    expansion=1
    def __init__(self, in_channels, out_channels, stride=1, downsample=None):
        super(BasicBlock,self).__init__()
        self.conv1 = nn.Conv2d(in_channels=in_channels, out_channels=out_channels, kernel_size=3, stride=stride, padding=1, bias=False)
        self.bn1=nn.BatchNorm2d(out_channels)
        self.relu=nn.ReLU()
        self.conv2 = nn.Conv2d(out_channels, out_channels, kernel_size=3, stride=1,
                    padding=1,bias=False)
        self.bn2=nn.BatchNorm2d(out_channels)
        self.downsample=downsample
    def forward(self,x):
        identity=x
        if self.downsample is not None:
            #如果下采样函数存在，则对残差分支进行下采样，保证主路径和残差分支的输出维度一致
            identity=self.downsample(identity)
        conv1_out=self.relu(self.bn1(self.conv1(x)))#卷积、批量归一化、激活
        conv2_out=self.bn2(self.conv2(conv1_out))
```

```python
            #卷积、批量归一化,激活函数要加上残差分支后再使用
    out_add=conv2_out+identity           #卷积输出加上残差分支的输入

    out=self.relu(out_add)               #激活

    return out

class BasicBlock2(nn.Module):
    expansion=4  #在50层以上的结构中,需要利用大小为1×1的卷积核进行升维,升维后的倍数是4倍
    def __init__(self,in_channels,out_channels,stride=1,downsample=None):
        super(BasicBlock2,self).__init__()
        self.conv1=nn.Conv2d(in_channels,out_channels,kernel_size=1,
                stride=1,bias=False)
        self.bn1=nn.BatchNorm2d(out_channels)
        self.relu=nn.ReLU()

        self.conv2=nn.Conv2d(out_channels,out_channels,kernel_size=3,stride=stride,padding=1,bias=False)
        self.bn2=nn.BatchNorm2d(out_channels)

        self.conv3=nn.Conv2d(out_channels,out_channels,kernel_size=1,stride=1,padding=1,bias=False)
        self.bn3=nn.BatchNorm2d(out_channels*self.expansion)
        self.downsample=downsample       #残差下采样

    def forward(self,x):
        identity=x                       #保留残差分支
        if self.downsample is not None:
            identity=self.downsample(identity)

        #连续的卷积操作
        conv1_out=self.relu(self.bn1(self.conv1(x)))
        conv2_out=self.relu(self.bn2(self.conv2(conv1_out)))
        conv3_out=self.bn3(self.conv3(conv2_out))
```

```python
        out_add=conv3_out+identity          #残差相加

        out=self.relu(out_add)

        return out

class ResNet(nn.Module):
    def __init__(self,block,block_num,num_classes=1000,include_top=True):
        #include_top 是为了搭建其他网络时使用,表示是否包含全连接层并用于分类任务。当 include_top=False 时,模型的输出是卷积特征,没有分类器(通常用于迁移学习等任务)
        super(ResNet,self).__init__()
        self.include_top=include_top
        self.in_channels=64                  # 先经过一个初始卷积,卷积
                                             #  后特征层通道数都是 64

        #初始一个下采样卷积
        self.conv1=nn.Conv2d(3,out_channels=self.in_channels,kernel_size=7,stride=2,padding=3,bias=False)
        #(x-k+2p+1)/s+1,padding=3,使得图片的输出尺寸刚好为原来的一半。其中,x 是输入特征图的大小,k 是卷积核大小,p 是填充,s 是步长
        self.bn1=nn.BatchNorm2d(self.in_channels)
        self.relu=nn.ReLU()
        # padding=1,使得输出尺寸为原来的一半,默认 dilation=1 时,最大池化的计算公式为(h+2p-k)/s+1,h 是输入特征图的高度和宽度
        self.max_pool=nn.MaxPool2d(3,stride=2,padding=1)

        self.layer1=self._make_layer(block,64,block_num[0])
        #因为 stride=2,所以从第二层开始,对输入的特征图进行下采样
        self.layer2 = self._make_layer(block,128,block_num[1],stride=2)
        self.layer3 = self._make_layer(block,256,block_num[2],stride=2)
        self.layer4 = self._make_layer(block,512,block_num[3],stride=2)
```

```python
        if self.include_top:
            #通过平均池化下采样,无论特征层的宽和高如何,输出都是1×1
            self.avgpool=nn.AdaptiveAvgPool2d((1,1))
                                                    # output size=(1,1)
            #线性网络,得到分类
            self.fc=nn.Linear(512*block.expansion,num_classes)

        #初始化操作
        for m in self.modules():
            if isinstance(m,nn.Conv2d):
                nn.init.kaiming_normal_(m.weight,mode='fan_out',nonlinearity='relu')

    def forward(self,x):
        x=self.relu(self.bn1(self.conv1(x)))    #经过一个初始卷积
        x=self.max_pool(x)
        x=self.layer1(x)
        x=self.layer2(x)
        x=self.layer3(x)
        x=self.layer4(x)

        if self.include_top:
            x=self.avgpool(x)
            x=torch.flatten(x,1)
            x=self.fc(x)

        return x

    #生成一个层,一层有多个基本残差块,数量由block_num控制
    def _make_layer(self,block,channels,block_num,stride=1):
        # channels:残差结构中第一层的卷积核的通道数
        downsample=None
        if stride!=1 or self.in_channels!=channels*block.expansion:
            #下采样,通道数变换并且通过stride调整尺寸
            downsample=nn.Sequential(
```

```python
            nn.Conv2d(self.in_channels,channels*block.expansion,kernel_size=1,stride=stride,bias=False),
                    nn.BatchNorm2d(channels*block.expansion)
                )
        layers=[]
        #第一层可能会下采样
        layers.append(block(self.in_channels,channels,downsample=downsample,stride=stride))
                #对于52层以上的网络,经过某些特定层的卷积操作时,通道数会扩展为当前通道数的4倍,然后在后续层通过操作逐步恢复为原来的通道数。这是为了增强网络的学习能力,同时保持计算的效率
        self.in_channels=channels*block.expansion

        for _ in range(1,block_num):
            layers.append(block(self.in_channels,channels))

        returnnn.Sequential(*layers)

#构建18层的ResNet
def resnet18(num_classes=1000,include_top=True):
    return ResNet(BasicBlock,[2,2,2,2],num_classes=num_classes,include_top=include_top)

def resnet34(num_classes=1000,include_top=True):
    return ResNet(BasicBlock,[3,4,6,3],num_classes=num_classes,include_top=include_top)

#可用于构建50层、101层和152层的ResNet
#对于resnet50,输入列表为:[3,4,6,3]
#对于resnet101,输入列表为:[3,4,23,3]
#对于resnet152,输入列表为:[3,8,36,3]
def resnet101(num_classes=1000,include_top=True):
     return ResNet(BasicBlock2,[3,4,23,3],num_classes=num_classes,include_top=include_top)

if __name__=="__main__":
    net=resnet34()
    test=torch.rand((1,3,214,214))
```

```
        out=net(test)
        print(out.shape)
#训练以及验证模型
        print('[epoch %d]train_loss:%.3f  val_accuracy:%.3f'%
        (epoch+1,running_loss / train_step,val_accurate))
        ifval_accurate>best_acc:
            best_acc=val_accurate
            torch.save(net.state_dict(),save_path)
        print("finished training")
        #得到最终的两个指标
#预测花朵的类型
        print_res="class:{}  prob:{:.3}".format(cls_index[str(cls)],
                            pre[cls].numpy())
        plt.title(print_res)#将结果作为图片的标题
        fori in range(len(pre)):
            print("class:{:10} prob:{:.3}".format(cls_index[str(i)],
                            pre[i].numpy()))
        plt.show()
        #最终花朵的类型会出现在图片的上方
```

将花朵的特征数据输入训练好的模型,就可以预测出花朵的类型。ResNet 输出结果如图 6-7 所示。从图 6-7 可以看到,预测结果为向日葵。

图 6-7　ResNet 输出结果

通过在 ImageNet 数据集上的实验,ResNet-50 展示了其在图像分类任务中的卓越性能。残差块的引入使得 ResNet 能够有效地训练深层网络,解决了梯度消失和梯度爆炸问题,并在多个计算机视觉任务中取得了显著的成功。ResNet 的成功不仅推动了深度学习技术的发展,也为实际应用中的图像处理任务提供了强有力的工具。

6.3 视觉方向的应用

计算机视觉的研究最早可以追溯到 20 世纪 60 年代，最初的目标是让计算机能够像人类一样理解和解释图像。然而，早期的计算机视觉系统主要依赖于手工设计的特征和规则，如边缘检测、形状分析和纹理特征等，这些方法在处理简单的视觉任务时取得了一些成功，但在处理复杂的视觉任务时显得力不从心。神经网络的引入给计算机视觉带来了新的希望。尽管早期的神经网络（如感知机）在处理简单的分类任务时表现良好，但由于计算能力和数据集规模的限制，这些模型在处理复杂的视觉任务时表现不佳。20 世纪 90 年代，随着更深的多层感知机（MLP）和卷积神经网络（CNN）的提出，计算机视觉中的神经网络研究逐渐深入。

6.3.1 物体检测

1. 应用背景

物体检测的应用背景可以追溯到传统计算机视觉中基于滑动窗口和手工特征的检测方法。然而，这些早期方法在处理复杂场景时效率低下，且精度有限。随着深度学习的兴起，神经网络特别是卷积神经网络在图像处理任务中表现出色，物体检测的研究因此进入了一个全新阶段。

在物体检测中，神经网络通过直接从数据中学习特征，不再依赖于手工设计的特征提取器，从而大大提升了检测的准确性和效率。这使得物体检测广泛应用于自动驾驶、安防监控、医疗影像分析等多个领域。

2. 核心概念与联系

核心概念与联系分别从物体检测所必需的四个方面进行介绍：

1）边界框（Bounding Box）：物体检测的关键任务之一是为每个检测到的物体生成一个边界框，用来确定物体在图像中的位置。每个边界框通常用四个参数表示：左上角的坐标和右下角的坐标，或者中心点坐标和宽高。

2）交并比（Intersection over Union，IoU）：IoU 是用于评估物体检测模型性能的一个重要指标，表示预测的边界框与真实边界框的重叠程度。IoU 越高，说明检测越准确。

3）锚框（Anchor Box）：锚框是预定义的边界框，用于处理物体检测任务中的多尺度问题。它们在网络的不同位置和尺度上生成，并与实际检测的物体边界框进行匹配。

4）非极大值抑制（Non-Maximum Suppression，NMS）：NMS 是一种后处理算法，用于在检测过程中移除重叠较大的冗余框，只保留最高置信度的边界框，从而提高检测的准确性。

3. 模型

下面主要介绍两种主流的检测模型：R-CNN 系列和 YOLO 系列。

（1）R-CNN 系列

R-CNN 是最早将卷积神经网络应用于物体检测的模型，它首先生成候选区域，然后使用卷积神经网络进行分类和边界框回归，模型精度高，但是处理速度慢。因此进行了改进，通过共享卷积层来加速处理，并引入兴趣区域池化（RoI Pooling）层，减少了冗余计算，就形成了 Fast R-CNN。再到后来引入区域提议网络（RPN），大幅提升了检测速度和精度。

（2）YOLO 系列

You Only Look Once（YOLO）是一种单阶段物体检测器。YOLO 将物体检测问题转化为一个回归问题，直接预测边界框和类别。由于其端到端的设计，YOLO 在实时性上表现出色，适合需要快速响应的应用。YOLOv2、YOLOv3、YOLOv4 引入了多尺度检测和更深的网络结构，提高了精度，YOLOv5、YOLOv6 对网络架构和训练策略进行改进，提升了推理速度，现在已经发展到了 YOLOv10，推理速度和精度都得到了大幅度的提升。

4. 应用场景

物体检测在日常生活中应用广泛，物体检测技术在零售与商业领域用于自动库存管理、结账系统等，通过识别商品并自动计价，提高运营效率；在医学影像中用于自动检测和标记病灶，如肿瘤检测、器官识别等，提高了诊断的效率和准确性。

物体检测在工业生产以及高端技术的研究上也发挥重要作用。例如，在自动驾驶领域中，物体检测是自动驾驶中的核心技术之一，车辆需要实时检测周围环境中的各种物体，如行人、车辆、交通标志等，以实现安全驾驶；在安防监控领域中，物体检测用于识别和追踪可疑人物、车辆等，提升公共场所的安全性；在发展火热的无人机和机器人领域中，物体检测技术使得无人机和机器人能够在复杂环境中进行自主导航和操作，广泛应用于物流、农业、军事等场景。

神经网络在物体检测中的应用不仅推动了计算机视觉领域的发展，也为诸多实际应用场景提供了关键技术支持。通过理解核心算法原理，熟悉典型应用场景，并利用好工具资源，开发者和研究人员可以更好地设计、训练和应用物体检测模型。

6.3.2 图像分割

图像分割任务传统上依赖于手工设计的特征提取和规则，但这些方法往往对图像的复杂性和变化性缺乏足够的鲁棒性。随着神经网络的发展，特别是深度学习的广泛应用，图像分割任务迎来了新的突破。神经网络能够从大量数据中自动学习特征，并结合端到端的训练方式，大大提高了图像分割的精度和效率。

1. 图像分割模型

全卷积网络（FCN）：FCN 是第一个将卷积神经网络用于端到端语义分割的模型。通过使用反卷积层，将特征图上采样回原始图像的分辨率，从而实现像素级的分割。FCN 的提出标志着神经网络在图像分割领域的广泛应用。

U-Net：U-Net 最初是为生物医学图像分割设计的，后来广泛应用于各种图像分割任务。U-Net 采用了一种 U 形结构，通过在网络的编码部分和解码部分之间建立跳跃连接，将高分辨率的特征图与低分辨率的特征图结合，从而提高分割精度。U-Net 特别适合处理小样本数据集。

2. 图像分割的应用场景

图像分割在医学领域发挥了重要的作用，比如在医学影像中，图像分割可以用于精确分割肿瘤边界，辅助医生进行诊断和治疗，还可以用于自动识别和分割 CT 或 MRI 图像中的器官，如心脏、肺、肝脏等。

图像分割在自动驾驶和卫星影像分析上也有广泛的应用。自动驾驶中，图像分割用于识别道路、车道线、人行横道等关键区域,帮助车辆在复杂环境中前进。障碍物检测中,图像分割用于识别和区分道路上的不同障碍物。遥感与卫星影像分析中,图像分割用于从卫星图像中分割出不同类型的地物,如森林、农田、城市等,帮助进一步分析土地利用情况。

3. 工具资源推荐

PyTorch:PyTorch 是深度学习研究和开发的主要框架之一,广泛应用于图像分割任务。

TensorFlow/Keras:TensorFlow 和 Keras 也常用于图像分割任务,拥有丰富的工具和社区支持。

Segmentation Models:这是一个基于 Keras 和 TensorFlow 的库,提供了多种预训练的图像分割模型,如 U-Net、LinkNet、FPN、PSPNet 等。

神经网络在图像分割中的应用极大地推动了计算机视觉的进步,带来了更高的精度和更广泛的应用场景。通过理解核心算法原理,熟悉典型应用场景,并利用好工具资源,开发者和研究人员能够更好地设计、训练和应用图像分割模型,在多个领域实现创新和突破。

6.3.3 目标追踪

目标追踪在许多实际应用中具有重要意义,如自动驾驶中的行人和车辆追踪、安防监控中的人群行为分析、运动分析中的运动员轨迹追踪等。传统的目标追踪方法通常依赖于特征匹配和滤波器,而神经网络尤其是卷积神经网络和循环神经网络的引入,使得目标追踪能够处理更加复杂和动态的场景。

目标追踪与其他计算机视觉任务息息相关,物体检测和图像分割可以看成目标追踪的基础,通常需要先进行目标检测,确定相关目标后,再利用追踪算法进行追踪,并持续跟踪目标位置。目标追踪对实时性的要求很高,所以实时性追踪的精度和速度则作为评价指标。

1. 核心算法

在目标追踪任务中,神经网络的核心算法包括 MOSSE、孪生网络、卷积神经网络和长短期记忆网络(Long Short-Term Memory,LSTM)等。

1)MOSSE 是早期的相关滤波器算法,可以用来进行快速的目标跟踪,特别是在目标位置变化较小的情况下,MOSSE 计算简单、速度较快,因此可以在跟踪过程中更新目标模板。后来在 MOSSE 的基础上引入了核方法,增强了对非线性特征的处理能力。

2)孪生网络(Siamese Network)主要算法包括 SiamFC、SiamRPN、SiamMask,使用共享权重的双分支网络,分别输入目标模板和当前帧图像的候选区域,通过相似性度量进行匹配,实现目标定位。

3)卷积神经网络是一种深度学习模型,核心思想是通过卷积、池化和全连接层来实现图像特征的提取和抽象。

4)LSTM 是一种特殊的循环神经网络,旨在解决标准循环神经网络中由于长序列依赖性而导致的梯度消失和梯度爆炸问题。LSTM 通过引入门控机制来控制信息的流动,从而更好地捕捉长期依赖性。

2. 应用场景

目标追踪在社会安全以及人工智能方面发挥了重要作用。

1)监控系统和无人驾驶:通过摄像头实时追踪特定对象,追踪路上车辆、行人等动态目标,辅助自动驾驶决策。

2）智能视频分析：在体育赛事分析、智能商店等场景中，可以对动态目标进行实时分析和统计。在机器人路径规划中，目标追踪用于动态环境中的避障和目标定位。

3. 工具资源

OpenCV：一个开源计算机视觉库，支持多种目标追踪算法，如 KCF、MOSSE、CSRT 等，适合入门和快速开发原型。

PyTorch：PyTorch 是一个广泛使用的深度学习框架，适合实现基于神经网络的目标追踪算法。

TensorFlow：TensorFlow 及其高阶 API Keras 提供了实现目标追踪算法的丰富工具，支持训练和部署深度学习模型。

目标追踪模型种类多样，各有优劣。传统的目标追踪方法速度快、资源需求低，但在复杂场景下表现有限。深度学习模型则具有更高的准确性和鲁棒性，特别适用于复杂和动态环境。根据具体应用需求，可以选择不同的模型或组合不同的技术，以实现最佳的目标追踪效果。

6.4 本章小结

GoogLeNet 和 ResNet 不仅在图像分类任务中表现优异，还对目标检测、图像分割和目标追踪等计算机视觉任务产生了深远影响。它们的成功应用推动了智能视觉系统的发展，并为实现更复杂和多样化的视觉任务奠定了基础。

通过 GoogLeNet 和 ResNet，深度卷积神经网络展示了在处理大规模图像数据中的强大能力和广泛应用前景，进一步推动了计算机视觉领域的研究和实际应用。

6.5 习题

1. 解释 GoogLeNet 的 Inception 模块的设计理念以及它如何处理多尺度的图像特征。
2. 描述 ResNet 中残差块如何解决深度学习模型中的梯度消失问题。描述在 CNN 架构中使用最大池化层的概念和益处。
3. 描述 GoogLeNet 和 ResNet 模型的主要区别和各自的优势。
4. 解释为何 GoogLeNet 选择在网络中加入辅助分类器，以及其对模型训练有何影响。
5. 分析 GoogLeNet 在实际图像分类任务中取得的成功，并讨论其创新点如何影响了后续的深度学习模型设计。
6. 描述 ResNet 网络中"捷径连接"的概念及其在残差块中的作用。
7. 基于 ResNet 结构，解释模型如何进行深度学习而不引起显著的性能下降或训练困难。
8. 针对一个具体的图像分类任务设计并实现一个 ResNet 模型，记录训练过程和结果，并分析影响模型性能的关键因素。

第3篇
自然语言处理篇

自然语言处理（NLP）在深度学习中扮演着至关重要的角色。数据量的增长与芯片技术的迅猛进步，为深度学习技术的发展奠定了坚实的基础。处于这样的发展背景之下，作为深度学习技术的一个重要分支，自然语言处理技术在理解和生成自然语言方面的性能有了显著的提升。传统的语言处理方法在面对复杂的语义和上下文关系时往往显得力不从心，而深度学习模型，特别是神经网络模型，如循环神经网络（RNN）、长短期记忆网络（LSTM）、Transformer 及其变体，显著提升了文本分类、情感分析、机器翻译和对话系统等任务的性能。这些技术的进步使得计算机能够更好地处理语言中的语法、语义和上下文信息，从而推动了智能助手、自动翻译和信息检索等应用的广泛发展。

本篇将系统地探讨在自然语言处理领域中，深度学习模型的多种应用和技术细节。首先，第 7 章将概述语言模型的基本概念，包括 N-gram 模型、词嵌入和神经网络语言模型（NNLM），分析它们的优缺点及应用场景。接着，第 8 章将重点介绍 word2vec 模型，详述其架构、反向传播法、优化算法及实际应用。第 9 章将深入讲解循环神经网络及其变体 LSTM 和 GRU，重点探讨其结构、应用及在序列数据处理中的优势。第 10 章将介绍 Transformer 模型及其在序列到序列（Seq2Seq）任务中的应用，深入分析自注意力机制和编码器-解码器架构。第 11 章将讨论位置编码在 Transformer 中的重要性及其实现方式，并介绍其在模型训练中的应用。最后，第 12 章将探讨预训练模型，如 ELMo、GPT 和 BERT，分析它们的结构、任务和在各种自然语言处理任务中的应用。本篇旨在为读者提供全面的自然语言处理技术视角，从而使读者理解深度学习在这一领域的应用和发展。

第 7 章

语言模型

7.1 语言模型概述

何为语言模型?维基百科中给出的定义是"语言模型是一个自然语言中的词语概率分布模型,例如提供一个长度为 n 的词序列 $w_1,w_2,\cdots,w_n$,计算这些词的概率 $P(w_1,w_2,\cdots,w_n)$。通过语言模型,可以确定哪个词语出现的可能性更大,或者通过若干上文语境词来预测下一个最可能出现的词语。"简而言之,语言模型能够评估相同单词构成句子序列的概率。不同的单词排列会导致不同的概率,而概率最高的序列通常是最符合自然语言规律的。

例如,对于语句 A"猫坐在垫子上"和语句 B"坐猫在垫子上"。虽然两个句子使用了相同的词汇,显然语句 A 更符合中文的句子结构,更加通顺。语言模型的目的就是计算两个句子出现的概率结果,鉴于语句 A 更符合正常的语句逻辑,则对其赋予更高的概率。词序列的概率公式可以写成

$$P(s) = P(w_1,w_2,\cdots,w_n) \tag{7-1}$$

要计算式(7-1),需要应用概率论中的链式法则(Chain Rule)。在事件之间存在相关性的情况下,联合概率可以通过条件概率式(7-2)计算得到,有

$$P(w_1,w_2,\cdots,w_n) = P(w_1) \cdot P(w_2 \mid w_1) \cdot P(w_3 \mid w_1,w_2) \cdots P(w_n \mid w_1,w_2,\cdots,w_{n-1}) \tag{7-2}$$

式(7-2)中的独立条件概率可以通过统计语料库中的词语组合频率(词频)来计算得到。然而,这种方法存在一个问题:如果分析的句子很长,那么需要计算的词组也将变得很长,而在实际的语料库中,大部分这样的长词组是不存在的,这就造成了数据的严重稀疏性问题。就会出现概率为 0 的情况,因此整个概率计算就出现了问题。

【例 7-1】 例如,"我喜欢吃螺蛳粉和牛肉饭以及臭豆腐"。这么长的句子在各种文献中都出现的概率很低,难道这句话不符合人类语言的习惯吗?显然不是,但是这会被上述计算方式的语言模型判断概率为 0,显然是不合理的。因此可以得到这样的一个结论,当前方法只能对语料库中出现的句子进行概率的计算,这种方式难以泛化到未出现过的句子上。

因此,为了解决这一问题,采用了马尔可夫假设作为缓解措施。马尔可夫假设认为,在计算特定的条件概率时,只需要考虑一定数量的紧邻前置词;一个词的出现仅由其之前的一定数目的词所影响。该假设降低了观测和计算所需的词组合量,极大地简化了问题的复杂度,并为语言模型引入了 N-gram 模型。

7.2 N-gram 语言模型

7.2.1 N-gram 语言模型简介

N-gram 模型是一种基于统计的语言模型,它将连续的单词或符号序列视为 N 个字符的组合。N 通常是一个较小的整数,常见的取值范围为 1~4。在 N-gram 模型中,每个单词或符号序列被划分为长度为 N 的连续子序列,这些子序列被称为 N-gram。换句话说,就是通过将当前词出现概率关联长度降低至 N,从而减缓统计语言模型难以对未出现句子进行泛化这一问题。

7.2.2 N-gram 语言模型的评估词序列

式(7-2)展示了传统的任意序列概率计算方式,一句话的概率被视为构成该句的各个单词概率的乘积。然而,正如上文提到的数据稀疏性问题,可引入马尔可夫假设,设计模型时仅考虑当前词与其近邻单词的相关性,这种方法与人类的语言直觉更为吻合。通常情况下,这个邻近词语的范围设置不会超过 5 个单词。对于一个句子中的词序列 $w_1, w_2, \cdots, w_n$,N-gram 模型的概率可以用式(7-3)来表示,即

$$P(w_1, w_2, \cdots, w_n) = \prod_{i=1}^{n} P(w_i \mid w_{i-(N-1)}, \cdots, w_{i-1}) \tag{7-3}$$

在 N-gram 模型中,一句话中每个单词出现的概率是根据它之前 $N-1$ 个单词的序列来估计的。$P(w_1, w_2, \cdots, w_n)$ 表示一个由 n 个单词组成的句子的概率。$w_1, w_2, \cdots, w_n$ 分别是句子中的第 1 个单词到第 n 个单词。$P(w_i \mid w_{i-(N-1)}, \cdots, w_{i-1})$ 表示在给定一个单词之前的 $N-1$ 个单词(即它的直接上文)时,这个单词出现的条件概率。对于每个单词 w_i(从句子的第一个单词开始一直到最后一个单词),计算该单词出现的条件概率,并将所有条件概率相乘得到整个句子的概率。换句话说,N-gram 模型假设一个单词出现的概率仅与它之前的 $N-1$ 个单词有关,式(7-3)就是基于这一假设来计算一个特定句子出现的概率的。这里的 N 是模型的参数,代表选择的 "N-gram" 的 "N"。例如,如果 $N=2$,那就是一个 2-gram(Bigram)模型,每个单词出现的概率只依赖于它前面的一个单词。如果 $N=3$,那就是一个 3-gram(Trigram)模型,每个单词的出现概率依赖于它前面的两个单词,以此类推。通过式(7-3),N-gram 模型能够利用简单的概率规则来构建复杂的语言模型。当 N 取 1,2,3 时,N-gram 模型的概率计算公式分别为

$$P(w_1, w_2, \cdots, w_n) = \prod_{i=1}^{n} P(w_i) \tag{7-4}$$

$$P(w_1, w_2, \cdots, w_n) = \prod_{i=1}^{n} P(w_i \mid w_{i-1}) \tag{7-5}$$

$$P(w_1, w_2, \cdots, w_n) = \prod_{i=1}^{n} P(w_i \mid w_{i-2}, w_{i-1}) \tag{7-6}$$

$\cdots$

7.2.3 N-gram 语言模型的平滑操作

在实际预测过程中,仍然存在一些词组在语料库中没有出现的情况。为此,N-gram 模

型通常采用一种称为平滑（Smoothing）或拉普拉斯平滑（Laplace Smoothing）的技术来解决语料库中不存在的词组合问题。平滑的核心理念是对于那些在语料库中未出现过的词组合，赋予它们一个微小的概率值而非零概率，以此来防止在计算联合概率时遇到零概率的问题。

拉普拉斯平滑是最简单的平滑方法，它通过在所有可能的词组合计数上加1来实现，对于 Bigram 模型来说，计算加一平滑的条件概率的公式为

$$P_{\text{Laplace}}(w_i \mid w_{i-1}) = \frac{C(w_{i-1}, w_i) + 1}{C(w_{i-1}) + V} \tag{7-7}$$

式中，$C(w_{i-1}, w_i)$ 表示在语料库中词 w_{i-1} 和词 w_i 连续出现的次数，$C(w_{i-1})$ 表示词 w_{i-1} 在语料库中出现的次数；V 是语料库中不同词的总数，即词汇表的大小。通过这种方法，即使某个词组合在训练集中没有出现，也可以赋予它一个非零的概率，从而使模型能够处理那些在训练阶段未观察到的词组合，V 则用来控制概率和为1。然而这种方式一定程度上会降低原本存在组合的置信度。

【例 7-2】 N-gram 平滑操作计算示例。

表 7-1 为原始统计数据，统计的是语料库中不同单词出现的频次。

表 7-1 原始统计数据

I	want	to	eat	Chinese	food	lunch	spend
2533	927	2417	746	158	1093	341	278

表 7-2 为 Bigram 统计数据。

表 7-2 Bigram 统计数据

统计数据	I	want	to	eat	Chinese	food	lunch	spend
I	5	827	0	9	0	0	0	2
want	2	0	608	1	6	6	5	1
to	2	0	4	686	2	0	6	211
eat	0	0	2	0	16	2	42	0
Chinese	1	0	0	0	0	82	1	0
food	15	0	15	0	1	4	0	0
lunch	2	0	0	0	0	1	0	0
spend	1	0	1	0	0	0	0	0

表 7-2 中，行索引表示词序列的开始，列索引为结束。如第二行第三列的取值为827，表示"I want"在语料库中出现了827次。表 7-3 为 Bigram 统计数据概率计算结果。

表 7-3 Bigram 统计数据概率计算结果

	I	want	to	eat	Chinese	food	lunch	spend
I	0.002	0.33	0	0.0036	0	0	0	0.00079
want	0.0022	0	0.66	0.0011	0.0065	0.0065	0.0054	0.0011
to	0.00083	0	0.0017	0.28	0.00083	0	0.0025	0.087
eat	0	0	0.0027	0	0.021	0.0027	0.056	0
Chinese	0.0063	0	0	0	0	0.52	0.0063	0
food	0.014	0	0.014	0	0.00092	0.0037	0	0
lunch	0.0059	0	0	0	0	0.0029	0	0
spend	0.0036	0	0.0036	0	0	0	0	0

表 7-4 为 Bigram 统计数据加 1 后的数据。

表 7-4 Bigram 统计数据加 1 后的数据

	I	want	to	eat	Chinese	food	lunch	spend
I	6	828	1	10	1	1	1	3
want	3	1	609	2	3	7	6	2
to	3	1	5	687	3	1	7	212
eat	1	1	3	1	17	3	43	1
Chinese	2	1	1	1	1	83	2	1
food	16	1	16	1	2	5	1	1
lunch	3	1	1	1	1	2	1	1
spend	2	1	2	1	1	1	1	1

表 7-5 为使用拉普拉斯平滑得到的概率计算结果。

表 7-5 拉普拉斯平滑后的概率计算结果

	I	want	to	eat	Chinese	food	lunch	spend
I	0.0015	0.21	0.00025	0.0025	0.00025	0.00025	0.00025	0.00075
want	0.0013	0.00042	0.26	0.00084	0.0029	0.0029	0.0025	0.00084
to	0.00078	0.00026	0.0013	0.18	0.00078	0.00026	0.0018	0.055
eat	0.00046	0.00046	0.0014	0.00046	0.0078	0.0014	0.02	0.00046
Chinese	0.0012	0.00062	0.00062	0.00062	0.00062	0.052	0.0012	0.00062
food	0.0063	0.00039	0.0063	0.00039	0.00079	0.002	0.00039	0.00039
lunch	0.0017	0.00056	0.00056	0.00056	0.00056	0.0011	0.00056	0.00056
spend	0.0012	0.00058	0.0012	0.00058	0.00058	0.00058	0.00058	0.00058

通过对比表 7-3 和表 7-5 可知，拉普拉斯平滑会对频繁出现的词组合的概率产生负面影响，这可能会导致模型的性能下降。因此，为了更精细地平衡未知词组合的概率与已知词组合的概率，插值（Interpolation）技术被提出。

插值技术的思想是组合不同阶的 N-gram 模型来预测词的概率，即同时考虑 Unigram($N=1$)、Bigram($N=2$)、Trigram($N=3$) 等模型的信息。这样做的好处是，即使一个特定的 N-gram 没有在训练集中出现，模型仍然可以利用低阶 N-gram 给出一个概率估计。

假设使用 Bigram 和 Unigram 进行插值，那么条件概率计算公式为

$$P_{\text{Interpolation}}(w_i \mid w_{i-1}) = \lambda\, P_{\text{Bigram}}(w_i \mid w_{i-1}) + (1-\lambda)\, P_{\text{Unigram}}(w_i) \qquad (7\text{-}8)$$

式中，$P_{\text{Bigram}}(w_i \mid w_{i-1})$ 是 Bigram 模型中，词 w_i 在已知前一个词 w_{i-1} 的条件下出现的条件概率；$P_{\text{Unigram}}(w_i)$ 是 Unigram 模型中词 w_i 出现的概率；λ 是一个介于 0~1 之间的参数，用于平衡 Bigram 和 Unigram 的概率估计。通过调节参数 λ，可以控制模型在未知词组合和已知词组合之间的平衡。

7.2.4　N-gram 语言模型的应用

在早期的谷歌翻译中，N-gram 模型可以用于构建翻译词典，提供快速的翻译查询服务。它还能对翻译结果进行评估和筛选，从而提高翻译质量。利用 N-gram 统计源语言和目标语言中相邻的一系列 N 个项（通常是单词或字符）概率，可以有效地估计翻译短语的概率，从而优化翻译输出。

在信息检索任务中，N-gram 模型可以用于扩展搜索关键词，提高搜索结果的准确性和全面性。输入法的自动联想功能也应用了同样的逻辑。

在语音识别任务中，N-gram 模型用于对语音信号进行特征提取和分类。通过对语音信号的频谱特征进行统计学习，N-gram 模型可以显著提高语音识别的准确性和鲁棒性。它帮助识别连续语音流中的常见词组，减少识别错误。

在文本分类任务中，N-gram 模型通过对文本中的词汇进行统计和概率计算，可以将句子或文本转化为特征向量，进而输入机器学习算法中进行分类。

7.2.5　N-gram 语言模型的缺点

N-gram 语言模型基于极大似然估计，具备扎实的数学理论支撑，并且实现起来比较直观，与此同时，窗口大小的设定也符合人类语言的逻辑，具备非常强的直观可解释性。但是，也存在一些局限性。

N-gram 语言模型的局限性主要来源于统计模型的假设，将所有单词孤立对待，只考虑其出现次数，忽略了单词的深层次信息语义关系和文本的真实语境。例如，"The boy is riding a bicycle in the park."和"The girl is riding a bike in the park."，即使在训练语料中看到了很多类似于第一个句子的句子，但没有类似于第二个句子的句子，人类仍然可以从"boy"和"girl"、"bicycle"和"bike"之间的相似性推测出第二个句子的可能性。这是因为这两个句子在结构上非常相似，只是使用了不同的词汇。然而，N-gram 模型无法捕捉到这种推理能力，因为它只能根据前面的 N 个词来计算概率，无法理解词汇之间的语义关系。因此，在语料库不足的情况下，N-gram 模型可能会给第二个句子赋予很低的概率。

7.3 词嵌入

词嵌入（Word Embedding）是一种在自然语言处理中广泛使用的表示方法，它将离散的词汇表中的每个词转换为连续向量空间中的稠密向量。简而言之，就是将词进行向量化操作，使其能够被机器学习算法处理。通过词嵌入表示，期望这些向量能够包含足够多的信息，从而提升算法在不变条件下的整体性能。就像日常生活中的身份证 ID 能够包含一个人的多种信息，词嵌入也希望能够在一个向量中表达足够多的词语信息，以便计算机根据需求进行数据处理。

在语音识别领域，将音频序列转换为向量作为模型的输入；在图像处理领域，通过像素值构成的矩阵作为模型的输入。语音和图像都具备自然的向量化条件，可以通过不同的度量方式判断相似性。然而，语言并不具备天然的向量化条件，因此词嵌入在自然语言处理领域具有极其重要的现实意义。通过词嵌入，将语言数据转化为向量，使得语言处理能够像处理音频和图像一样进行有效的计算和分析。

但是，文本不能像图像一样通过底层特征进行直接向量化，即无法通过拼接单一特征形成整体结构。分析文本特征时需要考虑上下文关系，不能孤立地看待不同的词元素，这导致无法准确提取特征语义，进而可能导致模型预测结果产生巨大的偏差。现阶段，常用的词嵌入表示方法可以分为离散分布表示和分布式表示两大类。

7.3.1 离散分布表示

传统的基于统计的自然语言处理方法将单词看成一个原子符号，这种表示方法被称为独热编码。在离散分布表示中最主要的方式就是独热编码，将每个单词表示为一个稀疏向量的方法，其中向量的长度等于词汇表中的单词数量，除了表示单词的索引处为 1，向量中的其他元素都是 0。这样做的好处是可以将单词表示为一个固定长度的向量，使得它们可以被统计模型轻松地处理。离散分布表示可以依靠矩阵迅速计算得到结果，本身具备良好的可解释性，利于人工归纳与特征表示。独热编码见表 7-6。

表 7-6 独热编码

	cat	dog	the	is	on	under	table	walks
cat	1	0	0	0	0	0	0	0
dog	0	1	0	0	0	0	0	0
the	0	0	1	0	0	0	0	0
is	0	0	0	1	0	0	0	0
on	0	0	0	0	1	0	0	0
under	0	0	0	0	0	1	0	0
table	0	0	0	0	0	0	1	0
walks	0	0	0	0	0	0	0	1

在表 7-6 中，使用独热向量对单词进行编码，对于独热编码中的每个向量，只有一个元素是 1，其余都是 0，因此每个单词都可以在向量空间中被唯一地表示。这使得模型能够区分不同的单词，并将它们当作特征来预测下一个单词或者进行其他类型的自然语言处理任务。

虽然独热编码提供了一种简单而有效的方法来表示单词，但它也存在一些问题。例如，当词汇表非常大时，独热编码会导致生成非常稀疏的向量，这不仅增加了存储和计算的复杂性，还容易造成维度灾难。这种独立看待每个单词的编码方式，在向量层面上使得各个单词之间无法进行有效的相似性衡量。例如，在文本中，"The boy is riding a bicycle in the park."和"The girl is riding a bike in the park."这两句话在相同的语境下，独热编码无法表达出"bicycle"和"bike"之间的相似度，也不能体现"boy"和"girl"这两个词在特定语境中的相关性。因此，独热编码在捕捉词与词之间的语义关系方面存在局限性，迫切需要更有效的词嵌入技术来解决这一问题。

7.3.2 分布式表示

分布式表示是一种将词转换为固定长度的连续稠密向量的技术。这种表示方式允许在向量空间中为词之间定义"距离"概念，从而能够在向量中封装更丰富的信息。其核心价值在于实现强大的语义表示能力，使得各种复杂的语义能够在同一个向量空间中得到表达。理想的文本语义表示应具备几个关键特性：

首先，它能够在一个统一的空间内表达多样化且复杂的语义信息，使得各种词语和概念之间的关系得以准确反映。例如，在一个分布式表示的向量空间中，"国王"（king）和"女王"（queen）之间的距离会非常接近，而"国王"和"汽车"（car）之间的距离则会相对较远，这反映了它们在语义上的关系。

其次，分布式表示可以简化学习任务。通过直观的向量表示，降低后续学习任务的难度，减少对复杂人工特征工程的依赖，从而简化模型的构建和训练过程。例如，在文本分类任务中，使用分布式表示后，模型能够直接处理这些向量，而不需要手动提取特征，提升了效率。

最后，分布式表示具有普适性，确保所提出的语义表示在不同的数据集和应用场景下均可有效工作，展现出广泛的适用性。例如，word2vec 或 GloVe 等技术生成的词向量可以在情感分析、机器翻译等多种任务中应用，且表现出良好的效果。这些特性使得分布式表示成为自然语言处理和机器学习领域的重要工具，能够更好地捕捉和利用语言的丰富语义信息。

7.4 神经网络语言模型（NNLM）

7.4.1 NNLM 简介

基于深度学习的神经网络语言模型（Neural Network Language Model，NNLM）改变了传统的独热编码方法，使用神经网络来学习能够反映单词语义特征的分布式表示，即词嵌入表示。NNLM 代表了自然语言处理领域的一次重大进步。这一概念最初由 Yoshua Bengio 教授及其团队在 2003 年发表的里程碑论文 *A Neural Probabilistic Language Model* 中提出。NNLM 利用神经网络引入了分布式表示的思想，即每个单词用实值向量表示，从而更好地捕捉词与词之间的微妙关系和语义信息。

在词嵌入过程中，主要目的是将单词映射到一个线性空间中，在这个空间中，具有相似语义的两个单词会被映射到空间中的两个点更接近一些。在这个表示中，每个单词都被表示为一个实数向量，这个向量被称为单词的特征向量或词嵌入向量。通过这种方式，模型可以更好地理解单词之间的语义关系，而 NNLM 的副产物就是词向量。

7.4.2 NNLM 的输入

从整体结构来看，NNLM 通过输入前文的单词序列来预测后文单词的概率。具体而言，输入部分是由单词构成的序列，神经网络通过这个序列实现多分类任务，预测下一个词的概率，并将最大概率的单词作为预测结果。在具体的训练过程中，前文句子中的所有单词会被转换成独热编码形式。输入的单词序列 $w_1, \cdots, w_T$ 中，每个单词 w_t 都属于一个大但有限的词汇集 V。输入部分是整个单词序列的独热编码表示，即将每个单词表示为一个词汇表大小的向量，其中只有单词对应的索引位置为 1，其他位置都为 0。这个独热编码序列被送入神经网络进行处理，以学习单词之间的语义关系和上下文之间的依赖关系。

【例 7-3】 假设有一个词汇表 V，包含以下单词：
$$V = \{\text{The}, \text{cat}, \text{is}, \text{chasing}, \text{the}, \text{dog}\}$$

现在有一个句子"The cat is chasing"，可以将这个句子表示为一个单词序列 $w_1, w_2, \cdots, w_T$，其中 T 是句子中的单词数量。在这里，$T = 4$，句子中的单词有：
$$w_1 = \text{The}, w_2 = \text{cat}, w_3 = \text{is}, w_4 = \text{chasing}$$

然后，可以将每个单词表示为词汇表大小的独热编码向量。例如，假设使用词汇表中单词的索引顺序作为编码，那么"cat"的独热编码向量如下所示：
$$\text{"cat"} = (0, 1, 0, 0, 0, 0)$$

在这个向量中，第二个元素为 1，表示"cat"在词汇表中的索引位置为 2。同样地，可以将"The cat is chasing"这个单词序列进行独热编码，作为 NNLM 的输入。这些独热编码向量被送入神经网络进行处理。通过不断地反复迭代训练，期望模型在预测"the"这个单词时，会呈现出最大的概率值。通过这种方式，神经网络逐步学习单词之间的语义关系和上下文之间的依赖关系，从而能够更准确地预测下一个单词的概率分布。

7.4.3 编码信息转换

上文中明确了 NNLM 的输入为独热编码，即所有单词初始阶段为离散分布表示，然而 NNLM 却是会生成分布式表示的语言模型。具体编码信息转换主要是依托于输入的独热编码和编码矩阵相乘，将原始的独热编码表示转换为一个连续的、低维度的实数向量。具体的流程通过下面的实例进行展示。

【例 7-4】 假设有一个简单的词汇表，其中包含 4 个单词 {apple, banana, cat, dog}。利用独热编码技术对词汇表进行编码。独热编码矩阵 X 的形状是 (4, 4)，因为有 4 个单词，每个单词用四维的独热编码表示。

$$X = \begin{pmatrix} 1 & 0 & 0 & 0 \\ 0 & 1 & 0 & 0 \\ 0 & 0 & 1 & 0 \\ 0 & 0 & 0 & 1 \end{pmatrix}$$

矩阵 X 中的每一行表示不同单词的编码信息,"banana"的独热编码为

$$x_2 = (0 \quad 1 \quad 0 \quad 0)$$

假设编码矩阵 C 的形状是 $(4, n)$,具体编码矩阵的维度可按需设定,假设 $n=4$,则

$$C = \begin{pmatrix} c_{11} & c_{12} & c_{13} & c_{14} \\ c_{21} & c_{22} & c_{23} & c_{24} \\ c_{31} & c_{32} & c_{33} & c_{34} \\ c_{41} & c_{42} & c_{43} & c_{44} \end{pmatrix}$$

那么将 x_2 与 C 相乘的结果将是矩阵 C 中的第二行:

$$x_2 \times C = (0 \quad 1 \quad 0 \quad 0) \times \begin{pmatrix} c_{11} & c_{12} & c_{13} & c_{14} \\ c_{21} & c_{22} & c_{23} & c_{24} \\ c_{31} & c_{32} & c_{33} & c_{34} \\ c_{41} & c_{42} & c_{43} & c_{44} \end{pmatrix} = (c_{21} \quad c_{22} \quad c_{23} \quad c_{24})$$

通过将每个单词的独热编码与编码矩阵相乘,可以获得编码矩阵中的对应行,这便是此单词的词嵌入表示(或简称"嵌入"),词嵌入表示随后作为当前单词在神经网络中的特征向量,用于执行分类任务。例如,编码矩阵 C 的第二行可以视为单词"banana"的词嵌入表示,即期望得到的分布式表示。

NNLM 本质上是一种多分类任务,旨在对词汇表中的每个单词进行分类预测,最终输出目标单词的预测概率。通过神经网络不断地迭代训练,模型参数会不断调整,同时编码矩阵中的词向量也在不断丰富自身对词汇语义的理解。这种方式提升了词向量的信息表达能力,从而提高了模型的预测性能。

7.4.4 模型细节详述

在明确了模型的具体输入信息后,NNLM 的基本思想就是利用一个前向神经网络来拟合一个可以输出文本序列条件概率的函数。因此,模型本身也是简单的三重结构层级,输入层、隐藏层和输出层。NNLM 整体架构图如图 7-1 所示。从图 7-1 中可以看到,输入有 w_{t-1}~$w_{t-(n-1)}$ 共 $n-1$ 个单词,即 w_t 出现之前的单词。C 矩阵的索引信息和输入信息一致,为上文中描述的编码矩阵信息。

首先,通过 w 的索引获得句子序列的独热编码,在模型的输入层,完成了独热编码到分布式表示的操作,即独热编码和编码矩阵 C 相乘得到不同单词的特征向量表示。输入层的结果 x 为

$$x = (C(w_{t-(n-1)}), \cdots, C(w_{t-1})) \tag{7-9}$$

为了保留词序信息,将全部特征向量按照句子顺序拼接,最后送入激活函数进行非线性映射,即图 7-1 中的 tanh,得

$$\tanh(d + Hx) \tag{7-10}$$

式中，向量 d 为偏置和权重矩阵 H 共同定义了一组线性特征转换。值得一提的是，图 7-1 中的灰色虚线代表残差连接（Residual Connection），这样做的优势主要是有效缓解梯度消失问题，通过直接将输入信息传递到更深的层，使梯度能够更有效地传递到浅层网络，改善训练效果。NNLM 中，当前阶段操作的实质目的是将句子经过非线性映射后的特征与原始特征信息进行合并，通过残差操作避免模型遗忘重要信息而影响模型性能，故此保留原始特征信息至网络下一层，因此模型的结果计算方式为

$$y = b + Wx + U\tanh(d + Hx) \tag{7-11}$$

注意，输入句子向量 x 是对全部单词嵌入表示的串联拼接向量，目的是保留输入的顺序信息，进而提高下游分类任务的性能。

NNLM 的训练数据由大规模文本语料库组成。经过训练后，所得的语言模型可以使用前面的词序列 $w_{t-(n-1)}, \cdots, w_{t-2}, w_{t-1}$ 来预测下一词 w_t 的出现概率。NNLM 的主要计算量集中在隐藏层的运算和 tanh 函数的计算，以及最终的预测结果计算。这些计算步骤共同作用，确保模型能够高效地学习和预测文本序列中的单词出现概率。

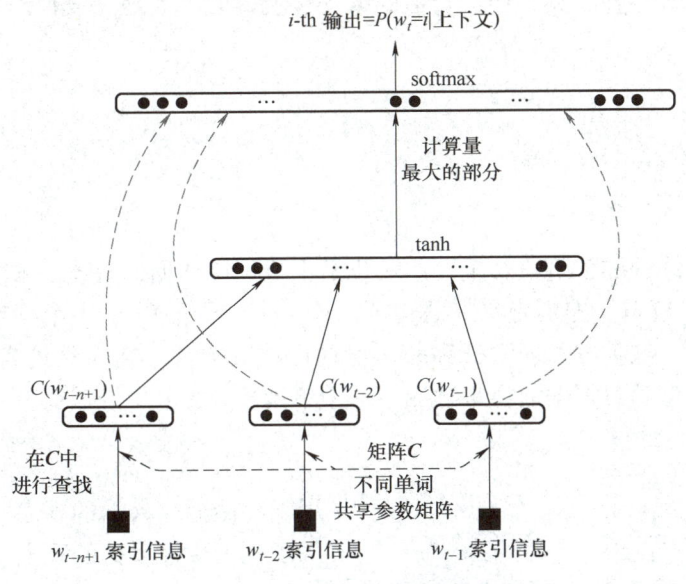

图 7-1　NNLM 整体架构图

7.4.5　NNLM 的缺点

NNLM 相较于传统的统计语言模型，在捕捉单词间语义关系方面有显著提升。然而，NNLM 仍存在一些显著缺陷。

首先，NNLM 的一个主要缺点是计算开销大。在训练过程中，NNLM 需要大量的计算资源。特别是当模型涉及大规模的词汇表时，由于参数数量庞大，训练变得既耗时又需要依赖于高性能的硬件资源。其次，训练 NNLM 具有一定难度。由于神经网络的复杂性，模型在训练过程中可能会面临梯度消失或梯度爆炸的问题。同时，由于参数众多，这增加了训练过程的复杂性。另外，NNLM 对数据的要求也很高，只能处理固定长度的文本序列。为了训练出一个表现良好的模型，需要大量训练数据进行大面积的处理。这都为当前的性能造成了一

定程度的限制，而词向量作为网络结构的附属品，显然对语义提取并不全面，也成了该模型的硬伤。

尽管如此，NNLM 为自然语言处理领域的确带来了重大的进步。但是，上述问题在很大程度上限制了模型的应用潜力，在后续的研究中，不同学者也给出了不同的解决方式。

7.5 NNLM 的应用

NNLM 主要通过前文内容去实现一个词汇表的多分类任务，本节将通过 PyTorch 实现的 NNLM 示例逐步分解代码，理解其背后的逻辑，并介绍如何利用 NNLM 来预测文本序列中下一个单词的概率分布。

7.5.1 数据预处理和批量生成

构建任何代码项目的前提是准备好必要的工具，也就是导入相应的编程包。就像建筑工人在施工前要准备好各种工具一样，合适的编程包能助力高效地完成代码建设。本章节使用的编程包如下：

```python
import torch
import torch.nn as nn
import torch.optim as optim
```

在神经网络训练的准备阶段，重要的一步是生成训练数据的批次。本实例中使用 make_batch 函数执行这一任务：遍历定义好的句子，将每个句子的前 n-1 个词作为输入，最后一个词作为目标输出。这种方式通常被称为"滑动窗口"方法，在自然语言处理中非常常见。通过这种方式，模型学习根据前文来预测下一个单词。

```python
def make_batch():
    input_batch=[]              # 用于存储输入数据的列表
    target_batch=[]             # 用于存储目标数据的列表
    # 定义一个函数用于生成训练数据的批量
    # 遍历句子,对每个句子进行处理
    sentences=["i like dog","i love coffee","i hate milk"]
    for sen in sentences:       # 采用全局变量,则函数不需要使用较多数值
        word=sen.split()
        input=[word_dict[n]for n in word[:-1]]
                                # 创建输入数据(句子中的前 n-1 个词)
        target=word_dict[word[-1]]
        input_batch.append(input)
        target_batch.append(target)
    return input_batch,target_batch
```

7.5.2 模型结构定义

在这部分代码中，定义了 NNLM 的结构。模型利用 nn.Embedding 层将单词索引转换为稠密向量，即词嵌入（Word Embeddings）。这个向量随后通过线性层和非线性激活函数 tanh 进行处理，最终使用另一个线性层输出预测的词汇分布。

值得注意的是，nn.Embedding 层不再像传统网络一样采用输入数据的维度作为输入的维度，该层的第一个参数 n_class 是词汇表的维度，第二个参数 m 是嵌入向量的维度。其索引方式也不是独热编码，而是通过索引信息直接获取。

```python
class NNLM(nn.Module):
    def __init__(self):
        super(NNLM,self).__init__()
        self.C=nn.Embedding(n_class,m)         # 嵌入层
        self.H=nn.Linear(n_step*m,n_hidden,bias=False)
                                               # 隐藏层的线性变换,无偏置
        self.d=nn.Parameter(torch.ones(n_hidden))
                                               # 偏置 d
        self.U=nn.Linear(n_hidden,n_class,bias=False)
                                               # 输出层的线性变换 U,无偏置
        self.W=nn.Linear(n_step*m,n_class,bias=False)
                                               # 直接连接输入和输出的线性
                                               #   变换 W,无偏置
        self.b=nn.Parameter(torch.ones(n_class))
                                               # 输出层的偏置
    def forward(self,X):
        X=self.C(X)
        X=X.view(-1,n_step*m)
        tanh=torch.tanh(self.d+self.H(X))
        output=self.b+self.W(X)+self.U(tanh)
        return output
```

上述代码实现的内容和式（7-11）一致。模型进行正向传播，从而对最终结果进行预测。

7.5.3 模型参数和超参数

在模型训练之前设定模型的参数和超参数是至关重要的。n_step 表示输入句子中考虑的单词数量（在本例中为前 n-1 个），即上文单词长度，n_hidden 表示隐藏层神经元个数，m 表示嵌入向量的维度。

```
n_step=2
n_hidden=2
m=2
```

7.5.4 模型训练

模型的训练过程包括正向传播、计算损失、反向传播和参数。下面代码中,选用的损失函数是交叉熵损失(CrossEntropyLoss),优化器采用的是 Adam 算法。通过多次迭代,模型的参数逐渐调整以最小化损失函数。

```
if __name__=='__main__':
    #准备训练数据
    sentences=["i like dog","i love coffee","i hate milk"]
    #构建词典
    word_list=" ".join(sentences).split()         # 所有词汇
    word_list=list(set(word_list))                 # 去重
    word_dict={w:i for i,w in enumerate(word_list)}
                                                    # 词到索引的映射
    number_dict={i:w for i,w in enumerate(word_list)}
                                                    # 索引到词的映射
    n_class=len(word_dict)                          # 词汇量
    #创建模型
    model=NNLM()
    #定义损失函数和优化器
    criterion=nn.CrossEntropyLoss()
    optimizer=optim.Adam(model.parameters(),lr=0.001)
    #生成批量数据
    input_batch,target_batch=make_batch()
    input_batch=torch.LongTensor(input_batch)
    target_batch=torch.LongTensor(target_batch)
    #训练过程
    for epoch inrange(5000):
        optimizer.zero_grad()                       # 清空梯度
        output=model(input_batch)                   # 正向传播
        loss=criterion(output,target_batch)         # 计算损失
        loss.backward()                             # 反向传播
        optimizer.step()                            # 更新参数
    #预测
```

```
predict=model(input_batch).data.max(1,keepdim=True)[1]
#测试结果
print([sen.split()[:2]for sen in sentences],'->',[number_dict
[n.item()]for n in predict.squeeze()])
```

运行结果如下：

```
[['i','like'],['i','love'],['i','hate']]->['dog','coffee','milk']
```

训练完成后，利用训练好的模型对输入句子中的下一个单词进行预测。这里，模型输出的是词汇表上每个单词的概率分布，通过选择概率最高的单词作为预测结果。

上文展示了如何使用 PyTorch 构建和训练一个基本的 NNLM，并用于处理自然语言序列数据。通过学习这个简单的例子，读者可以尝试构建自己的 NLP 模型。

7.6 本章小结

本章深入探讨了两种核心的自然语言处理技术：传统的基于统计的 N-gram 语言模型和基于深度学习技术的 NNLM。这两种技术标志着自然语言处理领域的重要发展阶段和方法论变革。

N-gram 模型作为早期面世的语言模型，基于统计原理工作。它通过量化在语料库中出现的词序列频率，预测文本中下一个词的概率。尽管实现简便且直观，但是由于其对上下文依赖的固定窗口大小限制，很难捕捉较长距离的词间依赖，限制了 N-gram 模型处理自然语言的深度和广度。在 N-gram 模型的基础上，NNLM 引入了深度学习技术，尤其是通过隐藏层学习词汇的分布式表达——词嵌入。与 N-gram 模型相比，NNLM 不仅揭示了给定序列中前几个单词之间的复杂关联，还能通过连续空间中的词嵌入学习到词汇间的相似性。这一进步大大提升了模型捕捉语言深层关系的能力，为自然语言处理领域带来了新的视角和可能。

NNLM 和 N-gram 模型的另一个特点是词向量作为附属产物生成，同时它们在词向量生成方面也表现出色。然而，由于这些模型并非专门针对词嵌入技术，在生成方面包含的语义信息仍存在一定的局限性。这些模型主要关注的是提高语言模型的预测准确性，而非专注于捕捉词汇的深层语义关系。因此，虽然它们生成的词向量在一定程度上能够反映词汇的语义信息，但在语义表达的丰富性和准确性上仍有改进空间。下一章将介绍 word2vec 语言模型，该模型可以根据单词周围的语境信息生成更加丰富的向量表示，被广泛应用于现阶段的自然语言处理任务。

7.7 习题

1. N-gram 模型中 N 的选择如何影响模型性能？选择合适的取值应该注意哪些因素？
2. Bigram、Unigram 和 Trigram 有效性和复杂性方面有何不同？
3. N-gram 模型在应用于机器翻译等任务时，会面临哪些问题？

4. 如何使用 N-gram 模型提高嵌入表示的性能？

5. N-gram 所代表的语言模型和 NNLM 所代表的语言模型的本质区别是什么？

6. 尽管 NNLM 生成的词向量可以捕捉一定的语义信息，但它们与专门训练的词嵌入模型（如 word2vec、GloVe）相比有什么区别？在实际应用中，应该如何权衡选择？

7. 在训练 NNLM 时，语料库的大小对模型的性能有何影响？

8. NNLM 和 N-gram 模型在生成词向量时包含的语义信息有限，有哪些方法可以改进词向量的语义表达能力？

9. NNLM 的计算量主要集中在隐藏层和激活函数（如 tanh）的计算上，这对计算资源有什么要求？

10. NNLM 在处理长距离依赖关系时表现如何？有哪些方法可以改进 NNLM 在捕捉长距离依赖关系方面的能力？

第 8 章

word2vec 模型

上一章详细探讨了自然语言处理（NLP）领域中两个核心技术：基于统计的 N-gram 模型与基于深度学习的神经网络语言模型（NNLM），阐明了 N-gram 模型在处理单词时倾向于将它们视为孤立的单位（独热编码），这种方法可能忽略了单词之间在某些层面上的相似性，从而在语义理解方面有所不足。这些模型主要依赖于对统计信息的聚合。为了克服这些局限性并赋予词向量丰富的语义信息，采用深度神经网络技术。利用目标词之前的词去预测目标词本身，这种方法成功地为词向量赋予了包含语义信息的能力。虽然 NNLM 在词嵌入表示上取得了一定的成果，但也存在计算量过大、参数众多导致模型难以收敛等问题。此外，词嵌入作为 NNLM 的副产物，其语义表现能力有限，这也是该模型的一大局限性。针对这些问题，Google 的 Tomas Mikolov 对 NNLM 进行了改进，提出了 word2vec 深度学习模型，极大地加快了词向量的语义信息学习过程。

8.1　word2vec 模型简介

word2vec 是由 Google 研究团队成员 Tomas Mikolov 等人在 2013 年提出的，他们的两篇开创性论文 *Efficient Estimation of Word Representations in Vector Space* 和 *Distributed Representations of Words and Phrases and their Compositionality* 奠定了这一技术的基础。前一篇论文主要是阐述针对 NNLM 提出了一种更加精简的语言模型框架用于生成词向量，后一篇论文则是对训练中所用到的两个训练技巧——层次归一化和负采样技术进行讲解。尽管这些论文提出了重要的理论和方法，但在一些细节上并不十分清晰。为了补充这些不足，Xin Rong 发表了一篇论文，详细介绍了当前模型的具体细节，进一步解释了 word2vec 的实现和应用。

上一章提到的 NNLM 与 word2vec 的关键区别在于它们对上下文信息的处理方式。NNLM 根据前文去预测目标词，而 word2vec 则根据上下文来预测目标词。word2vec 的这种上下文处理方式可以分为两种：连续词袋（Continuous Bag of Words，CBOW）模型和 Skip-gram 模型。CBOW 模型通过输入上下文词语来预测目标词，这种方法的优点是训练速度较快，适合用于处理大规模语料库。与之相对，Skip-gram 模型则是通过输入目标词来预测上下文词语，Skip-gram 模型虽然训练速度较慢，但在处理稀疏数据和捕捉词汇关系上表现更为出色。word2vec 模型的另一个重要贡献在于引入了层次归一化（Hierarchical Softmax）和负采样（Negative Sampling）技术。层次归一化通过构建霍夫曼树来加速模型的训练过程，从而解决了传统神经网络中计算复杂度过高的问题。负采样则是通过随机采样负样本来简化模型的计算，提高训练效率。

8.2 神经网络的反向传播法

NNLM 与 word2vec 都是基于神经网络的语言模型,深入理解这些模型的具体细节信息需要依托于对神经网络反向传播的理解。本节简单回顾这一算法的思想,为下文去理解 word2vec 中不同层参数的更新提供坚实的理论铺垫。神经网络的三层结构图如图 8-1 所示。

图 8-1 为典型的三层神经网络结构,即输入层、隐藏层和输出层。神经网络的输入数据为 $\{x_k\} = \{x_1, x_2, \cdots, x_K\}$,隐藏层的输出结果为 $\{h_i\} = \{h_1, h_2, \cdots, h_N\}$,输出层的预测结果为 $\{y_j\} = \{y_1, y_2, \cdots, y_M\}$。值得注意的是,图 8-1 中的 x_k、h_i、y_j 全部为向量的分量,为了清晰起见,使用 k、i、j 作为输入层、隐藏层和输出层单元的下标,或者理解成向量分量的索引。u_i 和 u'_j 用来表示隐藏层单元和输出

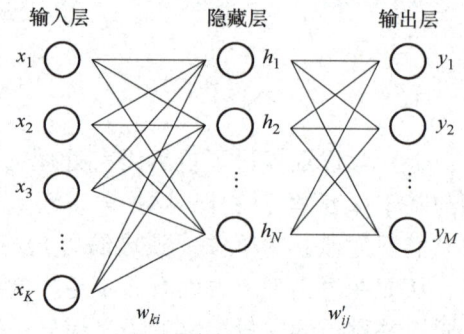

图 8-1 三层神经网络的结构图

层单元的净输入,与之相匹配的 h_i、y_j 为激活后的结果。w_{ki} 为输入层和隐藏层之间的权重,w'_{ij} 为隐藏层和输出层之间的权重。激活函数为 Sigmoid 函数。因此,对于隐藏层中的每个神经元的输出结果 h_i 可写成

$$h_i = \sigma(u_i) = \sigma\left(\sum_{k=1}^{K} w_{ki} x_k\right) \tag{8-1}$$

类似地,y_j 在输出层的计算可以被写成

$$y_j = \sigma(u'_j) = \sigma\left(\sum_{i=1}^{N} w'_{ij} h_i\right) \tag{8-2}$$

模型对输入信息进行预测,利用损失函数比较预测结果和真实标签,从而判断模型和预期之间的差异,计算梯度信息从而调整模型参数。损失函数为平方和误差函数,即

$$E(\boldsymbol{x}, \boldsymbol{t}, \boldsymbol{W}, \boldsymbol{W}') = \frac{1}{2} \sum_{j=1}^{M} (y_j - t_j)^2 \tag{8-3}$$

从式 (8-3) 可以直观地看到,损失函数是关于 $\boldsymbol{x}$、$\boldsymbol{t}$、$\boldsymbol{W}$、$\boldsymbol{W}'$ 的函数,$\boldsymbol{x}$ 为输入向量,x_k 为向量的分量,$\boldsymbol{t}$ 为模型要预测的真实标签。由于模型要预测的结果和真实标签一一对应,因此 $\boldsymbol{y}$ 和 $\boldsymbol{t}$ 的维度均为输出层神经元个数 M。式 (8-3) 本质上就是模型预测的结果与真实标签的差异平方和,从而可以用来衡量模型的准确程度。y_j 是神经网络利用输入信息 $\boldsymbol{x}$ 得到的输出层中第 j 个神经元的计算结果。

首先,更新隐藏层到输出层的权重矩阵 $\boldsymbol{W}'$,即修改 w'_{ij} 的取值。根据梯度下降算法需计算梯度信息 $\frac{\partial E}{\partial w'_{ij}}$,$w'_{ij}$ 和 h_i 计算得到 u'_j,u'_j 通过激活函数得到 y_j,因此链式顺序为 w'_{ij}、u'_j、y_j、E,可得

$$\frac{\partial E}{\partial w'_{ij}} = \frac{\partial E}{\partial y_j} \cdot \frac{\partial y_j}{\partial u'_j} \cdot \frac{\partial u'_j}{\partial w'_{ij}} \tag{8-4}$$

式（8-5）为 $\frac{\partial E}{\partial y_j}$ 部分的计算结果，可以看出损失函数对 y_j 进行偏导数计算，故其余项不包含 y_j 即为常数项，导数结果为 0。因此，从损失函数的角度看，$\frac{\partial E}{\partial y_j}$ 部分仅需使用 $\partial \frac{1}{2}(y_j - t_j)^2$ 来进行计算即可：

$$\frac{\partial E}{\partial y_j} = \frac{\partial \frac{1}{2}\sum_{j=1}^{M}(y_j - t_j)^2}{\partial y_j} = \frac{\partial \frac{1}{2}(y_j - t_j)^2}{\partial y_j} = y_j - t_j \tag{8-5}$$

在计算式（8-4）中的 $\frac{\partial y_j}{\partial u'_j}$ 部分时，可以发现 u'_j 到 y_j 的过程由式（8-2）计算得到。简而言之，输入数据被激活函数操作实现非线性映射。那么 $\frac{\partial y_j}{\partial u'_j}$ 的部分即为计算激活函数部分的偏导数。由于 Sigmoid 函数的特性，激活函数的求导结果为

$$\begin{cases} S(x) = \text{Sigmoid}(x) = \frac{1}{1+e^{-x}} \\ S'(x) = -\frac{-e^{-x}}{(1+e^{-x})^2} = \frac{e^{-x}}{(1+e^{-x})^2} = \frac{e^{-x}}{1+e^{-x}} \cdot \frac{1}{1+e^{-x}} = \left(1 - \frac{1}{1+e^{-x}}\right) \cdot \frac{1}{1+e^{-x}} \end{cases} \tag{8-6}$$

将式（8-6）中 x 导数的计算结果取值替换成 y_j，可得

$$\frac{\partial y_j}{\partial u'_j} = \frac{\partial \sigma(u'_j)}{\partial u'_j} = \frac{\partial \frac{1}{1+e^{-u'_j}}}{\partial u'_j} = \left(1 - \frac{1}{1+e^{-u'_j}}\right) \cdot \frac{1}{1+e^{-u'_j}} = y_j \cdot (1 - y_j) \tag{8-7}$$

为了后续表述简便，将 $\frac{\partial E}{\partial y_j} \cdot \frac{\partial y_j}{\partial u'_j}$ 定义为

$$\frac{\partial E}{\partial y_j} \cdot \frac{\partial y_j}{\partial u'_j} := \text{EI}'_j \tag{8-8}$$

式（8-4）中，最右侧部分 $\frac{\partial u'_j}{\partial w'_{ij}}$ 的导数结果为 h_i，因此 $\frac{\partial E}{\partial w'_{ij}}$ 的计算结果为

$$\frac{\partial E}{\partial w'_{ij}} = \text{EI}'_j \cdot h_i \tag{8-9}$$

神经网络的隐藏层梯度影响如图 8-2 所示。从图 8-2 中可以看到，w'_{ij} 权重的变化只会影响到输出层第 j 个神经元 y_j 的结果。

换言之，在最终的损失函数部分，w'_{ij} 的计算仅仅构成了损失函数的第 j 项，所以计算梯度过程中，其他项的偏导数都为 0。最终隐藏层到输出层的梯度信息计算公式为

$$\frac{\partial E}{\partial w'_{ij}} = \frac{\partial \frac{1}{2}\sum_{j=1}^{M}(y_j - t_j)^2}{\partial w'_{ij}} = \frac{\partial \frac{1}{2}(y_j - t_j)^2}{\partial w'_{ij}} \tag{8-10}$$

全此，获得了更新 $\boldsymbol{W}'$ 所需的梯度信息，式（8-11）利用得到的梯度信息对权重系数进行更新，所采用的学习率 $\eta > 0$，有

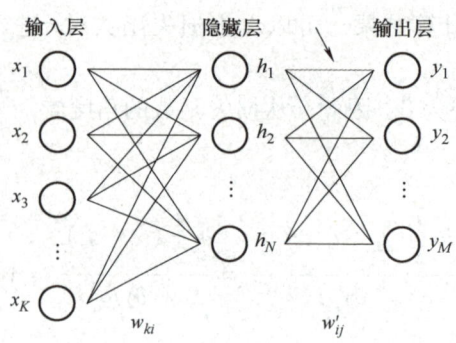

图 8-2　神经网络的隐藏层梯度影响

$$w'^{(\text{new})}_{ij} = w'^{(\text{old})}_{ij} - \eta \cdot \frac{\partial E}{\partial w'_{ij}} = w'^{(\text{old})}_{ij} - \eta \cdot \text{EI}'_j \cdot h_i \tag{8-11}$$

接下来，对输入层到隐藏层的权重 w_{ki} 进行更新，根据链式法则可得

$$\frac{\partial E}{\partial w_{ki}} = \frac{\partial E}{\partial y_j} \cdot \frac{\partial y_j}{\partial u'_j} \cdot \frac{\partial u'_j}{\partial h_i} \cdot \frac{\partial h_i}{\partial u_i} \cdot \frac{\partial u_i}{\partial w_{ki}} \tag{8-12}$$

在计算输入层到隐藏层的梯度信息时，和式（8-10）不同的地方为损失函数不再从某一个神经元的损失 $\partial \frac{1}{2}(y_j - t_j)^2$ 出发，而是通过损失函数 $\partial \frac{1}{2}\sum_{j=1}^{M}(y_j - t_j)^2$ 的整体来计算 $\frac{\partial E}{\partial w_{ki}}$ 的梯度信息。接下来分成两部分解释导致这一差异的实际原因。首先从公式层面上来说，权重 w_{ki} 和输入信息 x_k 共同计算得到了隐藏层神经元 h_i 的结果，即 w_{ki} 仅影响了 h_i，但是 h_i 通过和不同的 w'_{ij} 计算影响了全部 y_j 的预测，因此预测过程中每一个 y_j 由 h_i 所构成，即每一个 y_j 为 h_i 的复合函数。损失函数由全部 y_j 构成，因此损失函数可以写成一个关于 y_1，y_2，…，y_M 的函数，在计算 h_i 对损失函数的影响时，通过对复合函数求偏导的链式法则，即可得

$$\frac{\partial E}{\partial h_i} = \frac{\partial E}{\partial y_1} \cdot \frac{\partial y_1}{\partial u'_j} \cdot \frac{\partial u'_j}{\partial h_i} + \frac{\partial E}{\partial y_2} \cdot \frac{\partial y_2}{\partial u'_j} \cdot \frac{\partial u'_j}{\partial h_i} + \cdots + \frac{\partial E}{\partial y_M} \cdot \frac{\partial y_M}{\partial u'_j} \cdot \frac{\partial u'_j}{\partial h_i} = \sum_{j=1}^{M} \frac{\partial E}{\partial y_j} \cdot \frac{\partial y_j}{\partial u'_j} \cdot \frac{\partial u'_j}{\partial h_i} \tag{8-13}$$

神经网络的输入层梯度影响如图 8-3 所示。从图 8-3 中可以看到，w_{ki} 权重的变化会影响到隐藏层中第 i 个神经元的输出，即通过 h_i 影响 u'_j。与此同时，再次通过隐藏层到输出层的神经元连接，将变化作用到了全部的输出层结果 y_1，y_2，…，y_M 中，因此 w_{ki} 的变化会导致输出层的每个神经元结果都会发生变化，进而影响整体的损失结果。故此计算输入层到隐藏层的梯度信息时，就要评估当前参数对预测结果的多个偏导数结果，从而评估对整体损失的影响，不能仅仅考虑单一神经元。

式（8-8）将 $\frac{\partial E}{\partial y_j} \cdot \frac{\partial y_j}{\partial u'_j}$ 定义为 EI'_j，因此在计算输入层到隐藏层的梯度信息时，式（8-13）可以改写成

$$\frac{\partial E}{\partial h_i} = \sum_{j=1}^{M} \frac{\partial E}{\partial y_j} \cdot \frac{\partial y_j}{\partial u'_j} \cdot \frac{\partial u'_j}{\partial h_i} = \sum_{j=1}^{M} \text{EI}'_j \cdot \frac{\partial u'_j}{\partial h_i} = \sum_{j=1}^{M} \text{EI}'_j \cdot w'_{ij} \tag{8-14}$$

计算 $\frac{\partial h_i}{\partial u_i}$ 的过程和上文中 $\frac{\partial y_j}{\partial u'_j}$ 的计算一致，同为对输入结果进行激活的过程，式（8-15）

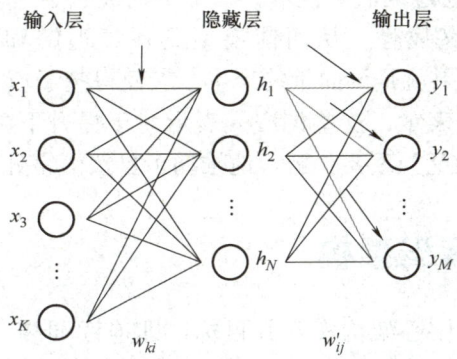

图 8-3 神经网络的输入层梯度影响

为损失函数对 u_i 的计算过程，即

$$\frac{\partial E}{\partial u_i} = \sum_{j=1}^{M} \frac{\partial E}{\partial y_j} \cdot \frac{\partial y_j}{\partial u'_j} \cdot \frac{\partial u'_j}{\partial h_i} \cdot \frac{\partial h_i}{\partial u_i} = \sum_{j=1}^{M} \mathrm{EI}'_j \cdot w'_{ij} \cdot h_i(1-h_i) := \mathrm{EI}_i \tag{8-15}$$

为了便于表达，将式（8-15）定义为 EI_i，最终的导数公式为

$$\frac{\partial E}{\partial w_{ki}} = \sum_{j=1}^{M} \frac{\partial E}{\partial y_j} \cdot \frac{\partial y_j}{\partial u'_j} \cdot \frac{\partial u'_j}{\partial h_i} \cdot \frac{\partial h_i}{\partial u_i} \cdot \frac{\partial u_i}{\partial w_{ki}} = \mathrm{EI}_i \cdot x_k \tag{8-16}$$

式（8-17）利用输入层到隐藏层的权重矩阵 **W** 的梯度信息，通过反向传播算法更新权重矩阵信息，从而实现参数的更新，优化模型整体性能，有

$$w_{ki}^{(\mathrm{new})} = w_{ki}^{(\mathrm{old})} - \eta \cdot \frac{\partial E}{\partial w_{ki}} = w_{ki}^{(\mathrm{old})} - \eta \cdot \mathrm{EI}_i \cdot x_k \tag{8-17}$$

8.3　word2vec 模型和神经网络

在初高中的数学课程中，"函数"这一概念得到了详细阐释，旨在使学生理解世界上存在着确定的、客观的规律，正如函数所展示出的模式一样。可以将函数理解为生活中电饭锅的工作方式：仅需向电饭锅中投入大米（即输入 x），便能在不必了解其内部复杂机制的情况下自动获得米饭（即输出 y）。这一过程恰似"电饭锅"这一"函数"所呈现的特定转换功能。

同样地，在数学中讨论函数时，譬如表达式 $y = x^2$，当设定 x 为 3，y 的值自然确定为 9。这清晰地展示了函数具备的将输入值进行平方处理的"功能"，体现了将输入与输出关联的作用。

现代神经网络凭借其复杂的多层构造和非线性激活函数，能够模拟和拟合多样的函数模式。这些网络因此能够执行多种多样的任务。神经网络构建的语言模型本质上也体现了函数的概念，通常表示为 $y = f(x)$，其中，上下文词汇作为输入 x，目标输出作为 y。在这个模型中，f 代表"语言模型"，旨在预测文本中缺失的单词，仿佛是在进行一场完形填空练习。通过不断的训练，这个模型的预测能力不断增强。

在自然语言处理领域中，单词是人类对世界认知的符号性总结，存在着多样的形式，如中文、英文和拉丁文等。为使这些符号能够被数学模型处理，需要将它们转化成数值形态，这一过程称为"词嵌入"。通过词嵌入技术，每个单词被赋予一个数值向量，这些向量能捕捉词语间的复杂关系与语义属性，从而使模型具备了理解和生成人类语言的能力。而word2vec 技术的一个重要成果就是词向量的产生，它使得基于填空游戏的训练过程能够生成具有丰富语义信息的词嵌入表示，这些词嵌入表示对于提升下游任务（如文本分类、情感分析和机器翻译等）的性能至关重要，极大地推动了自然语言处理技术的发展。

8.4 word2vec 模型架构

word2vec 模型通过两种核心架构实现其目标，即连续词袋（CBOW）和 Skip-gram。在 CBOW 架构中，模型基于目标单词周围的上下文词汇去预测目标单词，即依靠上下文预测中心词。相反，在 Skip-gram 架构中，模型基于目标单词去预测该词周边的单词，即依靠中心词预测该词的上下文。这两种方法核心都依赖于一个神经网络，其隐藏层的权重矩阵充当了词向量的角色。训练过程中，这些权重通过最小化预测单词与实际单词之间的误差而不断调整。随着训练的深入，word2vec 使得每个单词都获得一个唯一的、信息丰富的向量表示，这些向量能够精准地映射出单词间复杂的语义和语法联系。word2vec 模型架构如图 8-4 所示。

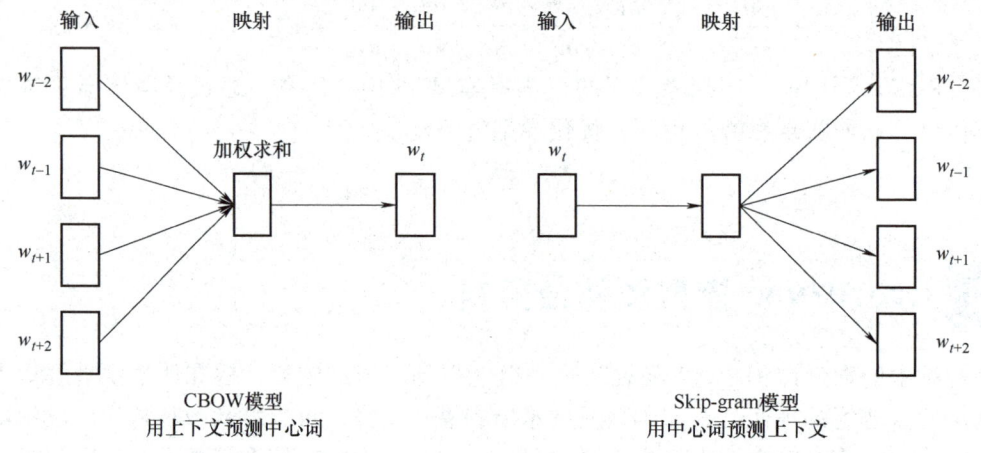

图 8-4 word2vec 模型架构

在图 8-4 中，左侧展示的是 CBOW 模型。CBOW 的基本思想就是利用上下文去预测中心词。比如，对于一段文字 w_{t-2}，w_{t-1}，w_t，w_{t+1}，w_{t+2}，$\cdots$，CBOW 会设置一个参数作为窗口大小，假设取窗口大小为 5，则会从一段文字中选择窗口大小内的上下文 $C_t = (w_{t-2}, w_{t-1}, w_{t+1}, w_{t+2})$ 去预测 t 时刻的词 w_t。同理，与之相反的操作为 Skip-gram 模型。

8.4.1 简易 CBOW 架构

首先从 CBOW 模型的最简单版本进行讲解，梳理整体的标识符以及运算逻辑。CBOW 模型为全连接的网络架构，假设每个上下文中只考虑一个词，这意味着模型将根据一个上下文词预测一个目标词。即可以理解成通过输入"苹"这个词（即上下文词）来预测目标词"果"。简易 CBOW 结构图如图 8-5 所示。

模型的输入信息是一个长度为 V 的独热编码，之所以长度为 V 是因为模型输入和词汇表

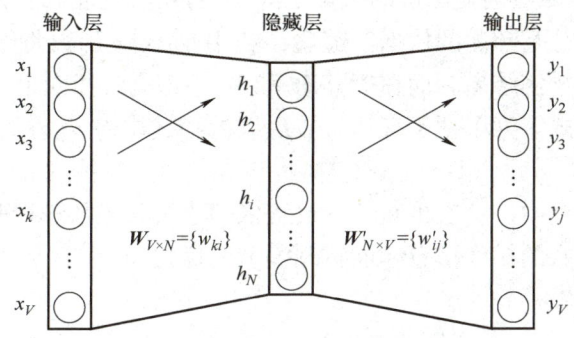

图 8-5 简易 CBOW 结构图

的长度一致才能互相映射，即通过"苹"在词汇表中的索引信息映射进而得到其独热编码，作为模型的输入信息。如果通过 $\{x_1, x_2, \cdots, x_V\}$ 这个向量来表示"苹"的独热编码信息，"苹"在词汇表中的索引值为 k，那么在这个"苹"的独热编码中只有分量 x_k 为 1，其余的分量全部为 0。输入层到隐藏层的权重信息，通过一个大小为 $V \times N$ 的矩阵 $\boldsymbol{W}$ 进行表示。在介绍 NNLM 时已经对独热编码和权重矩阵的乘积操作进行了详解，$\boldsymbol{W}$ 矩阵中每一行实际上就代表着一个词的嵌入表示，可以通过控制 N 的取值来设定预期的词嵌入的维度。因此输入数据从输入层到隐藏层可以表示为

$$\boldsymbol{h} = \boldsymbol{W}^{\mathrm{T}} \boldsymbol{x} = \boldsymbol{W}_{(k,\cdot)}^{\mathrm{T}} := \boldsymbol{v}_{w_I}^{\mathrm{T}} \tag{8-18}$$

式（8-18）实际上就是将 $\boldsymbol{W}$ 矩阵中的第 k 行复制到了 $\boldsymbol{h}$ 中，后续使用 $\boldsymbol{v}_{w_I}^{\mathrm{T}}$ 来表示。即 $\boldsymbol{v}_{w_I}^{\mathrm{T}}$ 就是输入单词（input word，记作 w_I）的向量化（vector，记作 $\boldsymbol{v}$）表示。观察式（8-18），并没有像传统神经网络一样使用激活函数，因此可以将输入层到隐藏层简单地理解成只进行了加权求和的线性变换，将计算得到的输出送入隐藏层中。隐藏层到输出层中的权重信息，通过一个大小为 $N \times V$ 的矩阵 $\boldsymbol{W}'$ 进行表示。在介绍 NNLM 时，讨论了基于神经网络的语言模型本质就是按照词汇表长度进行的多分类问题。因此 $\boldsymbol{W}'$ 为 V 的维度设定主要就是在为多分类作准备。通过式（8-19）可以很容易地计算对词汇表中每个单词的得分情况 u_j，即

$$u_j = \boldsymbol{v}_{w_j}'^{\mathrm{T}} \boldsymbol{h} \tag{8-19}$$

式中，$\boldsymbol{v}_{w_j}'$ 表示权重矩阵 $\boldsymbol{W}'$ 的第 j 列。通过式（8-20）利用 softmax 对数分类模型来获取词的后验分布：

$$P(w_j | w_I) = y_j = \frac{\exp(u_j)}{\sum_{j'=1}^{V} \exp(u_{j'})} \tag{8-20}$$

式中，y_j 为模型输出层第 j 个神经元的输出。可以利用式（8-18）和式（8-19）来替换式（8-20）的 u_j 部分，即可得

$$P(w_j | w_I) = y_j = \frac{\exp(\boldsymbol{v}_{w_j}'^{\mathrm{T}} \boldsymbol{v}_{w_I})}{\sum_{j'=1}^{V} \exp(\boldsymbol{v}_{w_{j'}}'^{\mathrm{T}} \boldsymbol{v}_{w_I})} \tag{8-21}$$

到目前为止，已经完成了模型从输入到预测的传播过程。通过式（8-21）可以直观地看到，$\boldsymbol{v}_{w_I}$ 是利用输入单词索引信息得到的独热编码和权重矩阵 $\boldsymbol{W}$ 相乘得到的输入单词的嵌入

表示，将 v_{w_1} 不断地和隐藏层到输出层的权重矩阵 W' 的列向量进行点积操作，从而得到不同的实数结果，作为模型分类预测的依据。随后，利用 softmax 函数将结果归一化，转换为一个概率分布作为模型的预测结果。而在矩阵 W 和 W' 中都有着相同单词的不同嵌入表示，即一个单词的两种表示形式。为了便于表达，在后续的描述中将 v_{w_1} 称为输入向量，将 v'_{w_j} 称为输出向量。

神经网络的反向传播中，参数更新这一过程依赖于损失函数进行驱动，因此需要知道损失函数并且计算模型参数的梯度信息才能实现模型的优化操作，word2vec 模型中，需要最大化目标单词的预测概率：

$$\begin{aligned} \max P(w_O | w_I) &= \max y_{j^*} \\ &= \max \log y_{j^*} \\ &= u_{j^*} - \log \sum_{j'=1}^{V} \exp(u_{j'}) \end{aligned} \quad (8\text{-}22)$$

式中，$\max P(w_O | w_I)$ 旨在通过输入数据来最大化目标单词的预测概率，因此可以写成 $\max y_{j^*}$，对其进行对数变换，得到 $\max \log y_{j^*}$，此变换并不影响公式的本质意义，但能够将乘法计算转换为减法计算，极大地简化了后续计算梯度过程的复杂度。通过利用对数运算的性质（商的对数等于对数的差），最终获得了式（8-22）的结果。通常情况下，损失函数会被设置为最小化目标，因此定义损失函数为 $E = -\max \log y_{j^*}$，最终得到的损失函数表达式为

$$E = -\max \log y_{j^*} = \log \sum_{j'=1}^{V} \exp(u_{j'}) - u_{j^*} \quad (8\text{-}23)$$

式中，j^* 表示给定输入 w_I（即输入单词）条件下，模型预测的期望输出 w_O（即目标单词）的索引位置。这里的 j^* 是动态变化的，因为它依赖于具体的输入信息。在传统的多分类网络中，j^* 相当于目标标签的位置（预测目标的索引信息），这是模型学习过程中需要知道的重要信息。通过不断地优化参数，使得模型可以在给定输入词之后，计算得到正确目标词的预测概率是最大的。

式（8-23）中使用的损失函数和前文中讨论反向传播的损失函数式（8-3）存在诸多不同。式（8-3）为平方和误差函数，更适用于回归任务，它计算的是所有预测值与真实值之间的平均平方差，这种机制意味着平方和误差会将模型在所有类别上的表现纳入考虑，即模型实际上计算了全部类别的概率结果 $y_1, y_2, \cdots, y_M$。而在式（8-23）中，使用的损失函数仅计算了 y_{j^*}，即真实类别的概率。换言之，式（8-23）的损失函数更关注模型对于真实类别的预测概率，但是这并不妨碍模型更新全部的参数。简易 CBOW 损失函数特例图如图 8-6 所示。从图 8-6 中可以看到，模型使用 softmax 函数作为多类分类问题的输出时，既能保证只关注真实类别的预测概率，同样也能完成对全部参数的优化任务。

明确了损失函数差异的前提下，对隐藏层到输出层的权重进行更新，按照链式顺序依次为 w'_{ij}、u_j、E。计算 $\dfrac{\partial E}{\partial w'_{ij}}$ 的梯度信息为

$$\frac{\partial E}{\partial w'_{ij}} = \frac{\partial E}{\partial u_j} \cdot \frac{\partial u_j}{\partial w'_{ij}} \quad (8\text{-}24)$$

损失函数先对第 j 个神经元的净输入求导，有

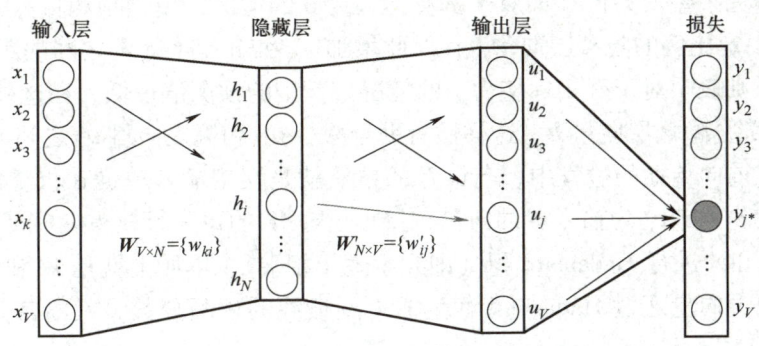

图 8-6 简易 CBOW 损失函数特例图

$$\frac{\partial E}{\partial u_j} = y_j - t_j := e_j \tag{8-25}$$

通过观察损失函数或者图 8-6 可以看到，每次输入数据不同，其损失函数会发生变化，即损失函数右侧的 j^* 发生变化。直接反映在计算导数的部分，式（8-25）中，t_j 可能是 0，也可能是 1，这主要是由 softmax 函数的特性决定的。

在利用单组数据对模型进行训练，输入一个单词去预测目标单词的概率，从而进行反向传播计算 $\frac{\partial E}{\partial u_j}$ 的梯度信息。当前 u_j 分为两种情况：一种是 $j=j^*$，即计算 $\frac{\partial E}{\partial u_{j^*}}$，这时考虑损失函数式（8-23）右侧的部分 u_{j^*}，计算得到导数为 1，此时 $t_j=1$；另一种是 $j \neq j^*$，这时损失函数式（8-23）右侧的部分 u_{j^*} 可以看作常数项，此时 $t_j=0$。而左侧部分无论 j 取何值，由于其函数特性都是 y_j。因此可以认为，式（8-25）中 t_j 的取值随着 j 的取值不同而发生变化。如果仅从导数计算结果看，同样可以认为输出层导数部分为预测结果与真实值的误差，即 $y_j - t_j := e_j$。

然后再对 w'_{ij} 的导数部分进行计算，从而最终可以写成

$$\frac{\partial E}{\partial w'_{ij}} = \frac{\partial E}{\partial u_j} \cdot \frac{\partial u_j}{\partial w'_{ij}} = e_j \cdot h_i \tag{8-26}$$

采用随机梯度下降方法即可对参数进行更新，有

$$w'^{(\text{new})}_{ij} = w'^{(\text{old})}_{ij} - \eta \cdot e_j \cdot h_i \tag{8-27}$$

式中，学习率 η 是正数，用以控制权重更新步长的大小；$e_j = y_j - t_j$ 是用来量化模型预测与真实标签之间的误差；h_i 代表隐藏层第 i 个神经元的输出。

梯度更新的核心目的是调整权重矩阵 **W'** 中的数值。这个过程可以统一地进行，如果采取相同的更新方式，可以通过按行批量更新的方法来实现。在之前的讨论中，权重矩阵 **W'** 的每一行实际上可以被看作一个单词的向量嵌入表示。因此，对权重矩阵 **W'** 参数按行更新的过程也可以被理解为对不同单词的嵌入表示进行更新。在更新 **W'** 矩阵中的单个元素时，需要依赖于隐藏层的特定元素 h_i，而进行按行更新则涉及整个向量 **h**。在模型的隐藏层到输出层的映射中，单词 w_j 的输出向量由 v'_{w_j} 来表示。因此式（8-27）可以改写成

$$v'^{(\text{new})}_{w_j} = v'^{(\text{old})}_{w_j} - \eta \cdot e_j \cdot \boldsymbol{h}, \quad j=1,2,\cdots,V \tag{8-28}$$

换一种角度理解式（8-28），$e_j = y_j - t_j$ 是用来量化模型预测与实际标签之间的误差。在这

个对比过程中,如果差值为正(即对于真实标签为 0 的情况,模型预测偏高),则意味着需要从 v'_{w_j} 中减去一定比例的隐藏层向量 h,以此增加 v'_{w_j} 和输入向量 h 之间的距离。相反,如果差值为负数,则表明对于真实标签为 1 的情况,模型的预测值过低,在这种情况下,需要向 v'_{w_O} 中添加一部分隐藏层向量 h,这样做有助于减少 v'_{w_O} 和输入向量 v_{w_I} 之间的距离。

观察网络在前向传播的过程中,向量 h 的本质就是模型输入单词在权重矩阵 W 中的一个行向量。即视作 h 或 $v_{w_I}^T$ 为输入单词向量,权重矩阵 W' 的每一行权重 v'_{w_j} 和 v'_{w_O} 同样也可以看成单词向量,h 和 v'_{w_j} 进行 Hadamard 积(即元素逐位相乘),本质上就是 W 和 W' 矩阵乘法的一部分,两个单词向量通过 Hadamard 积生成得到最终的预测分数,判断其是否具备联系,即实数 u_j。

反向传播的目的就是修改权重矩阵,即让 W 和 W' 矩阵乘法按照预期的方向进行优化。具体来说,它会增大那些有联系的词向量之间的 Hadamard 积的结果。即存在联系的两个词向量 h 和 v'_{w_j} 的 Hadamard 积结果变大,反之变小。通过式(8-28)可以看到,这个修改行为是由 e_j 即 y_j-t_j 的正负决定,反映了对实数 u_j 的需求。

从直观上理解,向量由不同的分量组成,这些分量可以是正也可以是负。下面讨论在计算两个向量 a 和 b 的 Hadamard 积(逐元素乘积)时,如何实现仅修改 b 的取值从而实现 a 和 b 的 Hadamard 积数值的可控(变大或缩小)。首先来看变大操作,为了确保 Hadamard 积的结果持续增大,需要向量 a 和 b 在对应分量上的符号一致性,即当向量 b 的每个分量与向量 a 符号一致时,Hadamard 积的结果才会是正值。

通过增加 b 中 a 的占比,即多次的 $b+a$,可以减小因符号不一致带来的影响。当符号一致后,继续增加 b 中 a 的占比,可以让乘积结果趋向于正无穷大,反之亦然。这本质上就是增加或减少 b 向量中 a 向量的占比。观察式(8-28),通过 e_j 判断对 u_j 的需求,从而判断向 v'_{w_j} 中增加或者减少 h 向量的占比,最终影响 y_j 的预测结果。

在神经网络中,尤其是在处理批量数据时,模型的更新和学习常常可以被视为向量间进行连续 Hadamard 积的过程。梯度(即梯度信息)作为模型当前预测与期望结果之间差异的指示器,起着至关重要的引导作用。如果梯度为正,意味着应该增强这一梯度信息对所需调整的参数的影响;如果梯度为负,则应当减少这一梯度信息在相应权重矩阵上的作用。这样,可以有意识地控制两个向量进行 Hadamard 积时所得实数结果的正负和大小,以此逐步优化模型,使其预测结果更加符合预期。

上文操作完成了对隐藏层到输出层的参数矩阵 W' 更新,接着更新输入层到隐藏层的参数矩阵 W。w_{ki} 这一权重仅仅对 h_i 产生影响,因此在考虑 w_{ki} 的梯度信息时,依赖链式法则首先考虑 $\dfrac{\partial E}{\partial h_i}$ 部分。在上文中讨论过基于多元函数构成的损失函数可以写成一个关于 $u_1, u_2, \cdots, u_V$ 的函数,h_i 构成了全部的 u_j。利用复合函数求偏导的链式法则即可得

$$\frac{\partial E}{\partial h_i} = \frac{\partial E}{\partial u_1} \cdot \frac{\partial u_1}{\partial h_i} + \frac{\partial E}{\partial u_2} \cdot \frac{\partial u_2}{\partial h_i} + \cdots + \frac{\partial E}{\partial u_V} \cdot \frac{\partial u_V}{\partial h_i} = \sum_{j=1}^{V} \frac{\partial E}{\partial u_j} \cdot \frac{\partial u_j}{\partial h_i} \tag{8-29}$$

从网络架构考虑,计算损失函数对 h_i 的梯度信息时,w_{ki} 这一权重仅仅对 h_i 产生影响,而 h_i 在神经网络的正向传播过程中影响了输出层多个神经元 u_j,因此计算梯度信息时就要考虑这些神经元的综合影响。基于这一过程,最终将式(8-29)定义为 EH_i,即

$$\frac{\partial E}{\partial h_i} = \sum_{j=1}^{V} \frac{\partial E}{\partial u_j} \cdot \frac{\partial u_j}{\partial h_i} = \sum_{j=1}^{V} e_j \cdot w'_{ij} := EH_i \qquad (8\text{-}30)$$

EH 实际上是一个维度为 N 的向量,是词汇表中所有单词的输出向量按其预测误差 e_j 加权后的总和。再次回顾输入层到隐藏层的计算公式:

$$h_i = \sum_{k=1}^{V} x_k \cdot w_{ki} \qquad (8\text{-}31)$$

最终损失函数对 w_{ki} 的求导结果可以写成

$$\frac{\partial E}{\partial w_{ki}} = \frac{\partial E}{\partial h_i} \cdot \frac{\partial h_i}{\partial w_{ki}} = EH_i \cdot x_k \qquad (8\text{-}32)$$

通过批量计算更新权重矩阵 **W** 的公式可以写成

$$\frac{\partial E}{\partial \boldsymbol{W}} = \boldsymbol{x} \otimes \boldsymbol{EH} = \boldsymbol{x} \otimes \boldsymbol{EH}^{\mathrm{T}} \qquad (8\text{-}33)$$

上述操作可以获得一个大小为 $V \times N$ 的矩阵,$\boldsymbol{x}$ 仅有一个非 0 分量,因此"$\otimes$"外积的结果为一个 N 维度向量,这一向量的分量部分表明对不同 w_{ki} 的变化需求。参数更新计算为

$$\boldsymbol{v}_{w_\mathrm{I}}^{(\mathrm{new})} = \boldsymbol{v}_{w_\mathrm{I}}^{(\mathrm{old})} - \eta \boldsymbol{EH}^{\mathrm{T}} \qquad (8\text{-}34)$$

式中,$\boldsymbol{v}_{w_\mathrm{I}}$ 是 **W** 矩阵的行向量,即单词 w_I 的输入向量。结合上文隐藏层梯度更新中 Hadamard 积的理解思路,去解释式(8-34)所传递的思想。e_j 本质是判断当前模型在预测值和真实值之间的差距,因此通过 $y_j - t_j$ 判断模型期望参数做出的改变方向。对 u_j 取值大小的需求,则是对 Hadamard 积变大或变小的需求。而 u_j 为两个向量计算的结果,合理控制 Hadamard 积需要对其中一个向量增加或减少另一个向量的占比情况。

但是 $\boldsymbol{EH}^{\mathrm{T}}$ 向量的分量 EH_i 是通过求和操作得到的,这一主要原因是 e_j 仅能体现对 u_j 变化的需求,即 e_j 仅能考虑如何改变 $\boldsymbol{h}$ 修正 u_j 的取值,但是 $\boldsymbol{h}$ 实际上影响着多个 u_j,不能仅为了单个取值的喜好而做出改变。比如 e_1 的取值仅仅告知了 u_1 要变化的方向,u_1 明确了对 $\boldsymbol{h}$ 的修改方向,为了控制 u_1 的取值情况则要在 $\boldsymbol{h}$ 中增加或删减 $\boldsymbol{v}'_{w_1}$ 的占比情况。而 e_2 的结果同时也告诉了 u_2 要变化的方向,即在 $\boldsymbol{h}$ 增加或删减 $\boldsymbol{v}'_{w_2}$ 的占比情况。以次类推,e_3 则向 u_3 告知了对 $\boldsymbol{h}$ 的修改意见。进而为了衡量全部的变化需求,就是在 $\boldsymbol{h}$ 中修改 $\boldsymbol{v}'_{w_1}$ 的占比,然后在 $\boldsymbol{h}$ 中修改 $\boldsymbol{v}'_{w_2}$ 的占比,反复操作得到 $\boldsymbol{h}$ 的最终结果。在不断的迭代过程中 e_j 的取值不断变小,对 u_j 的需求也在变小。这时模型最终稳定,也就得到了具备丰富语义信息的词向量表示。

8.4.2 CBOW 架构

上文中,主要针对基本的单词预测模式(一个单词作为上文去预测下文的一个单词)进行了详细的阐述,便于理解后续复杂模型中的正向传播和反向传播。在实际操作中,word2vec 模型提供了两种核心架构,即连续词袋(CBOW)和 Skip-gram,它们在构建损失函数和进行优化迭代时有着各自独特的处理方式。

CBOW 整体框架结构图如图 8-7 所示。

图 8-7 展示了 CBOW 模型在多词上下文设置中的结构。注意,为了便于直观展示独热编码和输入层到隐藏层的操作,采用三个矩阵 **W**,而它们都为相同的参数矩阵。计算隐藏层的输出时,CBOW 模型不是直接复制输入上下文词的输入向量,而是取输入上下文词向量的平均值,并用输入层到隐藏层的权重矩阵与输入向量的乘积均值作为输出,即

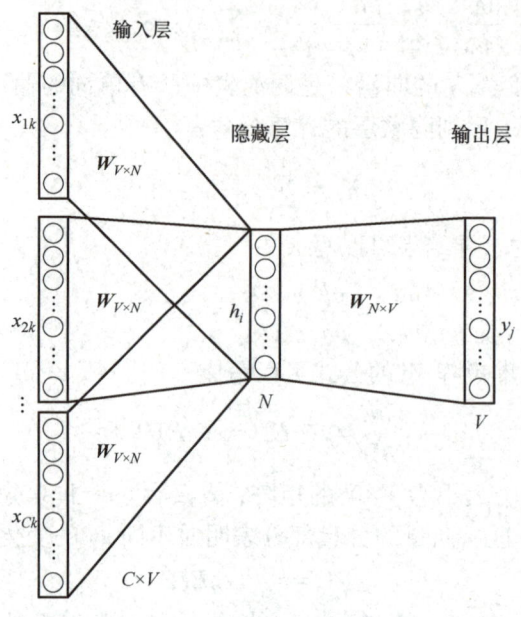

图 8-7　CBOW 整体框架结构图

$$h = \frac{1}{C}W^{T}(x_1+x_2+\cdots+x_C)$$
$$= \frac{1}{C}(v_{w_1}+v_{w_2}+\cdots+v_{w_C})^{T}$$
(8-35)

式（8-35）可以理解为：模型通过不同的 x_C 独热编码（即每个词的索引），从权重矩阵 W 中选取对应的行，将这些行向量求和并计算均值，从而作为最终的输入单词向量 h，C 是上下文中单词的个数（即窗口数减1），$w_1,\cdots,w_C$ 为上下文的单词，v_w 是单词的输入向量。损失函数可以写成

$$E = -\log P(w_O | w_{I,1},\cdots,w_{I,C})$$
$$= -u_{j^*} + \log \sum_{j'=1}^{V} \exp(u_{j'})$$
$$= -v'_{w_O} \cdot h + \log \sum_{j'=1}^{V} \exp(v'_{w_{j'}} \cdot h)$$
(8-36)

式中，除了向量 h 是由多个 v_w 得到的均值结果外，其他变量和简易 CBOW 模型并无较大差异。通过损失函数去更新整个网络的全部参数，因此输出层权重更新公式和简易 CBOW 模型一致，即

$$v'^{(\text{new})}_{w_j} = v'^{(\text{old})}_{w_j} - \eta \cdot e_j \cdot h, \quad j = 1,2,\cdots,V$$
(8-37)

隐藏层则为式（8-38）：

$$v^{(\text{new})}_{w_{I,c}} = v^{(\text{old})}_{w_{I,c}} - \frac{1}{C} \cdot \eta EH^{T}, \quad c = 1,2,\cdots,C$$
(8-38)

式中，$v_{w_{I,c}}$ 是输出上下文中的第 c 个单词的输入向量，其他数值均与上文一致，EH^T 由式（8-30）计算得到，因此式（8-38）的直观理解和式（8-33）相同。值得注意的是，

式（8-38）仅仅增加了一个 c 的处理操作。

在前文中，利用对 Hadamard 积的理解，对简易 CBOW 模型的参数更新过程进行了分析解释，在多层模型中这一逻辑基本一致。在简单 CBOW 模型中通过 e_j 来分析模型对 u_j 的数值需求，从而改进 h 向量中 v'_{w_j} 的占比。现阶段的 h 向量是由多个 $v_{w_{I,c}}$ 向量的均值决定的，这意味着改进 h 向量中 v'_{w_j} 的占比就是要改进构成 h 向量中的每个 $v_{w_{I,c}}$ 向量中的 v'_{w_j} 的占比情况。每个 $v_{w_{I,c}}$ 向量在构成 h 向量中的贡献是相同的。因此采用均值分配方法反馈梯度信息，并对每个输入向量进行修改变得合理。这也意味着 h 对 e_j 的影响是由多个 $v_{w_{I,c}}$ 造成的。

正向传播时，上下文信息通过平均池化进行特征融合；反向传播时，梯度更新则采用等比例回传策略确保各上下文向量保持同步演化。具体来说，在正向传播阶段，模型通过计算上下文向量集合 $v_{w_{I,c}}$ 的平均值得到核心特征表示；而在反向传播过程中，误差信号 E 对 h 的梯度计算实际上为整个上下文向量组提供了统一的调整方向。这个调整指令会以均等权重的方式反分配到每个上下文向量上，形成参数更新的一致性约束。这种双向的均值处理机制，既保证了特征提取的稳定性，又维护了参数空间的协同优化特性。

8.4.3　Skip-gram 架构

Skip-gram 模型与 CBOW 模型相反。Skip-gram 模型的核心思想是使用一个单词来预测它的上下文。在这里，目标词即处于输入层，而上下文处于输出层。Skip-gram 整体框架结构图如图 8-8 所示。

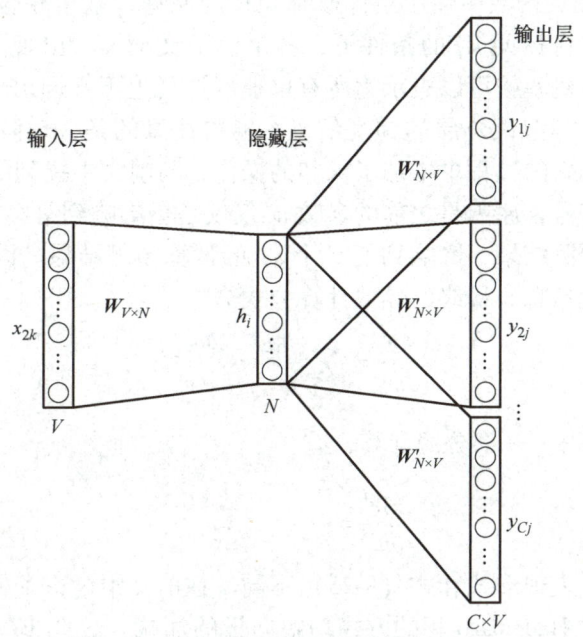

图 8-8　Skip-gram 整体框架结构图

可以看到，Skip-gram 和简易 CBOW 模型的输入层到隐藏层的结构一致。因此模型在正向传播部分，从独热编码 x 到隐藏层输出 h 的定义是一致的，这意味着仅仅是对权重矩阵 W 的复制操作，计算公式为

$$h = W^T x = W^T_{(k,\cdot)} := v^T_{w_I} \tag{8-39}$$

在简易 CBOW 模型下只预测一个真实类别的概率，现在要计算 C 个概率结果，即输出 C 个多项分布。每个输出是使用相同的隐藏层到输出层的矩阵计算 W' 得到的，有

$$P(w_{c,j} = w_{O,c} \mid w_I) = y_{c,j} = \frac{\exp(u_{c,j})}{\sum_{j'=1}^{V} \exp(u_{j'})} \tag{8-40}$$

式中，$w_{c,j}$ 是输出层第 c 个面板上的第 j 个词；$w_{O,c}$ 是实际的第 c 个输出上下文词；w_I 是唯一的输入词；$y_{c,j}$ 是输出层第 c 个面板上第 j 个单元的输出；$u_{c,j}$ 是输出层第 c 个面板上第 j 个单元的净输入。由于输出层的面板共享相同的权重，因此计算公式可写为

$$u_{c,j} = u_j = v'^T_{w_j} \cdot h, \quad c = 1, 2, \cdots, C \tag{8-41}$$

通过预测函数可知在损失函数上也存在巨大差异。损失函数可以更改为

$$\begin{aligned}
E &= -\log P(w_{O,1}, w_{O,2}, \cdots, w_{O,C} \mid w_I) \\
&= -\log \prod_{c=1}^{C} \frac{\exp(u_{c,j_c^*})}{\sum_{j'=1}^{V} \exp(u_{j'})} \\
&= -\sum_{c=1}^{C} u_{j_c^*} + C \cdot \log \sum_{j'=1}^{V} \exp(u_{j'})
\end{aligned} \tag{8-42}$$

式中，j_c^* 是词汇表中的第 c 个输出上下文词的索引。

Skip-gram 模型的损失函数中使用条件概率乘积的原理，基于联合概率的计算和独立事件的假设。当假设给定目标词 w_I 的条件下，各个上下文词 $w_{O,c}$ 出现的事件是相互独立时，整个上下文出现的联合概率就可以表示为所有单独事件（上下文词出现的概率）的乘积。

按照惯例首先计算模型最外层的梯度信息。值得注意的是，现阶段更新的部分和简易 CBOW 模型不同。在更新的过程中增加了求和的操作，与前文中提到的隐藏层的求导过程相似，同样出现了求和符号，原因是之前的参数 w'_{ij} 仅仅是会影响到最终输出层单个 u_j 的结果，而现阶段增加了多个预测结果，影响到了 C 个 $u_{c,j}$ 的计算预测结果。因此在计算梯度过程中要考虑多个方向的梯度信息，最终的导数计算公式为

$$\frac{\partial E}{\partial w'_{ij}} = \sum_{c=1}^{C} \frac{\partial E}{\partial u_{c,j}} \cdot \frac{\partial u_{c,j}}{\partial w'_{ij}} \tag{8-43}$$

首先看式（8-43）中 $\frac{\partial E}{\partial u_{c,j}}$ 部分的计算，有

$$\frac{\partial E}{\partial u_{c,j}} = y_{c,j} - t_{c,j} := e_{c,j} \tag{8-44}$$

式（8-44）仅仅是表现形式和式（8-25）不同。在前文中讨论了梯度计算主要用于指导权重矩阵的更新，通过 Hadamard 积的方式理解向量的加减。故此 EI_j 的数值个数和 W 矩阵的行数量一致，实际差异部分可以定义为

$$EI_j = \sum_{c=1}^{C} e_{c,j} \tag{8-45}$$

式中，EI_j 被定义成一个维度为 V 的向量，为目标词对于上下文中各个位置的词的预测概率的影响总和。得到最终的梯度计算公式为

$$\frac{\partial E}{\partial w'_{ij}} = \sum_{c=1}^{C} \frac{\partial E}{\partial u_{c,j}} \cdot \frac{\partial u_{c,j}}{\partial w'_{ij}} = \sum_{c=1}^{C} e_{c,j} \cdot h_i = EI_j \cdot h_i \tag{8-46}$$

隐藏层到输出层的权重矩阵更新公式为

$$w'^{(\text{new})}_{ij} = w'^{(\text{old})}_{ij} - \eta \cdot EI_j \cdot h_i \tag{8-47}$$

或者写成

$$\boldsymbol{v}'^{(\text{new})}_{w_j} = \boldsymbol{v}'^{(\text{old})}_{w_j} - \eta \cdot EI_j \cdot \boldsymbol{h},\ j = 1, 2, \cdots, V \tag{8-48}$$

可以看出,式(8-48)本质上和式(8-28)并无明显差异。值得注意的是,当前 EI_j 是由多个类别的损失影响得到的,即预测误差是对输出层的所有上下文词进行求和。

针对输入层到隐藏层的权重更新,和简易 CBOW 模型一致,即

$$\boldsymbol{v}^{(\text{new})}_{w_I} = \boldsymbol{v}^{(\text{old})}_{w_I} - \eta \boldsymbol{EH}^{\text{T}} \tag{8-49}$$

不同之处在于指导参数修改的预测误差从 e_j 变成了 $\boldsymbol{EI}_j$。因此 $\boldsymbol{EH}^{\text{T}}$ 这个 N 维向量实际上是由式(8-50)计算得到,有

$$\boldsymbol{EH}^{\text{T}} = \sum_{j=1}^{V} EI_j \cdot w'_{ij} \tag{8-50}$$

8.5 优化算法

从 NNLM 到 word2vec 模型的过渡,展现出模型结构向更高效、更简洁的特点进行转变。word2vec 模型的网络结构相比于 NNLM 进行了显著的简化,特别是省略了大部分中间层,并且没有使用激活函数,这两个改变显著提高了模型的训练速度。值得注意的是,尽管 word2vec 采用了向量的简单加和作为基础计算,但它仍然能够达到相当出色的效果。到目前为止,所讨论的模型(包括二元模型、CBOW 和 Skip-gram)都保持了它们最初始的形式,并没有应用任何旨在提高效率的优化方法。输入向量的更新中由于独热编码的使用,意味着每次训练仅需要更新输入向量权重矩阵中的一个特定向量(即对应于目标单词的那一行),这个过程相对简单且计算成本低。输出向量的更新则不同,需要考虑到模型对整个词汇表中每个单词作为上下文单词的概率预测。在更新输出权重矩阵的过程中,理论上需要针对词汇表中的每个单词计算概率预测值,进而更新整个矩阵。这个过程在没有优化技术的帮助下计算成本是巨大的,因为它涉及大规模的参数更新。

简而言之,单次更新中输入向量部分仅仅更新 $\boldsymbol{W}$ 参数矩阵的某一行,而输出向量则需要更新整个 $\boldsymbol{W}'$ 参数矩阵。为了解决这一问题,可以采取的一项策略是减少在每个训练样例中必须更新的输出向量数量,其中一个精妙的解决方案是使用层次化 softmax 技术,另一种有效的方法则是应用负采样优化技术。

8.5.1 层次化 softmax

首先,明确地界定层次化 softmax 算法的概念,以避免任何关于此算法的误解或混淆。值得注意的是,层次化 softmax 并非是传统 softmax 的简易替代。实际上,它代表了一种创新的方法,旨在将复杂的多分类问题转化成一系列易于处理的二分类问题。

具体来说,层次化 softmax 通过构造一个哈夫曼(Huffman)树,为词汇表中的每个词汇赋予一个由 1 和 0 组成的独特编码。这一设计使得模型能够借助一系列二分类任务来进行单

词预测，而无须依赖于输入向量与 W' 矩阵进行 V 次计算。这一改进将原来需要处理的计算量，从词汇表大小 V 的数量级，优化到了哈夫曼树的深度层次，从而显著提升了训练效率并改进了模型的性能。

通过利用哈夫曼树的结构，层次化 softmax 有效减少了必要的计算步骤，使模型训练时即使面对庞大词汇表仍能保持高效率。这种技术不仅较传统的 softmax 方法在资源消耗上更为经济，而且在提高模型训练速度方面也展现出了显著优势。

1. 哈夫曼编码

哈夫曼树的最典型应用之一便是在数据编码领域，尤其体现在如 ASCII 编码这样的标准化字符集编码上。ASCII 编码根据 ASCII 标准表为每个字符分配了一个固定长度的编码，使得各种字符符号能够被计算机系统广泛识别和处理。

与 ASCII 编码的固定长度编码方式不同，哈夫曼编码则基于字符出现的频率来分配不同长度的编码。具体而言，它给予出现频率较高的字符更短的编码，而对于出现频率较低的字符分配更长的编码。这种编码策略使得在整体上使用的编码长度降至最小，从而达到数据压缩的效果。

哈夫曼编码的构建过程如下：

1）将所有单词作为叶子节点，根据它们的频率进行排序，并将它们放入一个优先队列中，队列按频率从小到大排序。

2）从优先队列中取出两个频率最低的节点，以这两个节点作为子节点，构建一个新的内部节点。

3）将这个新内部节点的频率设置为其两个子节点频率之和，并将该内部节点重新放入优先队列。

4）重复步骤 2）和 3），直到优先队列中只剩下一个节点，这个节点成为哈夫曼树的根节点。

通过上述步骤，可以为每个单词计算出一条从根节点到该单词节点的唯一路径。每个单词的哈夫曼编码是根据其从根节点到叶子节点的路径来确定的，其中路径上左分支代表"0"，右分支代表"1"。通过这种方式，词汇表中每个单词都被赋予了一个基于词频的、最优化的变长编码，旨在将整体的编码长度降至最低，从而实现数据压缩的目的。

简而言之，哈夫曼编码的核心在于对所有类别（如单词）根据其出现频率进行智能编码，使得词频越高的单词被赋予越短的编码。这不仅优化了存储空间的利用率，还提高了处理效率，特别是在自然语言处理和数据压缩等领域中显得尤为重要。这样的编码方法不仅在理论上具有创新意义，而且在实际应用中也展现出了显著的性能优势，成为数据编码和处理中不可或缺的一环。

【例 8-1】 哈夫曼树的构建实例。假设词汇表中仅有英文单词"in""to""and""of""the"，以及它们在数据集中出现的频率。词汇信息表见表 8-1。

表 8-1 词汇信息表

词汇	频率
in	200
to	400

(续)

词汇	频率
and	600
of	800
the	1000

下面根据频率对单词构建哈夫曼编码，步骤如下：

1）首先创建叶子节点并进行排序构建优先队列，结果如图 8-9 所示。

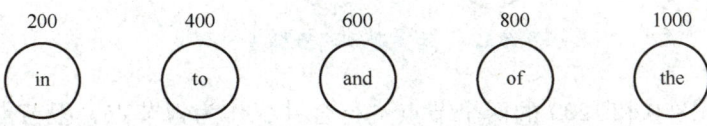

图 8-9　哈夫曼编码步骤 1 的结果

2）找到队列中频率最低的两个节点进行合并，即合并"in"和"to"，创建新节点，频率为 600，结果如图 8-10 所示。

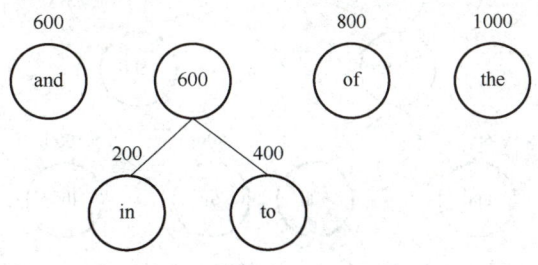

图 8-10　哈夫曼编码步骤 2 的结果

3）队列中最低的两个频率就是 600 和"and"的频率，合并对应的节点，创建新节点，频率为 1200，结果如图 8-11 所示。

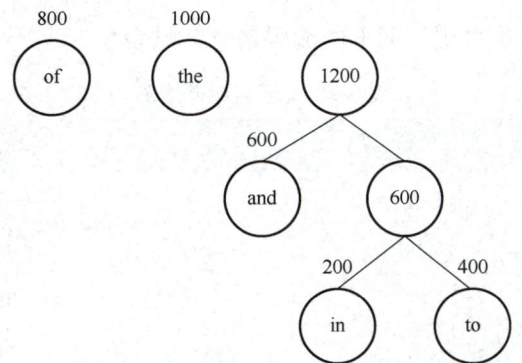

图 8-11　哈夫曼编码步骤 3 的结果

4）对节点"of"和"the"进行合并，创建新节点，频率为 1800，结果如图 8-12 所示。

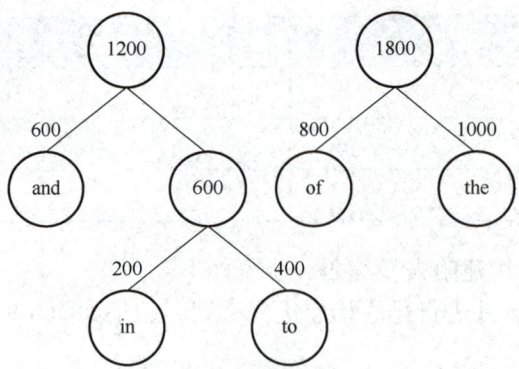

图 8-12　哈夫曼编码步骤 4 的结果

5）对频率为 1800 和 1200 的两个节点进行合并，作为根节点，根节点的频率为 3000，如图 8-13 所示。

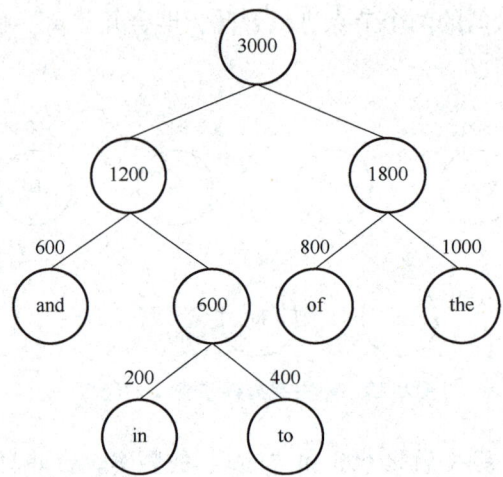

图 8-13　哈夫曼编码步骤 5 的结果

按照上述步骤最终计算得到了词汇的编码信息，见表 8-2。

表 8-2　词汇的编码信息

词汇	编码
and	00
in	010
to	011
of	10
the	11

独热编码为每个单词分配唯一的、长度相等但稀疏的编码，使得每个单词的向量中仅有

一位是 1，其余均为 0，而向量的总长度等于词汇表的大小。与之相比，哈夫曼编码根据单词的出现频率赋予了其更经济的、变长的编码。这种方法不仅减少了表示每个单词所需的位数，特别是对于高频词，还进一步压缩了整体数据的存储空间，提高了编码和传输的效率。

层次 softmax 对 word2vec 模型的修改处在最终的输出层，如图 8-14 所示。简而言之，就是隐藏层到输出层的参数矩阵的行数由哈夫曼树的内部节点个数决定，而未优化前是由词汇表中词汇个数决定的，本质上大幅度削减了模型在优化过程中的参数量。

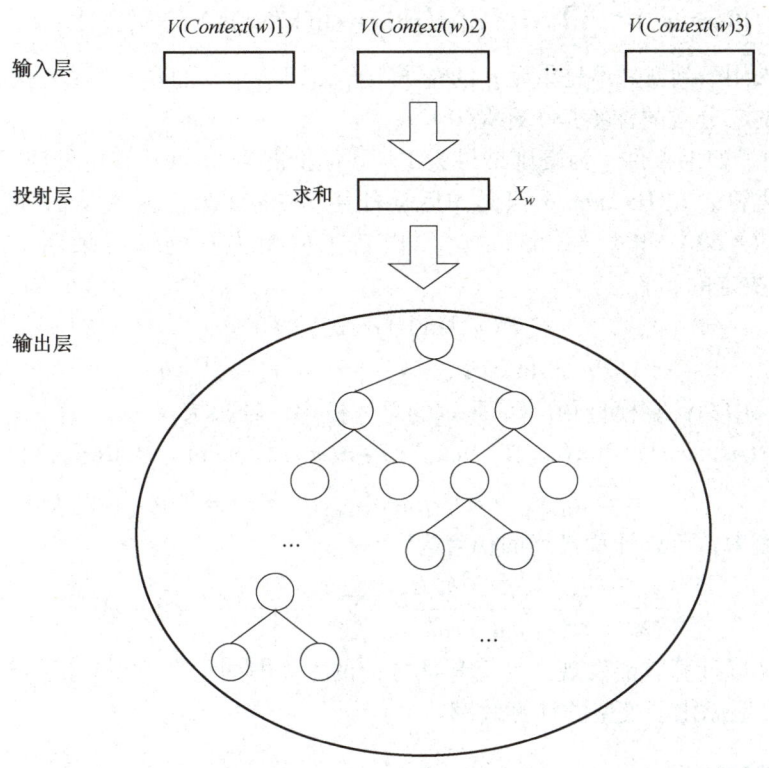

图 8-14　层次 softmax 修改的 word2vec 结构图

2. 算法详细逻辑

上文详细介绍了哈夫曼编码如何在 word2vec 模型中进行优化，而这一优化的具体逻辑需要通过数学层面进行阐释。下面以图 8-15 为例的一个二叉树可以帮助理解这一优化过程。

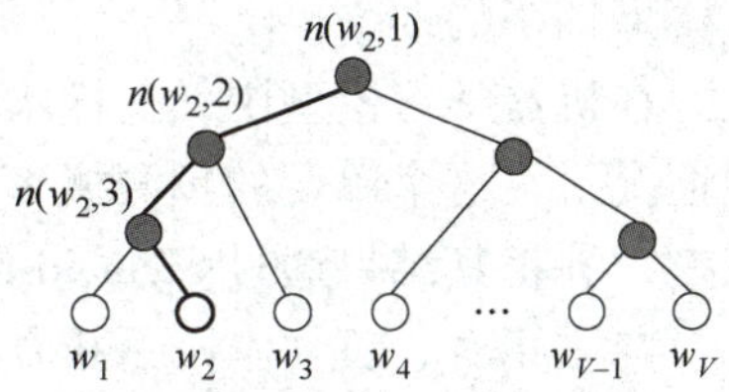

在图 8-15 中，树由黑色和白色的节点构成。黑色节点代表内部单元，由一个向量和激活函数构成，用于和输入向量 h 做 Hadamard 积并将结果映射到 0~1 之间。而白色节点是单词节点，标识每个单词在树中的位置。$n(w_2, 2)$ 表示这是通往 w_2 单词遇到的第二个黑色节点（内部单元）n，路径长度 $L(w_2) = 4$，经过内部节点的个数为 $L(w_2)-1$。

图 8-15　哈夫曼树实例图

在前文中并没有为每个单词分配输出向量，即上文中提到的输出矩阵 W'。而是采用对图 8-15 中每个内部单元分配一个向量，且表示为输出向量 $v'_{n(w,j)}$。这意味着和输出向量进行

Hadamard 积的不再是固定的输出向量而是图 8-15 中的内部单元。对于每个单词都存在这样唯一一条路径通往最终的预测单词,即从根节点走向 w_2,则预期模型实际上需要走的路径为图 8-15 中加粗的部分。实际上在输入向量 h 和根节点做 Hadamard 积时,期望模型计算结果能够告知正确的方向,将到达特定单词节点的过程转化为一系列二分类问题的解决,其中每一步的决策都基于对应内部单元向量与输入向量 h 的计算结果是否符合预期,因此这个联合概率计算公式为

$$P(w=w_O) = \prod_{j=1}^{L(w)-1} \sigma([n(w,j+1)=\operatorname{ch}(n(w,j))] \cdot {v'_{n(w,j)}}^T \cdot h) \tag{8-51}$$

式中,$\operatorname{ch}(n)$ 被用于判断是不是单元 n 的左子节点,即单元 n 的左子节点是不是 $n(w,j+1)$,从而得知当前的二分类的标签是 1 还是 0。

在 $[x]$ 中,如果条件 x 为真则结果为 1,其他情况则为 -1。其主要原因实际上也很简单,基于二分类机制在 Hadamard 积操作后会使用 Sigmoid 激活函数从而预测正式的概率。概率计算为式(8-52)和式(8-53),之所以对于概率为 0 的情况采用 -1,主要是由于 Sigmoid 的特性决定的,有

$$P(n,\text{left}) = \sigma({v'_n}^T \cdot h) \tag{8-52}$$

$$P(n,\text{right}) = 1 - \sigma({v'_n}^T \cdot h) = \sigma(-{v'_n}^T \cdot h) \tag{8-53}$$

图(8-15)中,计算模型预测单词 w_2 的总体概率,结果为

$$P(w_2=w_O) = P(n(w_2,1),\text{left}) \cdot P(n(w_2,2),\text{left}) \cdot P(n(w_2,3),\text{right}) \tag{8-54}$$

$$= \sigma({v'_{n(w_2,1)}}^T \cdot h) \cdot \sigma({v'_{n(w_2,2)}}^T \cdot h) \cdot \sigma(-{v'_{n(w_2,3)}}^T \cdot h)$$

根据这些概率,可以计算最终的梯度为

$$\frac{\partial E}{\partial h} = \sum_{j=1}^{L(w)-1} \frac{\partial E}{\partial v'_j} \cdot \frac{\partial v'_j h}{\partial h} = \sum_{j=1}^{L(w)-1} (\sigma({v'_j}^T h) - t_j) \cdot v'_j \tag{8-55}$$

通过这些梯度计算就能发现,计算量从之前的 V(即词汇表大小)减少到现阶段的树的深度 L,这极大地优化了模型的计算效率。

8.5.2 负采样优化

负采样采用了一种更加简单直观的方式。在传统方法中,每次迭代更新过程中需要调整所有输出向量 W'。而通过采用负采样技术,更新过程中仅选定少量负样本向量和一个正样本向量,显著简化和优化了更新流程,使其变得更加可控。这样不仅减少了计算量,还提高了模型训练的效率。

在机器学习模型中,正样本代表了模型在给定输入上下文中希望预测到的目标单词,理想情况下,这个单词的预测概率应接近 1。通过输入向量 h 和目标单词在 W' 中列向量进行点乘,并将其结果通过 Sigmoid 函数转换,以便将输出概率值映射到 0~1 之间。

与之相对,负样本则是指模型在输入上下文相同的情况下,期望其预测概率为 0 的单词。同样,输入向量 h 和非目标单词在 W' 中列向量进行点乘后产生的结果经过 Sigmoid 函数处理,旨在让模型预测这些非目标单词的概率映射为接近 0 的值。

通过这种机制,正负样本一起帮助神经网络在多维空间中划定正确的决策边界,进而提升模型在预测给定上下文中的单词方面的准确率和泛化能力。因此最终的损失函数可以表示为

$$E = -\log(\sigma({v'_{w_O}}^T h)) - \sum_{w \in W_{neg}} \log\sigma(-{v'_{w_j}}^T \cdot h) \qquad (8\text{-}56)$$

上述过程实质上是后验多项分布的负采样实现，在对负采样的计算中加入了负号，这是基于激活函数性质的选择。这个方法的关键优势在于它不需要依赖于整个单词表进行计算，而是通过选定一定数量的负采样样本来进行参数更新，从而极大地缩减了需要更新参数的范围，使参数更新变得可控。因此，在计算损失函数的梯度时，可以观察到整体计算量的显著减少。这种方法为处理大规模单词表提供了一种高效的策略，既优化了计算资源的使用，也提高了模型训练的速度。

8.6 word2vec 模型应用

word2vec 模型是现阶段主流的词嵌入模型，可以将单词转换为向量的形式。本节通过一个简单的 PyTorch 实例进行讲解 word2vec 模型的实现，可以将本节代码和上一章中的 NNLM 实现代码进行比较，从而感受 word2vec 模型所带来的改变。

8.6.1 数据预处理和批量生成

在本节使用的编程包和上一章基本一致：

```
import torch
import numpy as np
import torch.nn as nn
import torch.optim as optim
import matplotlib.pyplot as plt
```

word2vec 模型实现中，新引入了 NumPy 和 matplotlib.pyplot 两个 Python 库。这两个库的加入不仅支持了数据处理的需求，还扩展了对模型训练结果进行可视化分析的能力。

NumPy 是 Python 中用于科学计算的基础库之一，提供了高效操作大型多维数组和矩阵的功能。matplotlib.pyplot 是基于 matplotlib 的模块，提供了一个类似于 MATLAB 的绘图框架。在本例中使用 matplotlib.pyplot 来实现模型学习的词向量的可视化，这有助于读者理解模型的学习效果，尤其是理解单词之间的语义关系。

在深度学习项目中，数据预处理是模型训练之前的关键步骤。对于 word2vec 模型，通常采用"滑动窗口"方法从文本中提取训练样本，即以当前单词为中心，取其周围的单词作为上下文。

```
def random_batch():
    # 初始化输入和标签列表
    random_inputs=[]
    random_labels=[]
    # 随机选择 skip_grams 索引以构造批次
```

```
            random_index=np.random.choice(range(len(skip_grams)),batch_
size,replace=False)
    for i in random_index:
        #为目标单词生成独热编码,添加到输入列表
        random_inputs.append(np.eye(voc_size)[skip_grams[i][0]])
        #添加对应的上下文单词索引到标签列表
        random_labels.append(skip_grams[i][1])
    #返回构建的输入和标签批次数据
    return random_inputs,random_labels
```

random_batch 函数从预处理的 skip-grams 数据中随机选取一些样本。每个样本包括一个目标词（使用独热编码表示）和一个上下文词。

8.6.2　word2vec 模型的结构定义

word2vec 模型可以采用不同的架构，如 CBOW 或 Skip-gram。本例中构造简化 word2vec 模型结构。

```
class Word2Vec(nn.Module):
    def __init__(self):
        super(Word2Vec,self).__init__()       #调用 nn.Module 的初始化
                                               函数
        #注意,W 和 WT 不是简单的转置关系,它们是独立训练的参数
        self.W=nn.Linear(voc_size,embedding_size,bias=False)
                                              #定义从词汇量大小到嵌入
                                               维度的线性层 W,不带偏置
        self.WT=nn.Linear(embedding_size,voc_size,bias=False)
                                              #定义从嵌入维度回到词汇
                                               量大小的线性层 WT,不带
                                               偏置
    def forward(self,X):
        hidden_layer=self.W(X)
        output_layer=self.WT(hidden_layer)
        return output_layer
```

self.W：第一个线性层，用于将输入的单词（以独热编码表示）转换为嵌入向量。和前文计算公式中采用的符号一致，即为 W 权重矩阵。嵌入维度由 embedding_size 决定。这一层的目的是捕捉和提炼单词的语义信息。

self.WT：第二个线性层，负责将嵌入向量（即为 W^T 权重矩阵）映射到一个与词汇表大小相等的空间，这一层实际上预测了给定输入单词的上下文单词的概率分布。

在 forward 方法中，模型接收一个批次的单词向量 X，通过两个线性层后，输出每个单词对应的上下文单词分布。这个从输入到输出的流程使得 word2vec 模型能够学习到单词间的语义关系，使得语义上相近的单词在嵌入空间中也相近。

8.6.3 模型参数和超参数

当前实例中计算资源有限，对超参数设置较小。在实际的应用过程中可按需求设置参数大小。

```
batch_size=2
embedding_size=2
```

batch_size 控制每次训练批量的大小，而 embedding_size 定义了嵌入向量的维度。这些参数需要根据具体的任务和数据集进行调整。

8.6.4 模型训练

在训练过程中大多数深度学习框架基本一致。本实例选用的损失函数是交叉熵损失（CrossEntropyLoss），优化器采用的是 Adam 算法。通过多次迭代（epoch），模型的参数逐渐调整为最小化损失函数。

```
if __name__=='__main__':
    #定义训练语料
    sentences=["apple banana fruit","banana orange fruit","orange banana fruit","dog cat animal","cat monkey animal","monkey dog animal"]
    #生成词序列和词汇表
    word_sequence=" ".join(sentences).split()
    word_list=list(set(word_sequence))
    word_dict={w:i for i,w in enumerate(word_list)}
                                        # 创建从单词到索引的映射
                                          字典
    voc_size=len(word_list)
    #构造 skip-grams
    skip_grams=[]
    for i in range(1,len(word_sequence)-1):
        target=word_dict[word_sequence[i]]   #目标单词
        context=[word_dict[word_sequence[i-1]],word_dict[word_sequence[i+1]]]
                                        # 上下文
        for w in context:
```

```python
            skip_grams.append([target,w])        # 添加目标单词和上下文单
                                                 #   词到 skip-grams
#初始化模型,定义损失函数和优化器
model=Word2Vec()
criterion=nn.CrossEntropyLoss()
optimizer=optim.Adam(model.parameters(),lr=0.001)
#训练循环
for epoch inrange(5000):
    input_batch,target_batch=random_batch()
    input_batch=torch.Tensor(input_batch)
    target_batch=torch.LongTensor(target_batch)
    optimizer.zero_grad()
    output=model(input_batch)
    loss=criterion(output,target_batch)   # 计算损失
    if(epoch+1)%1000==0:                  # 每1000个epoch打印损
                                          #   失值
        print('Epoch:','%04d' %(epoch+1),'cost =','{:.6f}'.format(loss))
    loss.backward()                       # 反向传播计算参数的梯度
    optimizer.step()                      # 使用优化器更新参数值
```

8.6.5 可视化嵌入和结果展示

模型训练完成后,可以通过可视化方法来查看词嵌入空间,以便理解模型是否成功捕捉到单词之间的语义关系。

```python
for i,label in enumerate(word_list):
    W,WT=model.parameters()
    x,y=W[0][i].item(),W[1][i].item()
    plt.scatter(x,y)
    plt.annotate(label,xy=(x,y),xytext=(5,2),textcoords='offset points',ha='right',va='bottom')
plt.show()
```

运行结果如下:

```
Epoch:1000 cost=1.700849
Epoch:2000 cost=2.123147
Epoch:3000 cost=1.324821
```

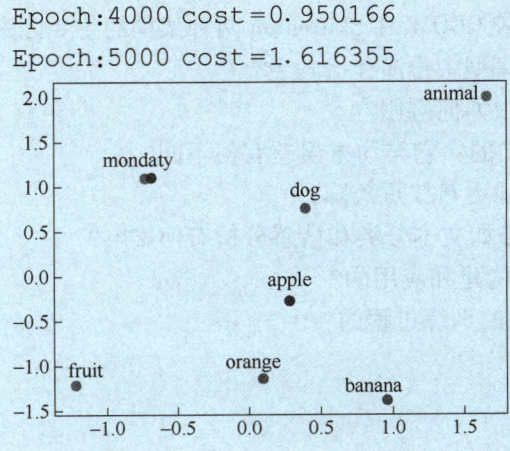

提取 W 层的权重，这些权重代表了词汇表中每个单词的向量表示。使用 matplotlib 库来可视化这些词向量，从而直观地观察模型学习到的词嵌入。从上述运行结果中可以看到，大部分的动物单词在二维图中都被分配到了上半部分。模型在一定程度上学习到了语义，但是由于本身样本不足存在一定的偏差。此实例展示了 word2vec 模型在理解和处理自然语言方面的强大能力，为深入研究自然语言处理领域的其他高级主题提供了基础知识。

8.7 本章小结

本章深入探讨了 word2vec 模型，这是在自然语言处理领域广泛应用的词嵌入技术。word2vec 模型解决了传统 NNLM 在词嵌入表示方面的一系列局限性，诸如巨大的计算需求、参数繁多导致模型难以收敛，以及有限的语义表达能力等问题。通过革新与优化，word2vec 极大提升了词向量语义信息学习的效率。

接着，分析了 word2vec 模型内置的两种关键架构：CBOW 和 Skip-gram。CBOW 通过上下文来预测目标词，特点是训练迅速，适合用于广泛的语料处理；而 Skip-gram 则侧重于利用目标词来预测周围的上下文词汇，虽然训练速度较慢，却能更有效地处理稀疏数据，并捕捉词与词之间的关系。此外，word2vec 模型还引入了层次归一化和负采样两种技术来进一步提升训练的效率。层次归一化通过构建哈夫曼树来加速训练过程，而负采样则通过对负样本进行随机采样来简化复杂的计算。

本章通过神经网络的反向传播过程阐释了参数更新的理论基础，借助数学公式详细解释了反向传播过程中的损失函数计算、梯度更新以及权重的调整。尽管 word2vec 模型生成的词向量能够准确反映词汇间的语义信息，展示了语义表达的丰富性和精确性，但其处理序列的长度存在一定的限制。下一章将讨论循环神经网络（RNN）对自然语言处理领域的重大影响，以及各类 RNN 变体对该领域的贡献。

8.8 习题

1. word2vec 模型中，解释"词的嵌入表示"以及它的重要性。

2. word2vec 模型是如何克服 NNLM 的局限性的？
3. 简述 word2vec 模型的工作原理，并比较 CBOW 和 Skip-gram 两种架构的主要区别。
4. 层次归一化和负采样技术在 word2vec 模型中扮演什么角色？
5. 神经网络的反向传播在 word2vec 模型中如何应用？
6. word2vec 模型中的损失函数是如何定义的？它与均方误差有何不同？
7. 在 word2vec 模型中，如何通过反向传播更新权重矩阵？
8. word2vec 模型的词向量表示对下游任务如文本分类和情感分析有何影响？
9. 哈夫曼树在层次 softmax 优化中是如何构建和应用的？
10. 负采样技术是如何简化 word2vec 模型的训练过程的？

第 9 章

循环神经网络模型

上一章对 word2vec 模型的两种架构及其创新的优化方法进行了深入探讨。通过这种方式，word2vec 模型提供了理解单词之间微妙语义关系的能力，更为后续的语言模型发展提供了坚实的理论基础。

然而，人类语言远不止于词汇的静态组合，它是一个动态的、时间序列化的流动，其中蕴含着丰富的时序信息和深层次的联系。基于对语言流动性和连续性的理解，循环神经网络（Recurrent Neural Network，RNN）给出了答案。本章将深入解读 RNN、变体模型长短期记忆网络（LSTM）和门控循环单元（GRU）的核心逻辑。通过对这些模型的设计哲学和技术细节的探讨，去分析 RNN 相对于 word2vec 在处理时序数据上的优势，全面解释这些模型在自然语言处理领域中的独特价值和应用潜力。

9.1 RNN 模型

序列数据的本质在于其元素之间的非独立性，它们相互依赖、相互关联，形成了一个有序的信息流。RNN 以其序列数据处理能力的优越性，成为自然语言处理领域中一个不可或缺的模型。值得注意的是，尽管递归神经网络（Recursive Neural Network）有时也简称为 RNN，但它本身是树状阶层结构，和循环神经网络在本质上采用了完全不同的结构设计，本章将着重讨论循环神经网络的架构。

9.1.1 RNN 简介

RNN 由 John Hopfield 在 1982 年提出，是专门设计用来处理序列数据的深度学习模型。通过引入全连接的循环结构，RNN 赋予了网络记忆能力，使其能够处理与时间序列相关的任务。这种创新理念与传统的前馈神经网络如多层感知器（MLP）有着本质的区别。

在传统的前馈神经网络中如 MLP，数据处理流程是单向的，信息仅从输入层向输出层单向传播，缺乏中间的反馈或循环机制。这样的网络结构虽然在处理静态数据（如图像识别任务）时表现卓越，但对于序列数据的处理却显得力不从心，主要是因为在处理序列数据前，前馈网络无法有效捕捉到数据中的时间序列依赖性。

RNN 正是为了解决此类问题而设计的。通过在网络结构中引入循环机制，RNN 能够在每一个时间步的输出中不仅考虑到当前输入，还能考虑到之前的序列输入信息。这一特性使得 RNN 极为适用于自然语言处理。尽管 RNN 具有处理长期依赖关系的潜力，但实际应用中却常遇到梯度消失或梯度爆炸问题，这大大限制了 RNN 处理长序列数据的能力。为了克服这些难题，后续引入复杂的门控机制，在保持序列信息流动的同时，有效地控制了信息的遗忘和更新，极大地提高了模型在长序列上的表现和稳定性。

9.1.2 RNN 和序列数据

传统神经网络以其多层结构和激活函数的能力在拟合各类函数方面表现出了令人瞩目的性能。这种能力确保了只要有足够的训练数据，模型便能完成多样化的任务。尽管传统神经网络的性能强悍，但在处理序列数据时，却力不从心。这是因为在传统的神经网络架构中，网络处理的每一次输入通常被视为独立的，这在一定程度上忽略了输入数据之间可能存在的关联。然而，许多复杂的任务比如机器翻译，其本质上却高度依赖于输入数据之间的相互联系。例如，在将"昨天，我吃了苹果"翻译成英文时，若模型未能捕捉到序列中单词间的关联，它只能逐字翻译，可能会生成诸如"yesterday，I eat apple"这样不符合语法规则的句子。正确的翻译需要模型理解整个句子结构，辨识时态和逻辑关系，据此转换动词"eat"为过去式"ate"，从而输出一个语法正确且符合语境的句子："yesterday，I ate an apple"。这一过程凸显了模型必须具备能够整合序列中先前输入的信息来形成未来输出的能力。

RNN 通过其独特的循环结构，能在每个时间步骤上不仅考虑当前输入，还能综合以往的输入信息，使模型能够捕捉序列数据中的时间依赖性。正是这种能力，使 RNN 成为处理语言翻译、文本生成等依赖序列信息的任务的理想选择，从根本上突破了传统神经网络在序列数据处理方面的局限。

9.1.3 RNN 模型基本结构

与传统的神经网络结构相比，RNN 的独特之处在于引入了循环连接的结构设计。正是这一创新的设计赋予了 RNN 处理和理解序列数据的强大能力。

传统神经网络和 RNN 的结构对比图如图 9-1 所示。

在传统神经网络的框架下，输入数据 x 被依次送入不同的层级，经过权重矩阵的加权求和以及激活函数的非线性转换，最终输出结果。相比之下，RNN 在形成当前输出的过程中，不仅综合了当前的输入信息，同时也融入了来自循环部分的额外信息。这部分额外的信息实际上代表了先前时间步骤的知识记忆，这种独特的设计使得 RNN 能够在逐步处理数据时，将历史信息串联贯穿整个处理流程，从而在处理序列化的数据上展现出更高的效率和准确性。

简单来说，RNN 之所以强大，是因为它拥有一种内置的信息回环机制。这种机制使得 RNN 能够在时间的维度上捕捉并应用数据流中的累积知识，为动态序列数据的解析与预测提供了一个强大且灵活的工具。

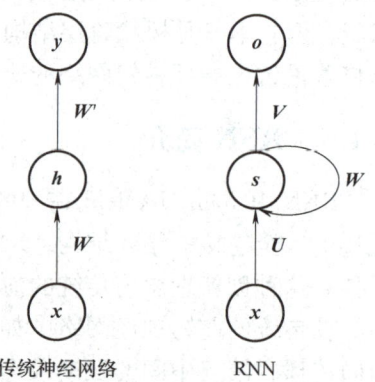

图 9-1 传统神经网络和 RNN 的结构对比图

图 9-1 仅仅展示了一个简化的模型，其中只包含单个神经元。这样的简化是为了更好地理解传统神经网络与 RNN 之间的区别。然而，在实际应用中，RNN 和传统神经网络一样，都是由多个神经元构成的深度网络。这意味着在输入部分，RNN 处理的是高维度的向量信

息。传统神经网络和 RNN 的网络细节对比图如图 9-2 所示。

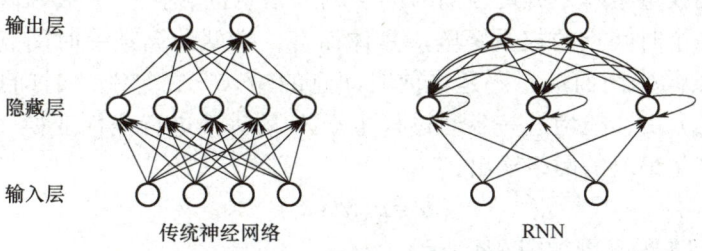

图 9-2　传统神经网络和 RNN 的网络细节对比图

图 9-2 中，为了便于循环展示，对 RNN 部分采用更少的神经元进行制图，在高维信息上也仅仅是增加了一个全连接隐藏层内部闭环，可知 RNN 与传统神经网络在形式上并无太大差异，其模型的核心也是 W、U、V 三个参数矩阵。

实际上，图 9-2 仅为 RNN 在时间维度上的压缩表示，所看到的循环部分仅代表了 RNN 在单个时刻的网络结构。为了展示模型和时间相关才进行闭环连接。真实的 RNN 是由多个这样的单一构件级联而成，每个结构都对应于序列中的一个时间点。RNN 能够在每个时间步中累积和传递信息，去捕捉序列数据中深层含义。

仅从单个时间步的网络结构来看，RNN 的工作原理可能会显得有些难以理解。为了更直观地理解 RNN 如何在时间维度上展开，可以参考图 9-3 中的 RNN 展开结构，更能体现出 RNN 针对时间序列的特性。

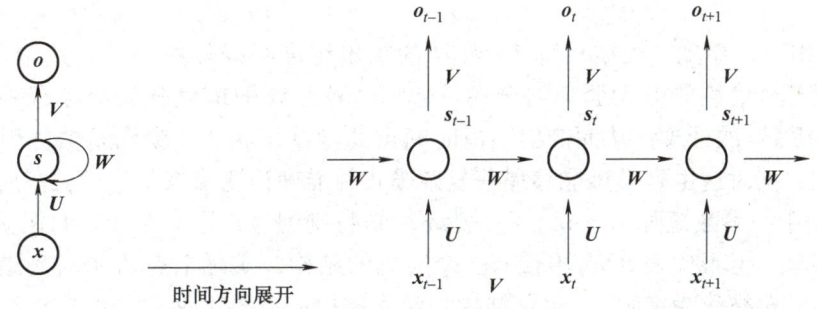

图 9-3　RNN 展开结构

在图 9-3 中，上一个时间步的隐藏层结果被保留下来，并在计算下一个时间步时，用来指导隐藏层的计算。这一过程赋予了网络记忆上下文的能力，使得 RNN 能理解序列数据中前文所透露的真实含义。RNN 的另一个特性是 W、U、V 的权重共享，即不论任何时刻都采用相同的 W、U、V 权重，这才是 RNN 能够有效处理序列数据并保持计算效率的关键。

9.1.4　RNN 的反向传播

结合图 9-3 可以明确 RNN 对序列的处理能力得益于对隐藏层改进。RNN 模型在时刻 t 时隐藏层的计算公式为

$$s_t = f(W \cdot s_{t-1} + U \cdot x_t) \tag{9-1}$$

式中，x_t 表示模型在时间点 t 时接收的输入，与传统神经网络中的输入方法一致；U 表示从输入层到隐藏层的权重矩阵，负责当前时间步输入信息的转换；W 表示隐藏层状态从一个时间点传递至下一个时间点的权重矩阵。具体而言，模型计算某一时间点的状态（隐藏层输出）由两部分共同作用而成：一是当前时间点的输入，二是上一时间点的隐藏层状态。在计算出隐藏层结果后，模型进一步通过权重矩阵 V 对其进行线性变换，并通过激活函数进行处理，从而产生最终的网络输出：

$$o_t = g(V \cdot s_t) \tag{9-2}$$

RNN 单一时间步展开图如图 9-4 所示。

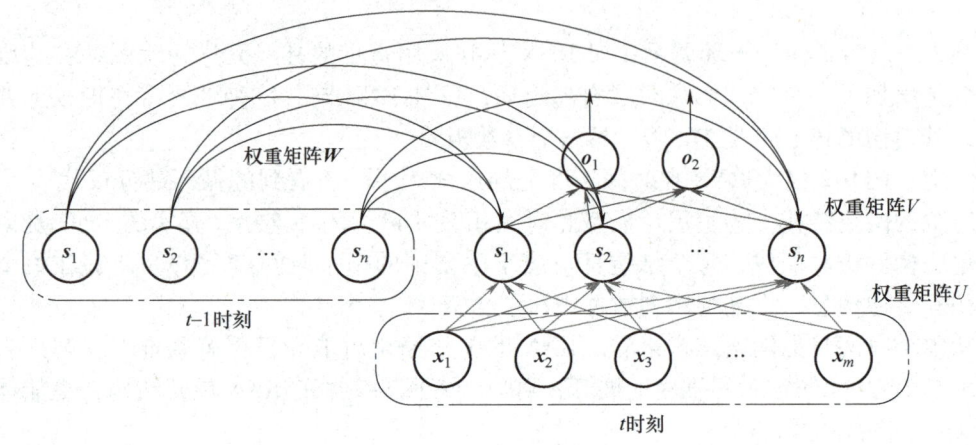

图 9-4　RNN 单一时间步展开图

从图 9-4 中可以看到，权重矩阵 W 和 U 的输出维度必须保持一致，这一点至关重要，它确保了这两部分信息能够无缝地结合在一起。这种结合的信息随后会经过一个激活函数（如 tanh 或 ReLU）的处理，从而产出当前时间点的隐藏层状态。激活函数的引入为模型加入非线性特性，同时这也是模型能够捕获复杂模式并准确预测未来状态的关键所在。

RNN 模型中，参数矩阵 W、U、V 一般不会被特别编号，原因在于它们在整个模型的所有时间步中共享。但不代表 RNN 中仅有一个时刻的结构，实际上有 L 个时刻结构。其中的某一个时间步结构被称为细胞（cell）结构，而隐藏层的结果由两部分的信息结合而成，可以理解成现有的输入和过去记忆的总结。

上一章对神经网络的反向传播进行了详细的讲解，从网络结构和数学计算层面分别解释了这一理论在神经网络中的意义。具体的损失函数可以选择交叉熵损失函数，也可以使用均方误差损失函数。在观察隐藏层的构成时可以发现，由于 RNN 在时间维度的设定，每一步的输出不仅依赖当前时间步网络，还需要使用前面若干步的隐藏层计算结果，因此这个被改进的 BP 算法（后向传播算法）被称为透过时间的反向传播（Backpropagation Through Time，BPTT）算法，直白地诠释了梯度下降的思想。

和传统的神经网络模型一致，参数优化依靠损失函数推动，RNN 在各个时间段的损失总和就是模型整体的损失情况。下面采用均方误差损失函数进行演示，有

$$E = \sum_{t=0}^{T} e_t = \sum_{t=0}^{T} \frac{1}{2}(y_t - o_t)^2 \tag{9-3}$$

式中，y_t 为 t 时刻的真实标签；o_t 为模型的预测结果。损失函数 E 对 W 矩阵的梯度可由式（9-4）计算得到：

$$\frac{\partial E}{\partial W} = \sum_t \frac{\partial e_t}{\partial W} \tag{9-4}$$

从式（9-4）中可以看出，对 W 矩阵的更新操作需要考虑各个时间段造成的影响。以时间 $t=3$ 为例，在当前时刻下依据链式法则得到梯度计算公式为

$$\frac{\partial E_3}{\partial W} = \frac{\partial E_3}{\partial o_3} \cdot \frac{\partial o_3}{\partial s_3} \cdot \frac{\partial s_3}{\partial W} \tag{9-5}$$

基于式（9-1）的正向传播过程可知，s_3 对 W 矩阵的梯度计算结果需要依靠 $W \cdot s_{t-1}$ 共同计算才能得到。即隐藏层结果 s_3 的计算过程中，与 W 相关的项有两项，权重矩阵 W 与上一时刻的隐藏层结果 s_2，因此 s_3 对权重矩阵 W 的导数计算依靠复合函数求偏导的链式法则展开，可得

$$\frac{\partial s_3}{\partial W} = \frac{\partial s_3}{\partial s_3} \cdot \frac{\partial s_3^+}{\partial W} + \frac{\partial s_3}{\partial s_2} \cdot \frac{\partial s_2}{\partial W} \tag{9-6}$$

式中，$\frac{\partial s_2}{\partial W}$ 部分的计算方式和 $\frac{\partial s_3}{\partial W}$ 一致，最终计算结果为式（9-7），而 $\frac{\partial s_3^+}{\partial W}$ 用来表示 s_3 对 W 部分直接求导的结果：

$$\frac{\partial s_2}{\partial W} = \frac{\partial s_2}{\partial s_2} \cdot \frac{\partial s_2^+}{\partial W} + \frac{\partial s_2}{\partial s_1} \cdot \frac{\partial s_1}{\partial W} \tag{9-7}$$

依靠上文中的规律 $\frac{\partial s_1}{\partial W}$ 的直接展开公式为

$$\frac{\partial s_1}{\partial W} = \frac{\partial s_1}{\partial s_1} \cdot \frac{\partial s_1^+}{\partial W} + \frac{\partial s_1}{\partial s_0} \cdot \frac{\partial s_0}{\partial W} \tag{9-8}$$

s_0 作为隐藏层，它的初始值设定为 0。最终对式（9-6）~式（9-8）进行整理总结，得到 $\frac{\partial E_3}{\partial W}$ 的计算结果为

$$\frac{\partial E_3}{\partial W} = \frac{\partial E_3}{\partial o_3} \cdot \frac{\partial o_3}{\partial s_3} \cdot \frac{\partial s_3}{\partial s_3} \cdot \frac{\partial s_3^+}{\partial W} + \frac{\partial E_3}{\partial o_3} \cdot \frac{\partial o_3}{\partial s_3} \cdot \frac{\partial s_3}{\partial s_2} \cdot \frac{\partial s_2}{\partial s_2} \cdot \frac{\partial s_2^+}{\partial W} + \frac{\partial E_3}{\partial o_3} \cdot \frac{\partial o_3}{\partial s_3} \cdot \frac{\partial s_3}{\partial s_2} \cdot \frac{\partial s_2}{\partial s_1} \cdot \frac{\partial s_1^+}{\partial W} \tag{9-9}$$

损失函数 E 对参数矩阵 U 的梯度信息，其求解方式和 W 的计算方式类似，具体见式（9-10）。参数矩阵 U 和 W 在式（9-1）中对结果的影响所处地位都相同，都会影响隐藏层的计算结果，可依据复合函数求偏导的链式法则得出

$$\frac{\partial E_3}{\partial U} = \frac{\partial E_3}{\partial o_3} \cdot \frac{\partial o_3}{\partial s_3} \cdot \frac{\partial s_3}{\partial s_3} \cdot \frac{\partial s_3^+}{\partial U} + \frac{\partial E_3}{\partial o_3} \cdot \frac{\partial o_3}{\partial s_3} \cdot \frac{\partial s_3}{\partial s_2} \cdot \frac{\partial s_2}{\partial s_2} \cdot \frac{\partial s_2^+}{\partial U} + \frac{\partial E_3}{\partial o_3} \cdot \frac{\partial o_3}{\partial s_3} \cdot \frac{\partial s_3}{\partial s_2} \cdot \frac{\partial s_2}{\partial s_1} \cdot \frac{\partial s_1^+}{\partial U} \tag{9-10}$$

参数矩阵 V 仅影响特定的输出结果，因此损失函数 E 对 V 的梯度计算如下：

$$\frac{\partial E_3}{\partial V} = \frac{\partial E_3}{\partial o_3} \cdot \frac{\partial o_3}{\partial V} \tag{9-11}$$

RNN 在参数更新部分和传统的梯度下降算法一致，可利用各个权重的梯度信息结合学习率更新参数，实现对整体网络优化，进而提升网络性能。

9.1.5 双向 RNN

RNN 在语言模型中的应用非常广泛，它能够根据之前的文本输入和当前时间点的信息来指导预测接下来的文本。然而，仅依赖于前文来预测后续单词，所获得的信息可能并不全面。下面通过一个简单的 RNN 语言模型应用场景来进一步理解这一点。

【例 9-1】 假设模型的任务是预测句子中下一个单词的出现。考虑这样一个句子："天气预报说今天会＿＿＿，所以我带了雨伞出门。"

在这个例子中，模型需要预测空白处的单词。RNN 会将"天气预报说今天会"这些前面的单词作为序列输入，每个时间点处理一个单词。通过其内部的"记忆"机制，RNN 能够记住之前接收到的信息。利用这些累积的信息去预测接下来最可能出现的单词。

由于"天气预报说今天会"这个短语通常后接天气状况的描述，模型可能会预测出"晴天""下雨"等与天气相关的词汇。人类在结合上下文的思考中，可以轻松预测答案是"下雨"，是因为人类在对后半部分"所以我带了雨伞出门"进行理解得出这暗示了天气可能是阴雨的，从而实现了准确的预测。所以为了能够实现更强大的语义理解能力，光靠上文的信息是远远不够的。基于当前思想利用 RNN 进行建模，构建出双向神经网络，以满足这部分的功能需求。

双向 RNN 架构如图 9-5 所示。

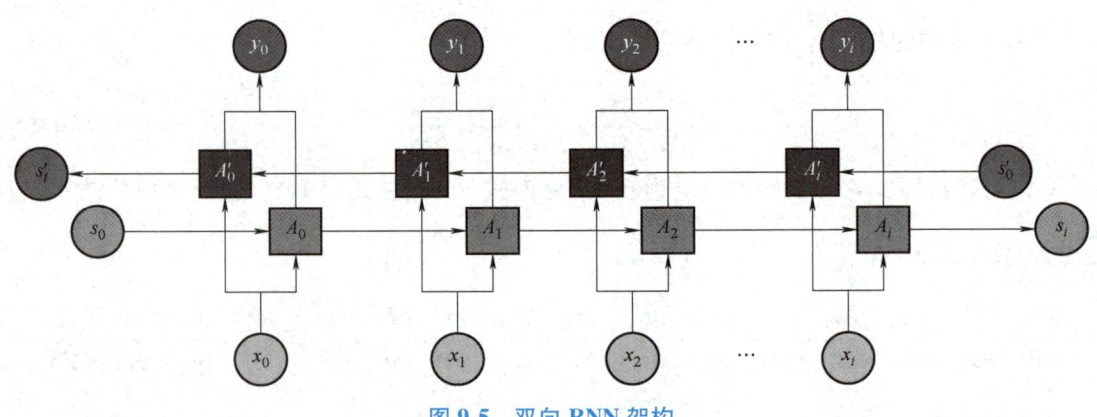

图 9-5 双向 RNN 架构

双向 RNN 在每个时间步同时考虑历史和未来的信息。这种设计使得双向 RNN 在处理序列数据时具有显著的优势，尤其是在需要深入理解上下文联系的情境中。

在确定时间步 t 的输出 y_t 时，双向 RNN 遵循以下过程：

1）正向模块（如 A_t）。结合当前输入与过去的累积信息，以捕获序列前段的语境。正向模块从序列的开始处理到当前时间步 t，逐步构建起对序列前半部分的理解。

2）反向模块（如 A'_t）。这个模块同时引入未来的输入和当前时刻的信息，以捕获序列末尾的情况。反向模块从序列的末尾逆向处理到当前时间步 t，从而获得对序列后半部分的洞察。

因此，时间步 t 的输出 y_t 不仅受到前文信息 A_t 的影响，还受到后续信息 A'_t 的影响。这种双向的信息流使得双向 RNN 能够更全面地理解序列中的每个元素，从而为自然语言处理领域中的任务提供更为精确的预测和分析。

计算流程可以通过式（9-12）得到：

$$y_t = g(VA_t + V'A'_t) \tag{9-12}$$

其中正向和反向模块结果计算如下：

$$A_t = f(W \cdot A_{t-1} + U \cdot x_t) \tag{9-13}$$

$$A'_t = f(W' \cdot A'_{t+1} + U' \cdot x_t) \tag{9-14}$$

利用 g 综合正向和反向模块信息，它将两个模块的输出合并，以生成最终的输出 y_t。这种合并可以通过多种方式实现，如简单的拼接、加权平均或更复杂的交互机制。双向 RNN 的这种设计显著提高了模型对序列数据的理解能力，使其在许多需要考虑前后文信息的任务中表现出色。

9.1.6 双向 RNN 思考

双向 RNN 的计算方式与传统的单向 RNN 在本质上是相似的，关键差异在于它引入了前向和后向这两个处理方向。这种设计使得双向 RNN 在处理序列数据时能够同时考虑历史和未来的信息，从而更全面地理解上下文。

在双向 RNN 中，前向和后向网络各自拥有独立的权重矩阵，分别用 U 和 U' 来表示输入到隐藏层的权重，W 和 W' 表示隐藏层到隐藏层的权重，以及 V 和 V' 表示隐藏层到输出层的权重。这些权重矩阵之间不共享参数，因此可以针对不同方向的信息进行专门的优化。

关于双向 RNN 在训练的过程中的使用，可能有疑虑认为模型可能会"泄露"答案。实际上，双向 RNN 作为一种语言模型，其目的是结合上下文信息来生成合理的输出，在翻译任务中需要模型利用前文和后续的信息输出当前位置的准确翻译结果，显然输入阶段不存在答案，因此也就不存在提前知道答案的情况。

在填空任务中，模型的输入部分会使用特殊的占位符来代替需要预测的位置。这种技术确保了模型在训练时无法"看到"答案，而是必须根据上下文来预测缺失的单词。这种方法通常被称为掩码语言模型（Masked Language Model，MLM）训练，它帮助模型学习如何在给定上下文的情况下预测缺失的信息，因此不会存在泄漏答案的情况。

现阶段，BERT 已经广泛采用了这种策略，并在多种自然语言处理任务中取得了显著的成绩。BERT 等模型通过预测掩码位置的单词，展示了在理解语言和上下文方面的卓越能力。

9.1.7 深层双向 RNN

前文中讨论了 RNN 通过其隐藏层捕捉序列数据中的时间依赖性。为了进一步提升模型的能力，可以将 RNN 的隐藏层进行堆叠，构建出深度 RNN。这种结构的设计允许网络在每一层中进行更深层次的特征抽象和整合，从而提取更为复杂的模式和依赖关系。如果对其进行双向构建，则变成深层双向 RNN，具体结构如图 9-6 所示。

在计算某个时间步的输出时，信息在网络中的流动不再仅限于相邻层之间，使得网络能够综合多方面的信息来做出更加精确的预测。这种深度交互的过程，是深度 RNN 能够提供强大性能的关键。

深度 RNN 的每个额外隐藏层都为模型提供了更高层次的数据表达能力。这意味着网络不仅能够识别简单的模式，还能够捕捉到数据中的高级特征和抽象概念。这种深度结构扩展了模型的灵活性，使其能够处理更加复杂的序列数据。

9.1.8　RNN 的梯度消失和梯度爆炸

通常而言，增加神经网络的深度有助于提升网络的表示能力，但同时也会增大遭遇梯度消失或梯度爆炸风险的可能性。在深度学习中，一个微小的变化在网络的初始层产生时，该变化会通过连续多个层的传播作用，从而对整体网络参数产生显著的影响。这个传播过程涉及多个连续层参数的链式乘积。

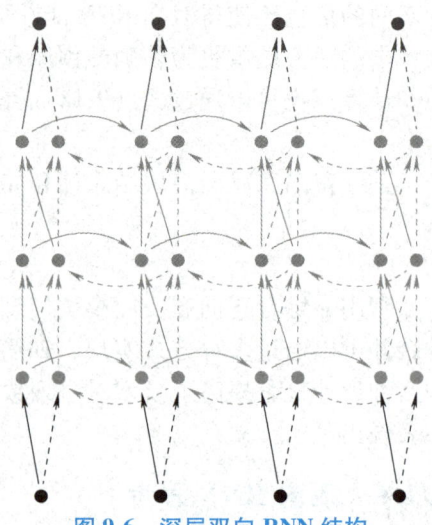

图 9-6　深层双向 RNN 结构

特别地，若选用 Sigmoid 函数作为激活函数，其梯度的导数值总是小于 1，这意味着随着网络层级的增加，累积梯度逐渐减小，最终可能引起梯度消失。相反地，如果累积梯度过大，则可能遭遇梯度爆炸的问题。在训练深度神经网络的过程中，这两种情境都需要引起足够的重视，因为它们可以显著阻碍模型的学习效率和性能。

对于 RNN，其在处理序列数据时的展开形态，与深度网络在形态上有着相似之处。而且，由于 RNN 中权重参数的共享特性，单个权重矩阵的任何变动都会同时影响到序列中多个时间步的隐藏状态。链式求导法则的应用意味着任何单一权重的更新都将影响整个时间序列，这与深度网络中遭遇的挑战一脉相承。可以看到在式（9-15）中利用损失函数计算 W 的梯度信息：

$$\frac{\partial E_3}{\partial W} = \frac{\partial E_3}{\partial o_3} \cdot \frac{\partial o_3}{\partial s_3} \cdot \frac{\partial s_3}{\partial s_3} \cdot \frac{\partial s_3^+}{\partial W} + \frac{\partial E_3}{\partial o_3} \cdot \frac{\partial o_3}{\partial s_3} \cdot \frac{\partial s_3}{\partial s_2} \cdot \frac{\partial s_2}{\partial s_2} \cdot \frac{\partial s_2^+}{\partial W} + \frac{\partial E_3}{\partial o_3} \cdot \frac{\partial o_3}{\partial s_3} \cdot \frac{\partial s_3}{\partial s_2} \cdot \frac{\partial s_2}{\partial s_1} \cdot \frac{\partial s_1}{\partial s_1} \cdot \frac{\partial s_1^+}{\partial W}$$

(9-15)

式（9-15）是 $t=3$ 的情况，计算公式的项数为 3，随着时间 t 的增加，这个梯度计算公式的长度会越来越长，即上式 $\frac{\partial s_{t-1}}{\partial s_t}$ 部分的项数也越多，随之而来的是不断地计算导数值。当激活函数的导数小于 1 时（如 Sigmoid 或 tanh），多层的连乘效应会导致累积求导结果急剧减小，从而引发梯度消失问题——即梯度信息在传递过程中逐步衰减直至消失。反之，如果连乘结果大幅超过 1，则可能触发梯度爆炸——梯度信息在传递过程中迅速放大，导致数值急剧膨胀。这两种情况都会严重影响模型的训练效果。因此 RNN 的结构让模型具备了记忆能力的同时，也为模型引入了更多风险。

9.1.9　RNN 模型应用

本实例基于一个基础的 RNN 模型来进行文本处理，目标是基于给定句子的前几个词预测句子中的下一个词。

1. 数据预处理和批量生成

本章节使用的编程包如下：

```
import numpy as np
import torch
import torch.nn as nn
import torch.optim as optim
```

make_batch 函数结合了前文中 word2vec 和 NNLM 应用中分词操作的代码，读者可自行比较。make_batch 函数的作用是将句子转换成适用于模型训练的形式。对于每个句子，它提取除了最后一个单词外的所有单词作为输入，并将最后一个单词作为预测目标，用于训练模型进行下一个词的预测。输入单词通过独热编码表示，将索引为 i 的单词表示为一个向量，该向量中第 i 个位置为 1，其余位置为 0。独热编码可以直观地表示词汇的分类信息。然后，这些数据被组织好并返回，以供模型训练使用。

```
def make_batch():
    input_batch=[]
    target_batch=[]
    #遍历 sentences 中的每个句子
    for sen in sentences:
        word=sen.split()
        input=[word_dict[n]for n in word[:-1]]
        target=word_dict[word[-1]]
        input_batch.append(np.eye(n_class)[input])
                                    #将输入的单词索引转换为独热编
                                     码，并添加到输入批次列表
        target_batch.append(target)  #将目标单词的索引添加到目标批次
                                     列表
    return input_batch,target_batch
```

2. RNN 模型结构定义

当前模型整体框架定义为 TextRNN 类，用于构建一个简单的 RNN 并处理文本任务。RNN 层主要用于处理序列数据。每个时间步对应于一个单词的独热编码。RNN 层的核心优势在于它能够保持一个内部状态，该状态根据新的输入在每个时间步更新。这允许 RNN 捕获和记忆序列中前面单词的信息，从而在预测下一个单词时考虑到前文的上下文信息。

```
class TextRNN(nn.Module):
    def __init__(self):
        super(TextRNN,self).__init__()
        #定义 RNN 层,输入大小为 n_class,隐藏层大小为 n_hidden
```

```
            self.rnn=nn.RNN(input_size=n_class,hidden_size=n_hidden)
            #定义一个线性层,将RNN的输出映射到n_class维度
            self.W=nn.Linear(n_hidden,n_class,bias=False)
            self.b=nn.Parameter(torch.ones([n_class]))
        def forward(self,hidden,X):
            #转置X以满足RNN输入要求:[时间步,批次大小,输入大小]
            X=X.transpose(0,1)
            #通过RNN层传递输入X和初始隐藏状态hidden,获取输出和最新隐藏状态
            outputs,hidden=self.rnn(X,hidden)
            #注意:outputs大小为[时间步,批次大小,隐藏层大小]
            # hidden大小为[层数*方向数,批次大小,隐藏层大小]
            #取最后一个时间步的输出用于下一步处理
            outputs=outputs[-1]
            model=self.W(outputs)+self.b
            return model
```

值得注意的是,当前框架主要采用了nn.RNN。nn.RNN是PyTorch框架中已经集成的一个模块,它提供了构建基本RNN的功能。PyTorch提供的nn.RNN模块让构建RNN变得简单快捷,隐藏了很多底层的复杂性。

上述代码中,X首先经过转置,以确保它的维度符合[时间步,批次大小,输入大小]的格式。然后,X和初始隐藏状态hidden一起被传递到RNN层,输出outputs包含了所有时间步的隐藏状态,而最终的hidden包含了序列最后一个时间步的隐藏状态。通常选取outputs中最后一个时间步的输出,作为序列的整体表示,然后通过线性层和偏置来生成最终的预测结果。

3. 模型参数和超参数

针对参数的设置和上文基本一致,实际的应用过程中可按实际要求设置参数大小。

```
n_step=2              # 每个训练样本的单词数
n_hidden=5            # RNN隐藏层中单元的数量
```

4. 模型训练

在训练阶段,首先初始化TextRNN模型、设置交叉熵损失函数,并使用Adam作为优化算法。接着,通过make_batch函数准备好输入和目标数据批次。每个训练周期里,模型从初始化隐藏状态开始,经过正向传播生成预测,计算与实际值的损失,再通过反向传播更新模型参数以改进性能。通过这一连串步骤的重复,模型逐步学会如何预测句子中的下一个词。

```
#准备训练数据
sentences=["she enjoys reading","he love football","they adore traveling"]
```

```python
#定义示例句子作为训练数据
word_list=" ".join(sentences).split()
word_list=list(set(word_list))
word_dict={w:i for i,w in enumerate(word_list)}
number_dict={i:w for i,w in enumerate(word_list)}
n_class=len(word_dict)
batch_size=len(sentences)
model=TextRNN()    # 初始化 TextRNN 模型
criterion=nn.CrossEntropyLoss()
optimizer=optim.Adam(model.parameters(),lr=0.001)
input_batch,target_batch=make_batch()
input_batch=torch.FloatTensor(input_batch)
target_batch=torch.LongTensor(target_batch)
#进行模型训练
for epoch inrange(5000):
    optimizer.zero_grad()
    hidden=torch.zeros(1,batch_size,n_hidden)
    output=model(hidden,input_batch)
    loss=criterion(output,target_batch)
    loss.backward()
    optimizer.step()
#使用训练好的模型进行预测
hidden=torch.zeros(1,batch_size,n_hidden)
predict=model(hidden,input_batch).data.max(1,keepdim=True)[1]
print([sen.split()[:2] for sen in sentences],'->',[number_dict[n.item()] for n in predict.squeeze()])
```

运行结果如下：

```
[['she','enjoys'],['he','love'],['they','adore']]->['reading','football','traveling']
```

上述代码完整地展示了在 PyTorch 中构建和训练一个简单的 RNN 模型来完成文本预测任务，以及如何利用训练好的模型进行预测。在训练过程中通过不断地正向传播、损失计算、反向传播和参数更新来改进模型，使其能够根据前 $n-1$ 个词预测下一个词。

9.2 LSTM 模型

在自然语言处理和序列建模的领域中，RNN 因其处理序列数据的能力而备受青睐。然而，RNN 在处理长序列时常常会遇到梯度消失的问题，这限制了其学习长期依赖关系的能力。为了解决这一难题，长短期记忆（Long Short-Term Memory，LSTM）网络被引入，它是一种特殊的 RNN，由 Hochreiter 和 Schmidhuber 在 1997 年提出。

LSTM 的设计特别注重解决梯度消失问题，它通过引入门控机制来优化模型对长期依赖关系的处理能力。在传统 RNN 中，序列数据的长期依赖特性会导致梯度在多层传播过程中迅速衰减，使得模型难以捕捉并维持长时间序列的依赖关系。LSTM 通过其独特的结构，有效管理信息的留存与忘记，确保了长期依赖的信息能够在网络中持续流动。

9.2.1　LSTM 简介

LSTM 模型的精髓在于其创新的门控机制，这一机制由输入门、遗忘门和输出门三大要素构成。这些门合理控制信息流的进入、存储与导出，赋予模型在每个时间点上独立判定哪些信息具有重要价值并应当被保留，哪些信息已成过往云烟，应当被淡忘的能力。

1）输入门：决定哪些新的信息将被存储在网络的状态中。
2）遗忘门：决定丢弃哪些信息，以准备更新网络的状态。
3）输出门：决定下一个隐藏状态将如何被计算，以及如何将网络的状态转化为输出。

LSTM 的这种设计显著提高了模型处理长序列数据的能力，使其在各种序列建模任务中表现出色，包括语言模型、机器翻译、文本摘要和语音识别等。LSTM 的成功应用展示了其在深度学习领域中处理序列数据的强大潜力和灵活性。

9.2.2　LSTM 和 RNN 结构对比

在一节对 RNN 的结构进行了详尽解析，特别指出的是，RNN 相较于传统的前馈神经网络采取了闭环的结构策略，这种设计允许信息在序列的时间步之间传递，从而增强了模型处理序列数据的能力。为了便于理解，使用了与传统神经网络一致的表述方法，直接采用隐藏层输出结果 s_t 来对隐藏层进行标记。然而，隐藏层实际上承担着一个更为复杂的数据处理操作。具体来说，模型会将当前时刻 t 的输入数据 x_t 与前一时刻 $t-1$ 的隐藏层结果结合起来，通过线性映射及激活函数处理，形成最终的隐藏层输出。

为了进一步深化对 RNN 结构的理解并以此为基础更好地把握 LSTM 的复杂机制，图 9-7 重新描绘了 RNN 的结构，提供了一个清晰的框架，利用新的视角帮助直观地理解 RNN 的运作原理，从而有效地将 RNN 和 LSTM 的结构进行对比和联想。

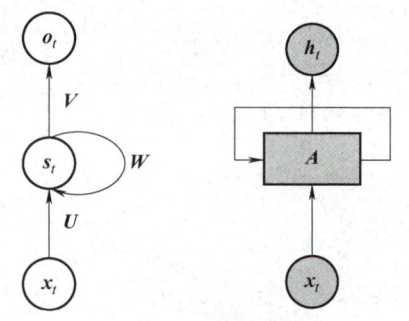

图 9-7　RNN 结构图

图 9-7 中，RNN 的输出 o_t 是通过对隐藏层输出 s_t 进行线性变换和激活操作得到的，h_t 是未经过线性变换矩阵和激活处理的纯粹隐藏层输出。换言之，图 9-7 中 s_t 和 h_t 实际上指的是同一种数据。式（9-16）中，$\sigma(W \cdot s_{t-1} + U \cdot x_t)$ 的操作都被封装进了方块 A 中。方块 A 中的两个箭头则用来描述输入数据。

$$h_t = \sigma(W \cdot h_{t-1} + U \cdot x_t) \tag{9-16}$$

因此 RNN 模型按时间方向展开的图结构如图 9-8 所示。

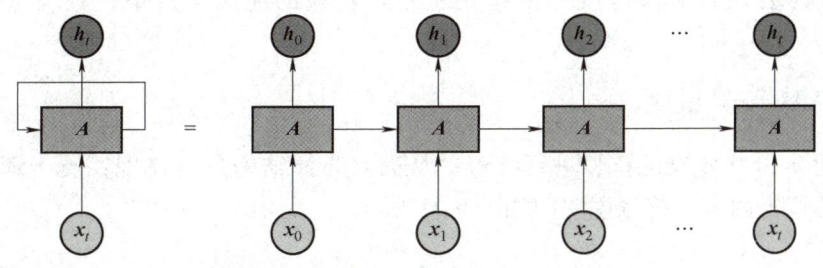

图 9-8　RNN 时间方向展开图

图 9-9 对整个 RNN 中 A 处理数据部分的细节进行了展示，其中黄色方块表示神经网络层，通过神经网络层所采用的激活函数标识进行表示。实际上就是 U 矩阵、W 矩阵和激活函数都被封装在图 9-9 中的黄色方块区域内，也可理解成式（9-16）中 $\sigma(W \cdot h_{t-1} + U \cdot x_t)$ 这一操作被集成在内。

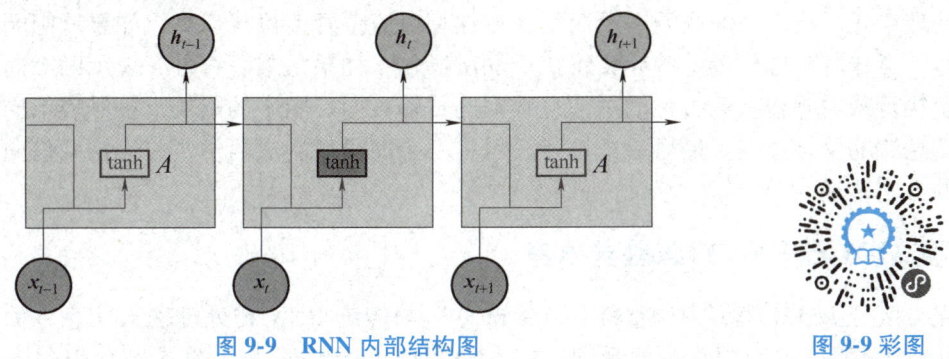

图 9-9　RNN 内部结构图

LSTM 内部结构图如图 9-10 所示，这一设计比图 9-9 中 RNN 的结构要复杂得多。这样设计的主要目的就是为了解决梯度消失问题，从而使模型能够实现长期记忆的功能。从图 9-10 中也可以看出，LSTM 仅仅是对 RNN 中 A 部分的结构进行了深度优化和改进。

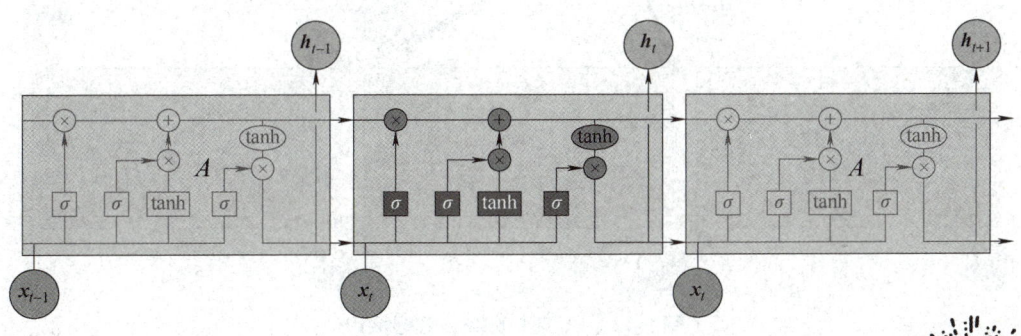

图 9-10　LSTM 内部结构图

通过 LSTM 内部这些精细化的组件和操作，模型得以精准地控制信息流，既能选择性地保留长期记忆中有价值的信息，又能有效地遗忘那些无关紧要的细节。这种独到的改良，让 LSTM 在处理序列数据上具有了显著优势,尤其在需要对长时间跨度的依赖关系进行建模的应用场景中,展现出了其独特的能力。

9.2.3 LSTM 符号说明

首先对图 9-10 中复杂的符号进行解释,从而对整体结构进行梳理,便于理解数据的流向以及整体的逻辑内核。符号说明图如图 9-11 所示。

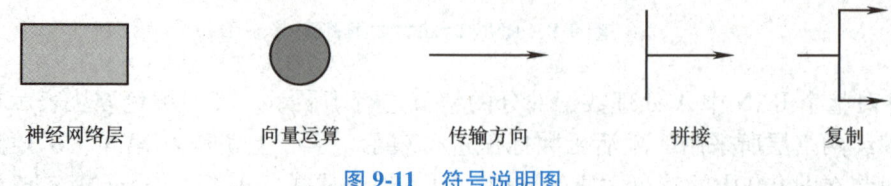

图 9-11 符号说明图

图 9-11 中,第一个方块代表由线性映射矩阵和激活函数组成的神经网络层,这是基础的信息处理单元。接下来的圆圈表示两个向量在相对应位置上执行运算,如果该圆圈内部是加法符号,意味着对应位置上的元素将执行加法操作;如果是乘法符号,表示两个向量对应位置元素执行乘法操作。箭头标明了信息数据的传输方向。图中的第 4 个符号表示向量的拼接,即信息流的聚合过程。最后一个符号表示将一个向量复制成两份,并让这两份向量分别向不同的方向传递。

9.2.4 LSTM 与 RNN 输入差异思考

首先,区分 LSTM 模型中调整部分(A 部分)与传统 RNN 在处理输入信息方面的主要差异。通过观察图 9-9 可以直观地看到:在 RNN 中,特定时间步 t 的 A 部分仅包含两个输入接口和两个输出接口。相反地,LSTM 模型在同一时间步具有三个输入接口和三个输出接口,在接口数量上明显超过了 RNN。

LSTM 的输出数据标识如图 9-12 所示。

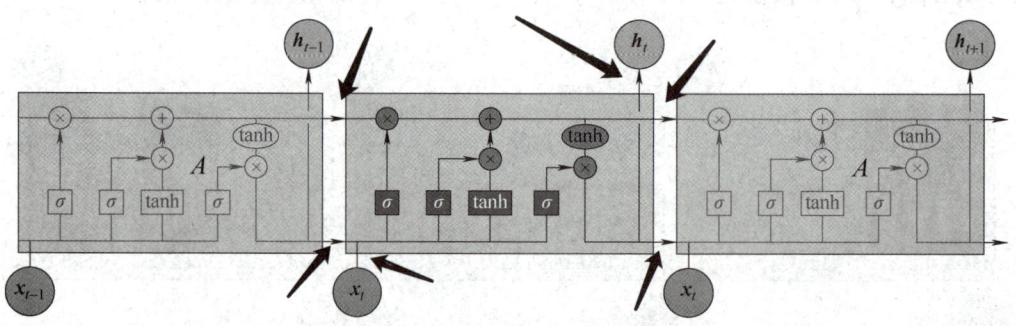

图 9-12 LSTM 的输出数据标识

图 9-12 中,每个时间步接收的输入比传统的 RNN 多了一维,使其更擅长处理和记忆长期依赖信息。LSTM 中,一个输入是来自外部的当前时间步输入数据 x_t,与 RNN 处理方式一致,作为模型当前时间步的输入。另外

图 9-12 彩图

两个输入都来源于上一个时间步 $t-1$ 中的 A 部分。一个是隐藏状态 h_{t-1}，本质上与 RNN 的上一个时间步的隐藏层输出结果 s_{t-1} 相同，通常代表了模型对之前信息的记忆。另一个是细胞（cell）状态 c_{t-1}，这是 LSTM 特有的结构元素，可以被视作一个更为基础或原始的隐藏状态 h_{t-1} 形式，即在未经任何处理之前的形态。

细胞状态 c_{t-1} 的引入是 LSTM 在设计上的一大创新，使得网络能够更有效地携带并管理跨越长时间序列的信息。相比于 RNN 只依靠 h_{t-1} 传递上下文信息，LSTM 通过同时传递隐藏状态和细胞状态，很大程度上提升了处理长序列数据和学习长期依赖的能力，其实更像是将未经处理的原始数据与经过网络层处理后的数据并行传递的机制。

在神经网络架构中，这种形式通常见于残差网络（Reset）的设计中。这种残差结构设计的目的是为了缓解深度网络中常见的梯度消失问题。同样的理念在 LSTM 中也得到了应用，不过是应用在时间序列的维度上。LSTM 的结构细节图如图 9-13 所示。

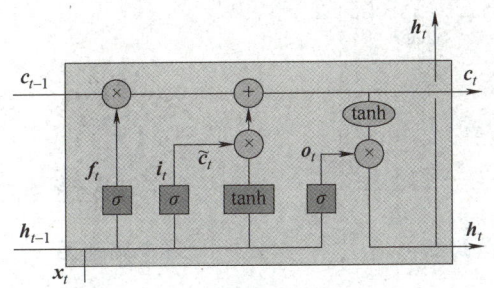

图 9-13　结构细节图　　　　　　　　　　图 9-13　彩图

LSTM 模型通过将细胞状态 c_{t-1} 和隐藏层结果 h_{t-1} 沿时间轴直接传递至下一时间步，模拟了类似残差结构的功能。细胞状态可以理解为未经任何处理的信息载体，它保留了过去信息的原始形态。这样，在计算出当前时间步的隐藏状态 h_{t-1} 后，尽管处理过程可能会导致一些重要信息的丢失，但是原始的细胞状态 c_{t-1} 却能未经修改地保留这些信息，并将其安全地传递至下一步。

细胞状态流向图如图 9-14 所示。直观地看，细胞状态 c_{t-1} 的传递过程就像是一条运行在整个模型时间序列中的传送带。它以直线路径前进，仅与少数线性操作交互，最终传入下一个时间步，并成为新的细胞状态 c_t。这一机制不仅增强了模型对长期依赖的学习能力，还为特征选择提供了更丰富的信息基础，从而有效提升了模型的整体性能。

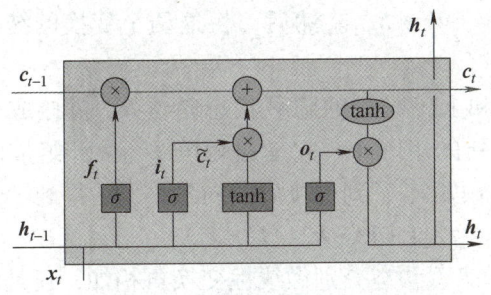

图 9-14　细胞状态流向图　　　　　　　　图 9-14　彩图

细胞状态 c_{t-1} 在 LSTM 中起到了记录上一时间步全部信息的作用,且这个向量比隐藏状态 h_{t-1} 所存储的信息更为全面。在这两个被传递的向量中,h_{t-1} 所携带的信息经过了精选,尽管更为精炼,但可能缺乏某些细节信息;相对而言,c_{t-1} 携带了更加丰富且细致的信息,虽然其中可能包含了一定的冗余。

9.2.5 LSTM 的并行化

在理解了这两种状态之间的本质区别之后,接下来深入地探讨 LSTM 模型的信息传递过程。

遗忘门计算图如图 9-15 所示。

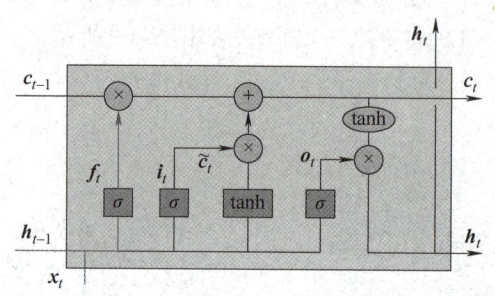

图 9-15 遗忘门计算图   图 9-15 彩图

首先,与 RNN 的处理方式相似,当前时间步 t 的输入数据 x_t 和上一个时间步的隐藏层输出结果 h_{t-1} 被传入 LSTM 的模块,进行初步处理。这一过程体现在式(9-17)中。综合参考图 9-15,可以看到先将输入 x_t 和隐藏状态 h_{t-1} 拼接,然后通过神经网络层进行线性变换及激活函数处理,最终得到输出信息 f_t。

$$f_t = \sigma(W_f \cdot [x_t, h_{t-1}] + b_f) \tag{9-17}$$

$$h_t = \sigma(W \cdot h_{t-1} + U \cdot x_t) \tag{9-18}$$

现阶段的计算公式(9-17)和 RNN 的计算公式(9-18)仅仅是形式上的不同,运算本身是等价的。实际上,两个分开的线性变换结果和一个拼接后的线性变换结果在数学上是等价的,这是由于线性变换和矩阵运算的性质所确定的。下面简化地解释这一等价性。

考虑两个独立的线性变换:

第一个线性变换将输入向量 x_t 通过矩阵 U 变换:$U \cdot x_t$;第二个线性变换将上一时刻的隐藏状态向量 h_{t-1} 通过另一个矩阵 W 变换:$W \cdot h_{t-1}$。然后,将这两个变换的结果相加得到 $W \cdot h_{t-1} + U \cdot x_t$。

拼接后的线性变换:将输入向量 x_t 和上一时刻的隐藏状态向量 h_{t-1} 拼接成一个新的向量,记为 $z_t = [x_t, h_{t-1}]$。接着,构造一个新的矩阵 V,它是由矩阵 U 和 W 组成的更大的矩阵:$V = [U, W]$。这样,通过单一操作应用矩阵 V 到拼接后的向量 z_t 上,得到

$$V \cdot z_t = V \cdot [x_t, h_{t-1}] = (W \cdot h_{t-1} + U \cdot x_t) \tag{9-19}$$

这里的关键在于,无论是先对输入和隐藏状态分别做线性变换再相加,还是将它们拼接后通过一个更大的矩阵做一次线性变换,最终的结果都是相同的。这种等价性源自线性代数中矩阵运算的分配律。这么做的目的主要是为了实现在神经网络中的批量处理,从而增加网

络的并行运算能力，可以高效地执行模型的训练，并且可以充分利用 GPU 的并行计算能力。

9.2.6 LSTM 的门控装置

上一章详细地探讨了 Sigmoid 激活函数的特性，其在数学上的作用是将输入数据映射到 0~1 之间。在 LSTM 结构中，σ 代表 Sigmoid 函数，使得 LSTM 特别适合用于控制信息流。

具体地，当应用 Sigmoid 函数到权重计算 $W_f \cdot [x_t, h_{t-1}] + b_f$ 上，得到的结果是向量 f_t，它的每一个分量都被限制在了 0~1 之间。这意味着，f_t 向量中的每个数值都可以被解释为一个信息通过率——数值接近 1 的分量表示相关信息被几乎完全保留，而接近 0 的分量则表示信息被大部分遗忘。

这一性质使得 f_t 能够按位地调节细胞状态中的信息流，决定哪些过去的信息应保留，哪些应遗弃，从而为 LSTM 提供一种高效管理内部信息流的方式，使其更加适应处理具有长期依赖性的序列数据任务。

进一步来说，细胞状态 c_{t-1} 可以被看作保持上一时间步未经处理的全量记忆，将其与用于控制遗忘的 f_t 向量进行逐位乘法操作，实际上就是在对 c_{t-1} 中的信息进行精确筛选。因此，f_t 向量中数值较高的分量将会在保留信息时占据优势，相反，数值较低的分量对应的信息则会被丢弃。这种基于 0~1 之间的逐位乘法操作实现了对 c_{t-1} 的有选择性保留或遗忘，而这种选择正是由当前输入 x_t 和上一时间步的隐藏状态 h_{t-1} 共同决定的。因此，LSTM 中的这个过程，即遗忘门，实质上是由当前输入 x_t 和上一时间步的隐藏状态 h_{t-1} 共同决定哪些先前的细胞状态信息应该被遗忘或保留。

输入信息计算图如图 9-16 所示。

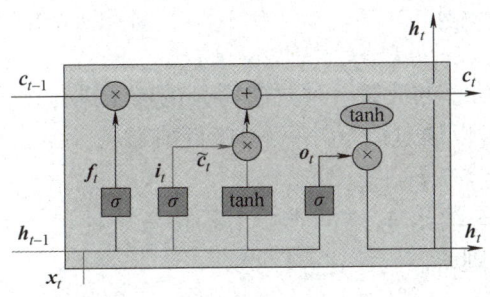

图 9-16 输入信息计算图

图 9-16 彩图

随着数据在模型中的继续流动，观察图 9-16 中标注为红色的部分，可以看到当前时间步的输入 x_t 和上一时间步的隐藏状态 h_{t-1} 被拼接为一个向量，并进行两项关键的操作。首先，与遗忘门相似，一个神经网络层采用 σ（Sigmoid 函数）处理拼接向量，生成一个介于 0~1 之间的向量 i_t，决定后续的遗忘情况。这一步骤的计算公式为

$$i_t = \sigma(W_f \cdot [x_t, h_{t-1}] + b_f) \tag{9-20}$$

接下来，式（9-21）展示了另一部分操作，不同于之前利用 Sigmoid 函数，这里采用了 tanh 激活函数。此步骤在功能上与遗忘门的 f_t 有所区分，生成了另一个向量 $\tilde{c}_t$。这一计算过程可以表述为

$$\tilde{c}_t = \tanh(W_c \cdot [x_t, h_{t-1}] + b_c) \tag{9-21}$$

式（9-20）和式（9-21）的主要差异在于激活函数的选用。式（9-21）使用的 tanh 函数对当前的输入信息和上一步隐藏层的结果进行一次非线性变换，产生对 x_t 和 h_{t-1} 的非线性向量表示的 $\tilde{c}_t$。相对地，式（9-20）中生成的向量 i_t 则作为控制遗忘情况的向量存在，决定了 $\tilde{c}_t$ 向量中哪些信息将会被取舍从而用于生成细胞状态 c_t。

简而言之，这两步操作结合起来，通过当前的输入信息 x_t 与上一步隐藏层的输出 h_{t-1}，共同决定了对当前时间步输入信息 x_t 与上一步隐藏层的输出 h_{t-1} 中的保留情况。这一过程体现了 LSTM 精细调节信息流的能力，优化了模型在处理具有长期依赖性的序列数据任务时的性能表现。

因此，在当前阶段，获取了两个关键向量：一是用于对细胞状态 c_{t-1} 进行选择性遗忘的向量 f_t；另一个是针对当前输入信息及上一时间步隐藏层结果进行选择性保留的向量 i_t。

图 9-17 展示的步骤是当前时间步细胞状态 c_t 的更新过程，其中遗忘门向量 f_t 用于在细胞状态 c_{t-1} 上执行遗忘操作，而另一个遗忘向量 i_t 用于调控通过 x_t 和 h_{t-1} 的非线性映射得到的 $\tilde{c}_t$。

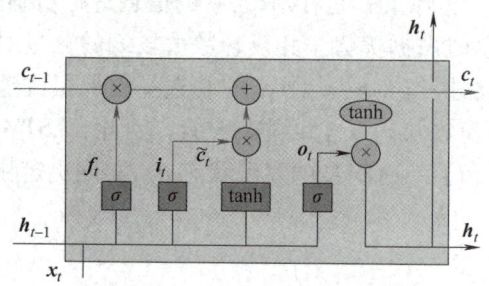

图 9-17　细胞状态更新图

图 9-17 彩图

这两种操作即遗忘旧信息与引入新信息的决策，通过将得到的向量进行逐位加和，最终形成了更新后的细胞状态 c_t。这一过程可以通过以下计算公式准确描述：

$$c_t = f_t \cdot c_{t-1} + i_t \cdot \tilde{c}_t \tag{9-22}$$

细胞状态 c_t 与当前时间步的隐藏状态输出 h_t 之间本质上维持着一种包含关系。这一关系的具体细节可以通过图 9-18 来更好地理解。

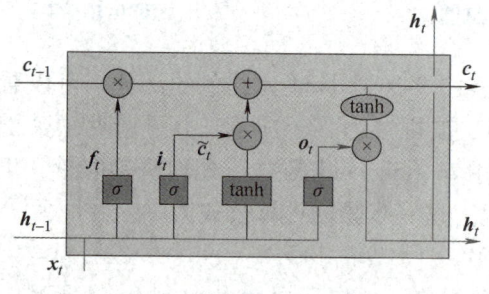

图 9-18　细胞状态计算图

图 9-18 彩图

在图 9-18 中，当前时间步的输入数据 x_t 和上一个时间步的隐藏状态输出 h_{t-1} 共同作用于神经网络层，产生用来遗忘细胞状态 c_t 的向量 o_t。该过程通过式（9-23）计算得到：

$$o_t = \sigma(W_o \cdot [x_t, h_{t-1}] + b_o) \tag{9-23}$$

紧接着，当前细胞状态 c_t 经过激活函数 tanh 处理，与遗忘向量 o_t 相结合，从而决定最终信息的流向，确立了当前时间步的隐藏状态输出 h_t。这一步骤的计算公式为

$$h_t = o_t \cdot \tanh(c_t) \tag{9-24}$$

通过这种方式，遗忘向量 o_t 在最后一步对信息的取舍起到了关键作用，确保了只有通过 o_t "筛选"过的信息才会贡献于隐藏状态 h_t 的更新。这种设计允许 LSTM 模型以灵活的方式处理和传递信息，优化了序列数据处理过程中的信息流动，使得模型能够高效地处理具有长期依赖性的任务。

从整体角度来看，LSTM 通过系统地利用当前时间步的输入数据 x_t 和前一时间步的隐藏状态输出 h_{t-1}，反复生成不同的遗忘向量，从而精细地管理信息流。首先，通过这些向量，模型对上一个时间步的细胞状态 c_{t-1} 进行信息的选择性保留或遗忘。此外，对于新的输入信息和上一时间步的隐藏状态，模型再次通过生成的向量对这些数据进行筛选。这可以视作在历史记忆与当前输入信息之间进行权衡，最终通过综合这两部分信息以实现记忆和新知的融合。第三次的向量操作则类似于对当前全部信息的再次筛选，目的是保留那些被认为最有价值的信息。

这一精细的信息处理策略是 LSTM 相比于传统 RNN 的一个显著优势。特别是由于图 9-19 中展示的专门设计的门控装置，结合 Sigmoid 激活函数和逐位乘法运算，LSTM 成功实现了信息的选择性遗忘与保留。

这些门控机制不仅为 LSTM 提供了更高的灵活性和效率，使其更加擅长处理长期序列依赖问题，同时也具象化了遗忘操作——确保模型既能记住对长期预测至关重要的信息，又能遗弃那些无关紧要或过时的细节。这种能力是 LSTM 在众多序列处理任务中表现出色的关键。

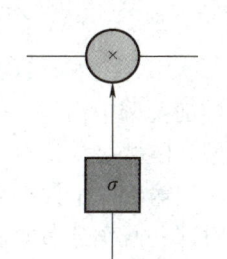

图 9-19　门控装置构件图

9.2.7　LSTM 模型应用

当前实例中通过 PyTorch 实现了一个 LSTM 模型，用于基于字符序列的简单文本预测任务。

1. 数据预处理与批量生成

本章节使用的编程包如下：

```
import numpy as np
import torch
import torch.nn as nn
import torch.optim as optim
```

make_batch 函数中处理数据的基本思想与前文中的 RNN 示例相同，即从序列数据中提取输入和目标对以供模型训练，不过这里针对的是使用 LSTM 模型进行处理。

make_batch 函数处理的是 seq_data，通常这是一个预定义的序列列表，每个序列包含一

个单词或者字符组合。此函数针对的可能是字符级的任务,如根据前几个字符预测下一个字符。RNN 通常适用词级的语言模型训练,如根据"i like"预测"dog"。而 LSTM 更多地适用于字符级的语言模型训练,如根据"mak"预测"e"。

```
def make_batch():
    input_batch,target_batch=[],[]
    #遍历序列数据(seq_data),每个序列(seq)是一个单词
    for seq in seq_data:
        #将序列的前 n-1 个字符转换为对应的索引列表,这些字符作为模型的输入
        input=[word_dict[n]for n in seq[:-1]]
                                # 例如,对于"make",'m','a','k'是输入
        #将序列的最后一个字符转换为索引,它作为模型需要预测的目标
        target=word_dict[seq[-1]]   # 对于"make",'e'是目标
        input_batch.append(np.eye(n_class)[input])
        target_batch.append(target)
    return input_batch,target_batch
```

2. LSTM 模型结构定义

当前实例中构建了一个新的 TextLSTM 类,定义了一个使用单层 LSTM 进行序列数据处理的模型。模型接受形为 [batch_size, n_step, n_class] 的独热编码输入,经过 LSTM 处理后,每个序列输出一个大小为 n_class 的向量,表示不同类别(本例中为不同单词)的概率分布。通过对这一概率分布取最大值所在的索引,模型可以预测给定输入序列的下一个元素。

```
class TextLSTM(nn.Module):
    def __init__(self):
        super(TextLSTM,self).__init__()
        #定义 LSTM 层,指定输入向量维度 n_class,隐藏状态向量维度 n_hidden
        self.lstm=nn.LSTM(input_size=n_class,hidden_size=n_hidden)
        #定义线性层,将 LSTM 层的输出映射到 n_class 维的输出向量,不使用偏置
        self.W=nn.Linear(n_hidden,n_class,bias=False)
        self.b=nn.Parameter(torch.ones([n_class]))
    def forward(self,X):
        #将输入 X 转置以符合 LSTM 的输入要求,转置后 X 的维度为[n_step,batch_size,n_class]
        input=X.transpose(0,1)
        #初始化隐藏状态和细胞状态,大小为[1,batch_size,n_hidden],1 代表单层 LSTM
        hidden_state=torch.zeros(1,len(X),n_hidden)
        cell_state=torch.zeros(1,len(X),n_hidden)
```

```
            #将转置后的输入数据及其初始状态传入LSTM层,得到所有时间步的输出
与最终的隐藏状态和细胞状态
            outputs,(_,_)=self.lstm(input,(hidden_state,cell_state))
            #从输出中取最后一个时间步的结果,用于后续的映射,它的维度为[batch_size,n_hidden]
            outputs=outputs[-1]
            model=self.W(outputs)+self.b    # model的维度为[batch_size,n_class]
            return model
```

和 RNN 一样,nn.LSTM 是 PyTorch 框架中已经预定义好的一个模块,它使得构建 LSTM 变得非常简单和直观。PyTorch 提供的这一模块抽象了 LSTM 的复杂内部机装置,包括门控装置、状态更新等。

在对比整体代码框架时,尤其是标准 RNN 与 LSTM 之间的差异方面,差异之处在于状态管理。具体来说,标准的 RNN 在其 forward 方法中仅涉及单一隐藏状态的处理,这是因为 RNN 单元在各时间步之间仅传递这一状态。相反地,LSTM 展示了更复杂的状态处理机制,它需要初始化两种状态,即隐藏状态(hidden_state)和细胞状态(cell_state)。LSTM 通过在每一个时间步传递这两种状态信息,以更精细的控制信息的保留与遗忘,从而优化长期依赖的处理能力。

3. 模型参数和超参数

超参数的设置如下:

```
n_step=3              # 每个训练样本的单词数
n_hidden=128          # RNN 隐藏层中单元的数量
```

4. 模型训练

在训练阶段,实例化了 TextLSTM 模型,该模型内部包含一个 LSTM 层和一个线性层,用于从序列预测下一个字符。本实例中,选择交叉熵损失函数和 Adam 优化器作为训练过程的损失度量和参数优化算法,用于字符级文本生成任务的完整流程。

```
if __name__=='__main__':
    #创建字符到索引的映射字典和索引到字符的反向映射字典
    char_arr=[c for c in 'abcdefghijklmnopqrstuvwxyz']
    word_dict={n:i for i,n in enumerate(char_arr)}
    number_dict={i:w for i,w in enumerate(char_arr)}
    n_class=len(word_dict)   #计算字符集的大小,作为模型的输出维度
    #定义训练数据
    seq_data=['make','need','coal','word','love','hate','live','home','hash','star']
```

```python
#初始化 LSTM 模型
model=TextLSTM()
#定义损失函数和优化器
criterion=nn.CrossEntropyLoss()
optimizer=optim.Adam(model.parameters(),lr=0.001)
#调用 make_batch 函数获取输入和目标批次
input_batch,target_batch=make_batch()
input_batch=torch.FloatTensor(input_batch)
target_batch=torch.LongTensor(target_batch)
#训练过程
for epoch in range(1000):
    optimizer.zero_grad()                        # 清除旧的梯度
    output=model(input_batch)                    # 正向传播获取模型输出
    loss=criterion(output,target_batch)          # 计算损失
    if (epoch+1)%100==0:                         # 每 100 次迭代输出一次
                                                 #   损失
        print('Epoch:','%04d'%(epoch+1),'cost=','{:.6f}'.format(loss))

    loss.backward()                              # 反向传播计算梯度
    optimizer.step()                             # 更新模型参数
#预测过程
inputs=[sen[:3] for sen in seq_data]             # 准备输入数据进行预测
predict=model(input_batch).data.max(1,keepdim=True)[1]
                                                 # 获取概率最高的字符索引
#输出预测结果
print(inputs,'->',[number_dict[n.item()] for n in predict.squeeze()])
```

最后，使用训练好的模型对一组序列进行预测，得到最终的预测结果如下：

```
['mak','nee','coa','wor','lov','hat','liv','hom','has','sta'] -> ['e','d','l','d','e','e','e','e','h','r']
```

9.3　GRU 模型

LSTM 通过其精妙的门控机制，成功地解决了 RNN 中常见的梯度消失问题。然而，LSTM 复杂的结构在模型训练时对计算资源和性能要求较高，这使得一些任务在实际应用中面临挑战。为了在保持性能的同时减少参数数量和计算时间，业界开始寻求更为高效的模型。

门控循环单元（Gated Recurrent Unit，GRU）便是在这样的背景下应运而生。GRU 继承了 LSTM 的核心理念——使用门控机制来控制信息的流动，但其设计更为简洁。GRU 通过减少参数数量，简化了模型结构，从而在一定程度上缩短了训练时间，并降低了模型的计算负担。

9.3.1　GRU 简介

GRU 是深度学习中的一种先进的 RNN 架构，由 Kyunghyun Cho 等人于 2014 年提出。设计 GRU 的初衷是解决标准 RNN 在处理长序列数据时遭遇的梯度消失或梯度爆炸问题，同时简化 LSTM 的复杂结构。

GRU 在结构上采用了两个主要的门控机制——更新门（Update Gate）和重置门（Reset Gate）——来调控信息的流动。更新门用于决定细胞状态的信息该如何更新，它控制了前一状态的记忆信息有多少应该被保留到当前状态。重置门则负责决定多少过去的信息应该被忽略，允许模型在每个时间步"忘记"不相关的信息，从而更有效地捕捉数据中的长期依赖性。

与 LSTM 相比，GRU 的结构更为简洁，因为它将输入门、遗忘门和输出门的功能合并到了更新门和重置门中，大大减少了模型参数数量。这一简化不仅缓解了 LSTM 参数众多、训练成本高的问题，还提高了计算效率，使 GRU 适用于需要快速模型迭代和部署的应用场合。

尽管 GRU 在结构上比 LSTM 更为简单，但众多研究表明，在处理不同的序列任务时，GRU 的性能并不逊色于 LSTM。因此，GRU 成为在深度学习领域，如自然语言处理、语音识别和时间序列预测等任务中处理时间序列的一个重要工具，其优异的性能和较低的计算复杂度，使得 GRU 在实际应用中广受欢迎。

9.3.2　GRU 模型架构详解

在 LSTM 模型的设计中，存在一些看似重复的操作在遗忘门和输入门的计算过程中。这两个门分别使用不同的参数矩阵来控制信息的流动，这可能会引起人们对参数效率的思考。一个自然的问题是：是否可以采用权重共享机制，用同一个矩阵来完成两次遗忘向量的计算？

理论上，权重共享是一种减少模型复杂度和参数数量的有效方法。通过权重共享，模型可以在不同的上下文中重用相同的参数，从而减少需要训练的参数总数。这种方法在神经网络的多个领域都有应用，如在卷积神经网络中共享卷积核的权重。

然而，在 LSTM 中，遗忘门和输入门（以及输出门）使用不同的参数矩阵是有其特定原因的。每个门的参数矩阵学习捕捉不同类型的信息：

1）遗忘门：参数矩阵学习如何基于当前输入和前一时间步的隐藏状态来决定哪些信息应该被遗忘。

2）输入门：参数矩阵学习如何更新细胞状态，即决定新接收的信息中哪些应该被存储。

尽管权重共享可能在某些情况下带来计算上的优势，但在 LSTM 中共享遗忘门和输入门的参数可能会限制模型学习不同类型信息的能力。这是因为遗忘和更新操作本质上是不同的，需要模型分别学习如何执行。

GRU 整体结构图如图 9-20 所示。

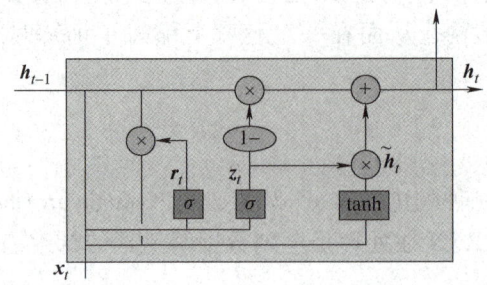

图 9-20　GRU 整体结构图

然而，GRU 的设计提供了一种折中方案。与 LSTM 相比，GRU 的创新之处在于它将遗忘门和输入门合并为一个单一的更新门（z_t），同时引入了重置门（r_t）的概念。这种设计不仅减少了模型的参数数量，而且依然保持了门控机制的核心优势，计算方法和 LSTM 中门的计算方法一致。

因此 GRU 的输出计算公式为

$$h_t = (1-z_t) * h_{t-1} + z_t * \tilde{h}_t \tag{9-25}$$

简而言之，GRU 通过一个 $1-z_t$ 的操作实现了遗忘和输入门的合并。这里的 z_t 是更新门的遗忘向量，它决定了对 h_{t-1} 遗忘的比例。即控制 z_t 需要从前一时刻的隐藏层 h_{t-1} 中遗忘多少信息，需要加入多少当前时刻的隐藏层信息 $\tilde{h}_t$，最后得到 h_t，直接得到最后输出的隐藏层信息。需要注意的是，与 LSTM 不同，GRU 中没有输出门。

通过这种创造性的结构调整，GRU 在减少参数数量的同时，并没有牺牲模型的性能。这种设计使得 GRU 在处理序列数据时更加高效，特别是在参数数量和计算资源受限的情况下，GRU 展现出了其独特的优势。GRU 的这种设计哲学强调了在模型复杂度和学习能力之间寻求平衡的重要性，为循环神经网络的发展提供了新的思路。

9.3.3　GRU 模型应用

GRU 与 LSTM 之间的区别在于对遗忘门的操作。GRU 简化了 LSTM 的设计，将门的数量减少到两个（更新门和重置门），同时合并了隐藏状态和细胞状态。虽然 GRU 相对于 LSTM 在结构上更为精简，但其在性能上丝毫不逊色。本实例主要对差异部分代码进行展示（数据预处理和批量生成），其余部分和 9.2.7 节中的 TextLSTM 一致。

TextGRU 使用 nn.GRU 层进行模型的实现。GRU 层通过两个门（更新门和重置门）简化了 LSTM 的结构，没有细胞状态，但仍旨在捕捉长期依赖关系。

```
class TextGRU(nn.Module):
    def __init__(self):
        super(TextGRU,self).__init__()
        self.gru=nn.GRU(input_size=n_class,hidden_size=n_hidden)
```

```
            #定义一个GRU层,其中input_size参数指定输入数据的特征数量(此处
为n_class,即字符集大小)
            #hidden_size参数指定GRU中隐藏单元的数量(此处为n_hidden)
            self.W=nn.Linear(n_hidden,n_class,bias=False)
            self.b=nn.Parameter(torch.ones([n_class]))
            #定义一个可学习的偏置参数,初始化为全1向量,大小为字符集大小n
_class
        def forward(self,X):
            input=X.transpose(0,1)
            hidden_state=torch.zeros(1,len(X),n_hidden)
            #初始化一个全零的隐藏状态张量,形状为[1,batch_size,n_hidden],用
于GRU层的首个时间步的隐藏状态
            outputs,_=self.gru(input,hidden_state)
            #将处理好的输入和初始化的隐藏状态传递给GRU层进行前向计算,获取所
有时间步的输出和最终的隐藏状态(此处只关注输出)
            outputs=outputs[-1]
            model=self.W(outputs)+self.b
            #将GRU层的最终输出通过线性层,加偏置后得到模型的最终预测结果,形状
为[batch_size,n_class],表示每个序列中每个可能字符的分数或概率
            return model
```

仅需将9.2.7节中的LSTM代码的模型部分进行替换,即可得到下述运行结果:

```
['mak','nee','coa','wor','lov','hat','liv','hom','has','sta'] -> ['e',
'd','l','d','e','e','e','e','h','r']
```

可以看到TextLSTM采用的是LSTM单元,而TextGRU则采用的是GRU单元。LSTM单元通过引入三个门控机制以及一个额外的细胞状态来管理信息流,以更好地捕捉序列中的长期依赖性。相比之下,由于GRU的设计以一种更加简洁的方式捕捉长期依赖,TextGRU在概念上比TextLSTM更为简单。这可能导致在某些特定任务中,GRU比LSTM更高效或更适用。然而,LSTM凭借其更加细腻的控制和独立的细胞状态,在处理极其复杂的序列依赖问题时可能具有优势。

9.4 本章小结

在深入探讨自然语言处理领域时,序列数据的处理无疑是一个核心议题,RNN也是该领域的核心算法。本章旨在为初学者提供一个清晰的视角,详细剖析了RNN及其衍生模型——LSTM和GRU。

本章首先介绍了RNN的基本架构,展示了其如何通过循环结构自然地将之前的信息流

融入当前的决策中，为序列数据处理提供了理论基础。然而，RNN 的应用受到了梯度消失或爆炸问题的限制。随后，LSTM 和 GRU 的提出为这一领域注入新鲜血液。LSTM 通过引入一套精巧的门控机制——遗忘门、输入门和输出门，实现了对信息流的精细管理，使得模型能够从历史数据中学习到关键信息并加以保留，同时舍弃那些冗余信息。与此同时，GRU 以其更加精简的结构得以凸显，它将 LSTM 中的遗忘门和输入门合二为一，并引入了重置门，这不仅提升了模型对信息流动的灵活调控能力，同时也提高了计算效率。

通过一系列的挑战和解决方案，本章不只揭示了序列数据处理技术的进化轨迹，更展望了该研究领域未来发展的巨大潜力。下一章将深入分析目前流行的 Transformer 架构，为初学者在大模型时代下提供一个精准的切入点，以更深入地理解技术细节与前沿发展。

9.5 习题

1. RNN 是如何解决传统前馈神经网络在处理序列数据时的局限性的？
2. RNN 在设计上与传统神经网络有哪些主要区别？
3. 什么是梯度消失问题？它如何影响 RNN 处理长序列数据的能力？
4. LSTM 和 GRU 是如何克服梯度消失问题的？
5. LSTM 的遗忘门、输入门和输出门分别有什么作用？
6. GRU 与 LSTM 相比有哪些结构上的简化，这些简化如何影响模型的性能和效率？
7. 双向 RNN 是如何利用历史和未来信息来增强模型的理解能力的？
8. 深度 RNN（如深层双向 RNN）如何通过增加隐藏层来提升模型的表现？
9. RNN 在训练过程中如何使用反向传播算法来优化模型？
10. 如何理解 LSTM 中细胞状态的作用以及它与隐藏状态的区别？

第 10 章

Transformer 模型

上一章详细阐释了 RNN 及其演化版本，这些模型经过不断的迭代改良，已经能够实现长期记忆的功能，这在语言模型领域构成了一次划时代的突破。2017 年，Google 的研究团队发布了一篇具有里程碑意义的论文，提出了一种创新性的神经网络架构——Transformer，这一架构在序列建模尤其是机器翻译任务上展示了前所未有的卓越性能，其效率和翻译质量均超越了传统 RNN 技术的局限。

此外，名为 ULMFiT 的先进迁移学习技术证实，在庞大且多样化的语料库上进行预训练的 LSTM 网络，能够产生业界领先的文本分类器，仅仅需要极少量的标注数据便可达到此成效。这些革命性的研究成就孕育了两大著名的基于 Transformer 架构的模型类型，即生成预训练 Transformer（GPT）和基于 Transformer 的双向编码器表示（BERT）。结合 Transformer 架构与无监督学习的强大优势，本章将聚焦于这个创新的模型，深入探索 Transformer 背后的核心技术，揭开它如何在自然语言处理领域引起一场革命性转变的神秘面纱。

10.1 Seq2Seq

在深入探索 Transformer 架构之前，至关重要的一步是理解什么是序列到序列（Seq2Seq）模型。这种模型通常由两个核心组成部分构成，即编码器（Encoder）和解码器（Decoder）。如其名称所暗示的，Seq2Seq 模型的主要职能是采用一个序列作为输入，以此预测或生成另一个序列，这种能力使它非常适用于如文本摘要、机器翻译和对话生成这样的任务。

Transformer 模型不仅是基于 Seq2Seq 架构的代表性实现，更是在这一架构上的一次重大创新。不同于以往依赖复杂循环或卷积结构的模型，Transformer 完全依靠自注意力机制来捕捉输入序列之间的全局依赖关系。这种设计理念不仅显著提升了模型处理序列任务的能力，也大大加快了训练速度，展现了在处理长序列数据时的独特优势。

10.1.1 Seq2Seq 的基本结构

首先，一个最简单的 Seq2Seq 通常由一个编码器和一个解码器构成。

编码器扮演着至关重要的角色，负责解析输入的自然语言文本，并将其转化为一系列向量，这些向量不仅捕捉了原文的深层语义信息，而且将其转换成计算机能够高效处理的向量形式。以机器翻译为例，编码器将中文句子"我喜欢吃苹果"编码为一串密集的向量，这些向量蕴含了句子的意图、情感和上下文等关键信息。这一编码过程是将人类语言的复杂性简化为机器可理解的数值表示。

随后,解码器接手这些向量,开始其创造性的翻译过程。它逐步地将编码后的向量转换回自然语言文本,生成目标语言的句子。在当前例子中,解码器将编码后的向量转换为英文句子"I like to eat apples",完成了从一种语言到另一种语言的流畅转换。

在这个 Seq2Seq 转换过程中,通常会采用上一章提到的 RNN 或者更高级的形式如 LSTM,来执行编码(即为构件 Encoder)任务。这些网络结构之所以被广泛使用,是因为它们擅长于捕捉和处理输入序列中的时间依赖性和长距离特征,从而确保编码的向量能够全面地反映原文的语义内容。

Seq2Seq 模型结构图如图 10-1 所示。

Seq2Seq 模型的结构涵盖了几项关键的组件。以"我喜欢吃苹果"这句话作为输入进行举例,输入文本首先被编码器所接收和处理。编码器的主要任务是将这些自然语言文本转换为一种向量表示形式,这种形式能够被计算机理解并加以处理。编码过程生成的状态象征着原文句子的向量化表述,承载着原句的丰富语义信息。

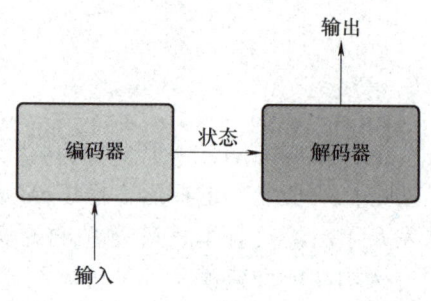

图 10-1　Seq2Seq 模型结构图

随后,这一状态被传递至解码器,解码器的职责在于将编码得到的向量再转换为自然语言文本。在此例中,解码器的工作成果体现为输出"I like to eat apples"。这一转换过程恰如其分地体现了 Seq2Seq 模型的核心能力——利用序列数据(如本例所示的自然语言句子)生成新的序列数据,即通过一个句子预测出另一个句子。

因而,若一个模型能够接纳一段序列作为输入,并生成另一段序列作为输出,该模型便可被划分为 Seq2Seq 模型。值得注意的是,这个输入序列与输出序列的长度可以不同,甚至可以属于截然不同的数据类型,关键在于该模型能否有效地实现从一个序列到另一个序列的转换。

Seq2Seq 模型的灵活性和强大功能使其在自然语言处理领域有广泛的应用,特别是在机器翻译、文本摘要、自动对话生成等领域表现出极高的价值。不仅如此,这种模型还成功跨界应用于其他领域,如语音识别和时间序列预测,显示了其广泛的适用性和影响力。

10.1.2　Seq2Seq 结构的实现方式

在实际的应用场景中,Seq2Seq 模型的实现可以采用多种不同的神经网络架构,这包括但不限于 RNN、LSTM 以及 CNN。模型的选择深受特定任务需求和旨在达成的性能目标的影响。为深入探究并加强对 Seq2Seq 模型复杂性的理解,本节将重点关注基于 RNN 结构的实现方式。

基于 RNN 的 Seq2Seq 模型的工作流程如图 10-2 所示。

在图 10-2 中,序列数据 $x_1 \sim x_4$ 被依次沿时间轴送入(按顺序送入)RNN 编码器中,以进行逐步的编码转换,最终形成代表整个句子语义的编码向量 C。向量 C 有多种形成方式,最直接的方法是直接采用编码器在最后时间步的隐状态 h_4 作为句子语义向量 C,用于携带对句子的最终理解。然而,模型的创造力远不止于此,还可以通过线性变换对 h_4 进行微调,得到一个更为精准的语义向量 C。或者,将编码过程中所有隐状态的集成,线性变换形成最

终的语义向量 C，以获得对整个输入序列更全面的理解。

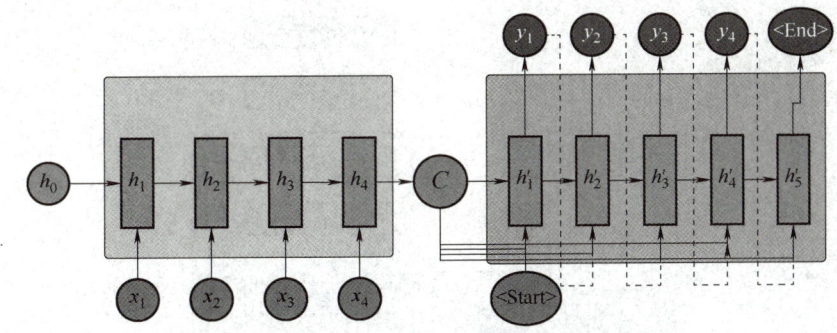

图 10-2　基于 RNN 的 Seq2Seq 模型的工作流程

在图 10-2 中可以看到，模型的解码器阶段需要利用完整的句子向量表示 C 和一个特定的起始标志"<Start>"作为初始的输入信号。这个起始符号是解码过程的信号枪，标志着输出序列生成的开始。随后，解码器遵循 RNN 的推理逻辑，逐步展开生成过程。在每个时间步，解码器不仅生成一个单词，还将上一个时间步的输出作为当前输入，同时携带着来自编码器的向量 C 和上一层的隐藏层结果，共同作用于当前时间步的输出生成。这个过程是一个连续的循环，每个时间步的输出都是下一个时间步的输入，直到模型输出结束符号"<End>"，标志着解码过程的完成，模型停止计算，此时模型生成了完整的解码序列。

10.2　Transformer 模型简介

自从 Seq2Seq 模型在自然语言处理领域的引入以来，它成功地解决了多种复杂任务，如机器翻译、文本摘要和对话系统等。这种模型通过一个编码器来理解输入序列，然后通过一个解码器生成输出序列，连接了从源序列到目标序列的转换。在 Seq2Seq 模型的早期实现中，RNN 及其变体如 LSTM，被用于捕获序列中的时间依赖关系。尽管这些模型在多个任务上取得了显著的成绩，但它们在处理长距离依赖和并行计算时仍然存在问题。

10.2.1　Transformer 的 Seq2Seq 架构

Transformer 采用了与 Seq2Seq 模型相似的编码器—解码器架构，但全面摒弃了循环结构，转而利用堆叠的自注意力层和前馈神经网络。这种设计不仅提高了模型处理长序列的能力，而且显著加快了训练速度，因为模型的各个部分可以被完全并行化。此外，Transformer 模型简化了复杂的任务实现过程，并证明在多个自然语言处理任务上都能比以往的模型实现更出色的性能。

相比于简单的 Seq2Seq 架构，Transformer 模型在复杂性和效能上都存在着巨大的差异。Transformer 整体架构如图 10-3 所示。

为了便于对模型有一个完整的认识，对图 10-3 各个部分进行梳理编号，得到图 10-4。

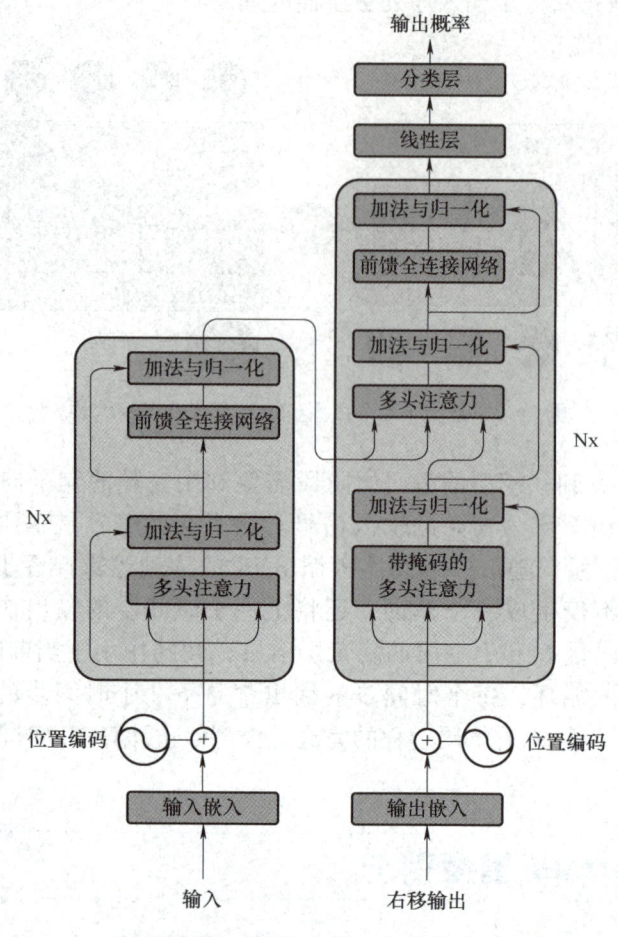

图 10-3 Transformer 整体架构

下文序号与图 10-4 的编号一致：

① 编码器输入部分。这是 Transformer 模型的起点，它接收序列数据作为输入。这里，输入数据首先经过词嵌入处理（多为 word2vec 编码），转换成模型能够理解的向量形式。

② 编码器部分。接下来，这些经过嵌入的向量数据被送入 Transformer 的编码器。编码器由多个编码器单元（Encoder Blocks）层层堆叠而成，负责对输入数据进行深层次的特征提取和信息编码。

③ 解码器输入部分。在这个阶段，特殊的起始符号"<Start>"以及模型前一步的预测结果会作为解码器的输入。这一设计确保了模型在生成输出序列的每一步都能参考前一步的输出，从而更精准地预测下一个词汇。

④ 解码器部分。这里是 Transformer 模型的核心输出环节，由多个解码器单元（Decoder Blocks）构成。解码器部分利用编码器的输出以及解码器自身的前置输出进行当前词汇的预测。

⑤ 输出结果模块。模型将解码器的输出转换成具体的预测结果，通常是一系列的词汇或标记，形成最终的输出序列。

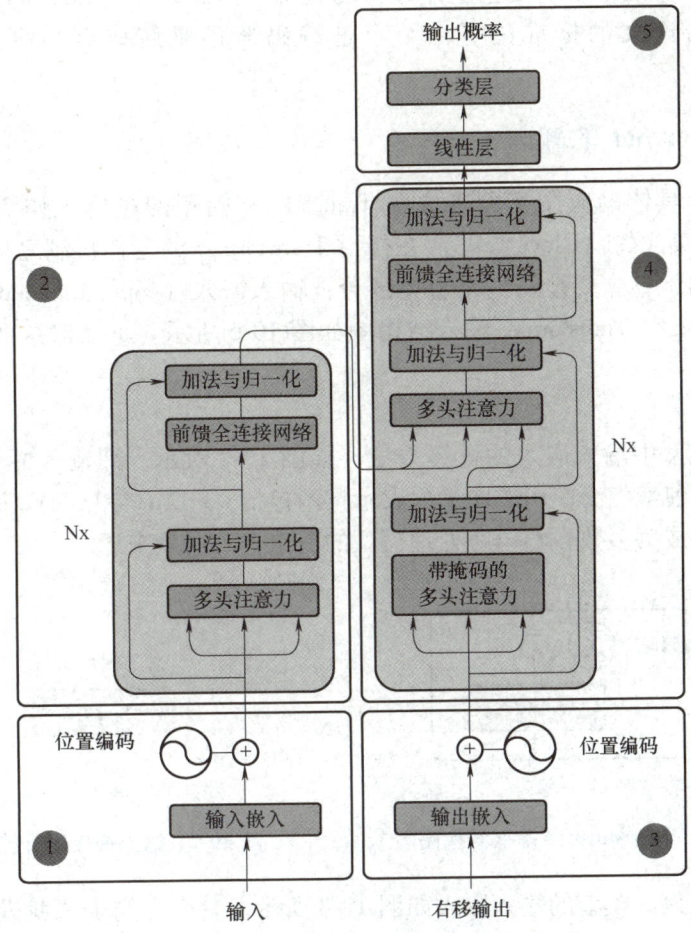

图 10-4　Transformer 整体分解图

值得注意的是，图 10-3 和图 10-4 中无论是编码器还是解码器部分，Transformer 都采用了多层的结构设计，通过图中的"Nx"符号表示，即编码部分是由多个编码器单元构成，解码部分也是由多个解码器单元构成。因此，整体的结构简化成图 10-5。

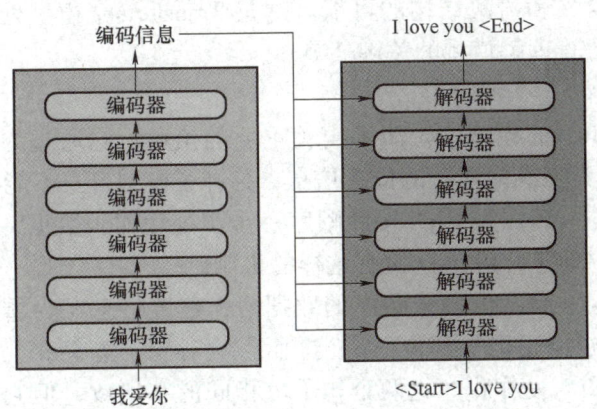

图 10-5　Transformer 全局框架

从图 10-5 可以直观地看到模型整体分为两大部分：编码器（Encoder）和解码器（Decoder）。按照原始论文的标准配置，无论是编码器还是解码器，均由六个独立的块（Blocks）构成。

10.2.2 Transformer 的输入

本文通过一个具体的应用实例来说明 Transformer 模型的整体工作流程，即将中文的"我爱你"翻译成英文的"I love you"。在探讨 Transformer 的运作机制之前，首先需要明确模型要处理的数据，它主要涉及两个重要部分：输入嵌入（Input Embedding）和位置编码（Positional Encoding）。Transformer 输入结构图如图 10-6 所示。下面对这两部分输入逐一深入讲解。

1. 输入嵌入

首先看一下模型中输入嵌入的计算方法，如图 10-7 所示，即输入的句子进行向量化。如第 8 章所述，当前最广泛使用的向量化表示技术包括 word2vec 和 GloVe 等预训练算法，它们以其卓越的性能成为多数自然语言处理模型的首选输入向量来源。

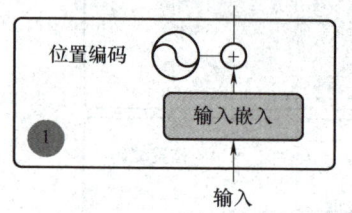

图 10-6　Transformer 输入结构图

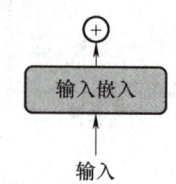

图 10-7　输入嵌入的计算方法

以 word2vec 为例，模型的输入嵌入如图 10-8 所示。首先，句子"我爱你"会被转化为独热编码形式，作为 word2vec 模型的输入。紧接着，word2vec 模型对句子中的每个字进行编码，并为其生成一组向量表示。这些向量按照句子中字的顺序排列，共同形成了一个向量矩阵。每一行向量代表了句子中对应字的嵌入表示，这个向量矩阵成为模型的输入嵌入部分的输出，为 Transformer 模型的后续处理和训练提供了必要的信息基础。

通过此种方式，输入的自然语言句子得以转换成模型可以有效处理的数值形态，为模型提供了深入理解语句含义和语法结构的可能。这是 Transformer 模型处理自然语言任务的第一步，也是构建复杂语言理解模型的关键环节。

2. 位置编码

位置编码在 Transformer 模型中扮演了至关重要的角色，它通过为模型提供输入序列中每个 token（可以理解为字或单词）的位置信息，弥补了模型自身不能与 RNN 那样显式理解序列中位置关系的缺陷。正因为 RNN 按照顺序一步步处理输入数据，这种结构天然适合处理序列中的位置信息，而 Transformer 没有这样的机制。

在处理诸如语言这种高度依赖于顺序的数据时，位置信息尤为重要。缺乏对位置的理解，模型将无法把握词语之间的顺序关系，进而影响对句子意义和上下文的准确把握。例如，尽管"我爱你"和"爱你我"这两个句子由相同的字组成，但它们的顺序不同导致了完全不同的语义表达。

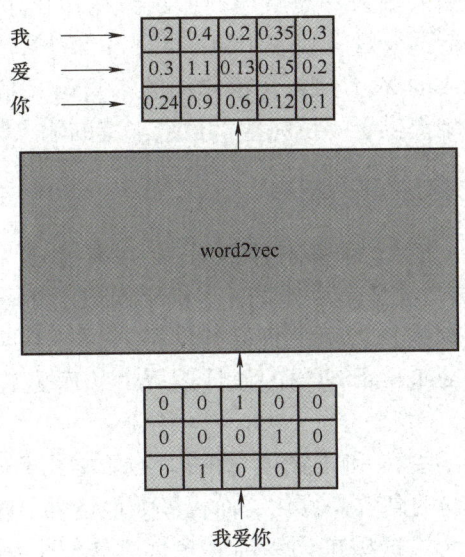

图 10-8　Transformer 模型的输入嵌入

若不引入位置信息,模型处理词语嵌入时将无法区分"我爱你"和"爱你我"这样在结构上有明显差异的句子,因为从模型的视角来看,缺乏顺序的考量会使得这两句话在向量空间中的表示几乎无差异。位置编码的引入正是为了解决这一问题,它确保了模型能够接收到每个单词在序列中的确切位置信息,这是理解和生成自然语言的基础,也是保证模型能够正确解析词序和句意的关键所在。

因此,位置编码成为 Transformer 模型中不可或缺的一环,它使模型在处理没有内在时间顺序的数据时,也能有效地识别和利用序列中的位置信息,从而在自然语言处理等任务中达到更高的准确度和效率。由于位置编码涉及的知识篇幅较长,将在下一章进行详解,当前理解成能够标明不同单词的位置向量即可。

3. Transformer 最终输入信息

正如前文所述,Transformer 模型的输入部分精妙地融合了两个关键环节:单词的输入嵌入和位置编码。这两个部分经过加和操作后合成了模型的最终输入,如图 10-9 所示。

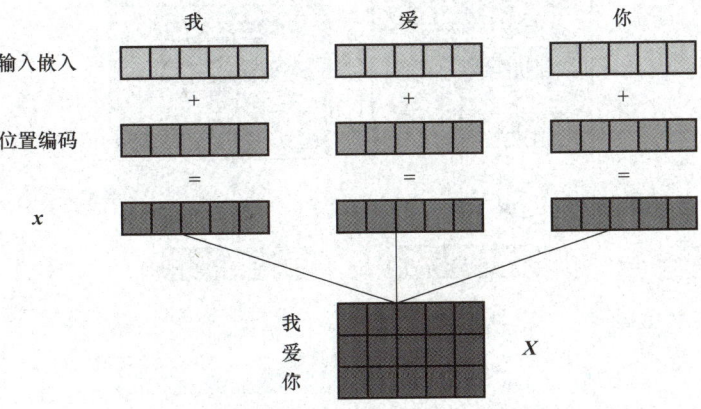

图 10-9　Transformer 模型的最终输入

通过巧妙地结合单词的输入嵌入和位置编码,最终构造出了模型的输入矩阵,用 X 来表示。在这个矩阵中,每一行的向量 x 代表了原始句子中每个单词经过输入嵌入与位置编码处理后的综合表示。这样形成的 X 不仅包含了单词的丰富语义信息,同时融入了它们在句子中的具体位置信息,为模型提供了一份完整、信息丰富的输入数据。

10.2.3 Transformer 的自注意力机制

在深入解析 Transformer 模型的编码器组成前,掌握自注意力机制(Self-Attention Mechanism)的原理至关重要。这是因为自注意力机制构成了 Transformer 框架的核心,它在编码器和解码器的每个阶段都发挥着至关重要的作用。通晓了自注意力机制的工作原理之后,便能够更深刻地理解 Transformer 架构的设计逻辑,从而更有效地学习和理解模型后续的各个环节。

事实上,自注意力机制的引入和位置信息的融合构成了 Transformer 架构的灵魂所在。它们不仅实现了模型计算过程的高效并行化,而且极大地增强了模型处理输入序列中不同位置单词间复杂关系的能力,无论这些单词距离有多远。这使得 Transformer 能够在理解和生成自然语言文本时,展现出非凡的准确性和灵活性。

Transformer 架构中自注意力分布图如图 10-10 所示。

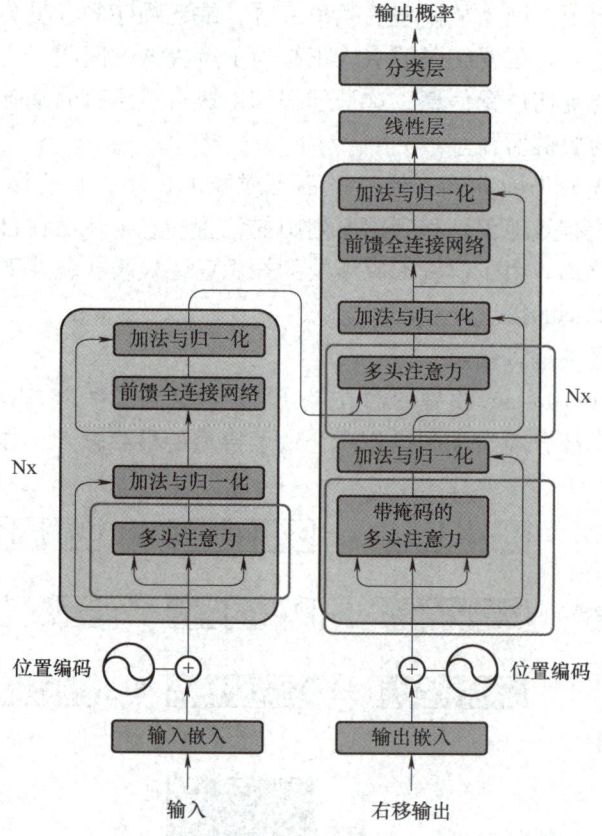

图 10-10 Transformer 架构中自注意力分布图

从图 10-10 中的标注部分可知，不论是编码器还是解码器，Transformer 都广泛应用了自注意力机制。这同时体现了其在模型中的普遍性和重要性，而模型的高性能也都大多来源于此。

1. 注意力机制

提及"注意力"这一概念，总是不由回想起童年时期老师对学生的寄语，他们总是强调，只有当同学把全部的注意力都集中在学习上时，才有可能取得优异的成绩。然而，可能某位同学常常被《七龙珠》等漫画书中的冒险故事所吸引，结果便是期末成绩并不理想。

从这一视角出发，可以洞见一个简单却深刻的道理：想要获得理想的结果，关键在于将注意力集中于最重要的事务上。将这个道理应用到上面的例子中，"学生"可以被类比成一种神经网络模型，而老师则好比是指导这个模型的训练者，他们期望模型（也就是学生）能将更多的关注点放在最核心的学习活动上。这样，一旦到了考试（或者说是测试阶段），学生（即神经网络模型）便能凭借既往的学习，正确地完成试卷，由此实现成绩的提升。这一案例生动地展示了注意力机制的核心价值：通过引导模型更多地关注关键信息，从而有效地增强模型的整体性能。

在审视图 10-11 时，常常被引导特别关注图中的"锦江饭店"四个字。当接收到这样的指示后，大多数人的视觉焦点便会自然而然地集中在这几个字上，而对于图片中其他部分的观察则相对减少。例如，如果此时提出关于图片中旁边楼梯阶数的问题，你可能会觉得这个问题颇为出人意料，因为你的主要注意力都已经聚焦于"锦江饭店"所在区域，而忽略了其余的细节。人在看该图片时的视觉注意力分布如图 10-12 所示。

图 10-11 注意力分布图 1

图 10-12 注意力分布图 2

这个简单的实验生动地展示了注意力机制的实际效果：当人们的注意力被指向特定的信息或对象时，对该信息或对象的感知度显著提高，同时，对于非焦点区域的注意则相应减弱。这种能力在人类的视觉系统中非常普遍。在构建智能模型时引入类似的注意力机制，可以大幅提升模型对关键信息的捕捉能力，进而优化其整体性能。

换言之，人类的注意力资源是有限的，当将主要的注意力集中在一个特定的区域时，其他的信息通常会被边缘化。以观察图中的文字为例，可能会把大约 80% 的注意力放在文字本身，19%的注意力散布在文字周围的环境中，而仅仅1%的注意力能够扩散到更远的区域。这种注意力分配可以通过百分比的形式进行具象化描述。

在技术实现中，一种类似的注意力机制同样可以用百分比来表征，它使得模型能在处理输入信息时学会如何分配这些百分比，确保对最关键的信息给予优先考虑。这一机制不仅助力模型聚焦于最核心的数据，而且还模拟了人类在海量信息中筛选出关键细节的自然处理方式。

通过这种方式，注意力机制在提升模型的处理效率和性能上发挥了重要作用，使得模型能够更加智能地模拟人类的注意力分配和信息处理策略，进而在复杂的数据分析和解释任务中取得显著的效果。

2. 权重矩阵 W

在神经网络领域，权重矩阵 W 和模型的输入 x 扮演了至关重要的角色。在 Transformer 架构中，这种表示方法同样适用。从线性代数的角度来看，权重矩阵 W 的功能可以理解为将输入向量 x 投射到一个全新的特征空间中。本质上，这个过程可以被视为 x 在不同的空间维度中的投影变换。

如第 8 章所述，神经网络的核心可以被概括为拟合各式各样的函数。这种强大的能力源自于它的权重矩阵 W 和激活函数的组合，这种组合赋予了神经网络模拟非线性函数、学习复杂函数的能力，使得它能够解决如异或等复杂的问题。

以函数映射 $x_1=f(x)$ 为例，这里 x 代表原始输入，而 x_1 则是经过函数变换后的结果。两者都是对同一对象的不同表达。因此 f 提供了对 x 的一种新的理解或展示方式。

将这一理念类比为人穿衣服的行为，原始的人即为 x，穿上衣服后的人则对应 $f(x)$，本质上他们是相同的个体，但是衣服的加持使他们向外界展现了不同的形象和感受。在神经网络中，权重矩阵 W 正如同这样一件能够改变数据呈现方式的"衣服"，它能够转变输入数据的表达形式，但不改变其本质属性。

无激活和偏置的神经网络如图 10-13 所示。

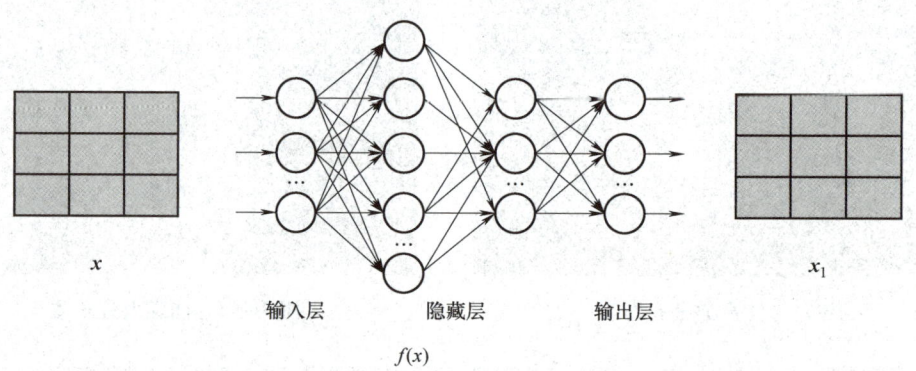

图 10-13　无激活和偏置的神经网络

图 10-13 中包含了输入层、隐藏层及输出层，特别地，这个网络模型没有集成激活函数和偏置项。在这样的设置下，进行 Wx 的操作实质上变得更加直观，仅仅是一系列的加权求和过程。通过这样的操作，能够获得一个新的表达形式 x_1，x 和 x_1 两者仍然表述相同的信息。

3. 自注意力机制

在掌握了上文关于权重矩阵以及注意力机制的基础知识之后，现在将视线重新聚焦于 Transformer 架构中这一核心机制的具体实现过程。注意力机制在 Transformer 模型中的作用和构造，通过图 10-14 得以直观展现。

注意力机制细节图如图 10-15 所示。

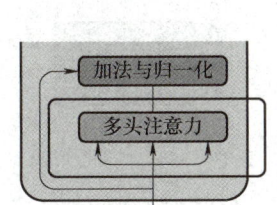

图 10-14　注意力机制结构信息图

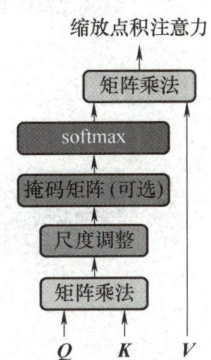

图 10-15　注意力机制细节图

（1）Self-Attention 的 **Q**、**K**、**V**

首先来探讨模型输入部分的设计，它涉及三个关键的矩阵，即 **Q**、**K** 和 **V**。这里的 **Q** 代表查询（Query），**K** 代表键（Key），**V** 代表值（Value）。在开始深究这些概念具体含义之前，先来看看它们是如何形成的。正如之前所提及的，模型的实际输入是位置编码和输入嵌入的加和矩阵 **X**。那么，这个矩阵 **X** 是如何转化为 **Q**、**K** 和 **V** 的呢？

这个转化过程基本上是通过利用三个不同的权重矩阵 **W** 对 **X** 进行三次线性变换实现的。具体来说，通过这些转换，输入矩阵 **X** 被分别投影到三个新的空间，形成了查询 **Q**、键 **K** 和值 **V** 三个新的矩阵。这一步骤为模型解锁注意力机制的运作提供了基础，使得模型能够通过这三种形式的矩阵，进行复杂的信息处理和特征抽取，具体过程为

$$Q = XW_q \tag{10-1}$$

$$K = XW_k \tag{10-2}$$

$$V = XW_v \tag{10-3}$$

其实通过上文中对权重矩阵的讲解中发现，**Q**、**K** 和 **V** 矩阵仅仅都是由 **X** 生成，因此每一行表达的都是相同信息。

这表明在 Transformer 模型中，当输入信息 **X** 被复制为三份，分别通过 W_q、W_k、W_v 进行线性变换后，所得到的结果是对原始输入 **X** 的各个单词嵌入表示的不同维度的解析。这些经过变换的矩阵，无论是经过 W_q 或 W_k 的处理，本质上与输入信息保持一致，其中每一行代表一个单词的嵌入表示。差别在于，不同的 **W** 矩阵赋予了模型关注于不同信息重点的能力。简言之，虽然这些转换后的矩阵在表面上呈现不同的数据形态，但它们都从不同角度表达了原始输入 **X** 中每个单词的嵌入信息。

为了使这个过程更加直观，图 10-16 展示了整个 **Q**、**K** 和 **V** 计算过程的全貌。通过这种方式，Transformer 模型能够以灵活的手段捕捉输入信息中的关键细节，并依据这些信息进行有效的数据处理。这不仅为模型提供了对输入数据多角度的理解，也为后续的注意力机制计

算提供了坚实的基础。

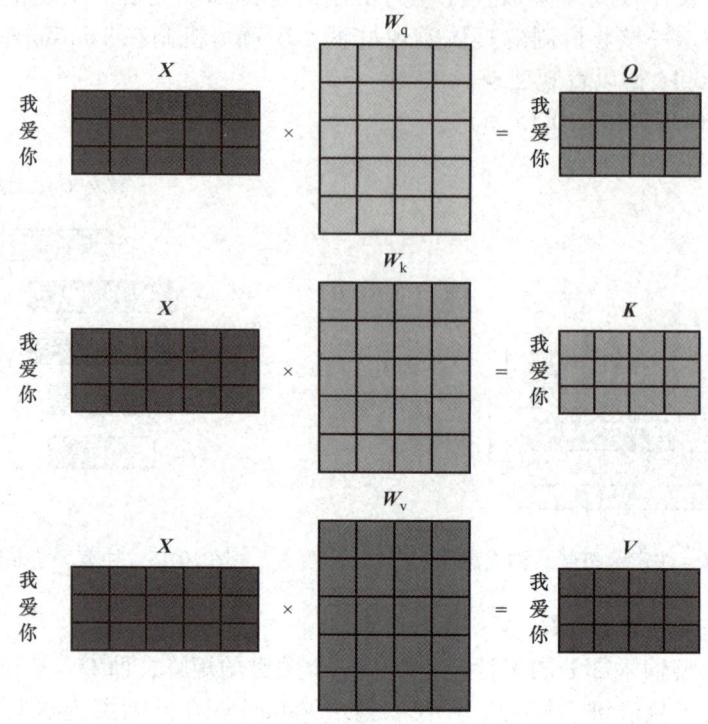

图 10-16　Q、K、V 生成图

至此，已经利用权重矩阵 W_q、W_k、W_v 对"我爱你"这三个词进行了向量化转换，从而获得了它们的多元表示形式即 Q、K 和 V 矩阵。

（2）注意力在 Transformer 的作用

下面通过实例讲解注意力机制发挥的作用及其在翻译任务中所承担的具体责任。

考虑将中文句子"昨天我吃了苹果"直译为英文，直接的翻译可能产生"yesterday I eat apple"，这明显违反了英语的语法结构，正确的翻译应为"yesterday I ate an apple"。该示例凸显了机器翻译任务中的一个重要需求：单词"吃"的准确翻译不仅取决于其自身，还受到如"昨天"这类时间背景词的影响。正是自注意力机制在此时发挥其独特作用，不只专注于单个词汇，而是考虑词汇之间的联系。

具体到"吃"这个动词的翻译，鉴于"昨天"提供的时间上下文，实际计算中通过合成这两个词的向量来实现此目的。问题在于如何决定在"吃+昨天"的组合中各部分的权重分配？为了确保最佳的翻译效果，一个直观方法是将 80% 的注意力分配给"吃"，而"昨天"则分配 20% 的注意力。这种权重配置的决定过程便是自注意力（Self-Attention）机制的实际应用。

模型的输入为 X，矩阵的每行代表每个单词的向量表示。如何让向量的计算生成实数？在上一章中着重探讨过一问题，实现的方式为点积操作。但是一个矩阵无法实现和自身点积，模型复制了输入 X 形成两个矩阵，通过两个相同矩阵的乘法便实现了不同向量间相互的点积操作，即每个单词与其他单词的点积产生了一个实数。然而这种方法对模型性能的提升着实有限，无法实现针对性能上的特征选择，因此通过复制得到的两个 X 上分别应用权重矩阵 W_q、W_k，不仅提供了更灵活的处理手段，还允许模型利用深度学习的可学习特性来优化这些数值，使其更贴近目标方向。

因此，模型通过应用 W_q、W_k 权重矩阵分别生成 Q、K 两个矩阵，并通过它们之间的矩阵乘法计算不同向量间的点积结果，以确定每个单词对其他单词的注意力程度。随后，将计算得到的注意力系数矩阵与 X 矩阵的乘积就实现了加权求和操作。同理，引入 W_v 权重矩阵对 X 进行操作，生成 V 矩阵，进一步增强了模型对基础单词向量表示的处理能力，从而提升了模型的整体性能。

以"吃"和"昨天"为例，使用 Q、K 得到的注意力系数与 V 矩阵相乘，可以得到融合不同词义信息的新向量表示：

$$吃的嵌入向量 = 80\%吃的嵌入向量 + 20\%昨天的嵌入向量$$

这个经过加权的新向量会被用于后续的翻译任务，通过这种方式，模型生成了一个融合了不同单词信息的新矩阵，显著提高了翻译任务的准确度。这种方法有效地利用了自注意力机制的优势，极大地增强了模型处理语言序列和理解复杂语义关系的能力。

（3）注意力分数的计算过程

上文简要介绍了注意力机制的计算理念。在具体的计算过程中，还需引入式（10-4）：

$$\text{attention}(Q, K, V) = \text{softmax}\left(\frac{QK^T}{\sqrt{d_k}}\right) V \tag{10-4}$$

式中，Q、K、V 分别代表查询（Query）、键（Key）与值（Value）矩阵；d_k 指的是键（Key）矩阵的维度。公式通过 QK^T 的点积（dot product）操作，实际上是在求解 Q 矩阵和 K 矩阵之间对应元素相乘后再求和的结果。随后，将这个点积的结果除以 $\sqrt{d_k}$ 来进行缩放处理，以防止点积值过大导致梯度消失或爆炸的问题，最后应用 softmax 函数将其转换为概率分布形式的权重分布。这套机制使得模型能够根据 Q 和 K 之间的匹配度分配注意力权重，然后用这些权重来加权矩阵 V，实现了精细化的注意力分配。这也是自注意力机制核心效能的体现，它使模型能够重点关注那些与当前处理的信息最相关的部分，极大地提升了模型处理序列数据的能力和效率。图 10-17 展示了 QK^T 的计算过程。

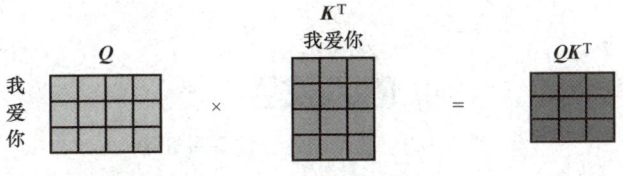

图 10-17 QK^T 的计算过程

图 10-17 中，描述了 Q 矩阵与 K^T 矩阵的相互作用。Q 矩阵的第一行代表的是"我"的词向量，而 K^T 矩阵的第一列同样表示"我"的词向量嵌入。因此，在计算 QK^T 时，位于第一行第一列（1,1）的数值实际上是"我"与自己进行点积运算的结果。接着，通过将"我"与"爱"的词向量进行乘积，以及"我"与"你"的词向量进行乘积，完成了计算"我"这一词与句子中所有其他词的点积结果。此过程完成了计算"我"这一词相对于句中其他各词的关联强度，这些计算结果构成了注意力数值的原始数据部分，为进一步的注意力

分配提供了基础。对全部数值使用 softmax 函数将其转换为概率分布，如图 10-18 所示。

（4）自注意力的输出

经过 softmax 操作处理后，QK^T 矩阵中的每一行元素之和将归一化为 1。这一过程将原始的点积结果转换为注意力分数，其中，矩阵的第一行代表了第一个单词相对于句子中所有单词的注意力权重，第二行及以后的行以此类推，每一行均表示该位置单词对句子中各单词关注度的分布。在这一阶段，所

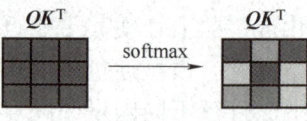

图 10-18　QK^T 概率分布转换

需的权重已经确定，接下来的步骤便是进行加权求和操作。具体而言，这里的权重即为经过 softmax 处理的 QK^T 矩阵，而待加权的"值"则来源于 V 矩阵，该矩阵通过对原始输入 X 应用另一组线性变换权重矩阵 W_v 得到，以此完成整个注意力机制的计算流程。具体细节如图 10-19 所示。

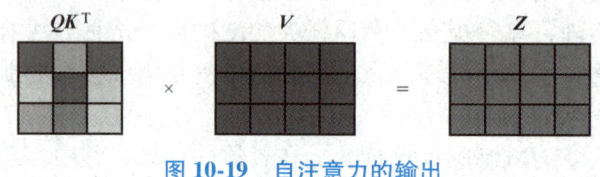

图 10-19　自注意力的输出

从而每个单词的向量表示都融合经过注意力计算相关联的单词信息，生成了最终的输出 Z 矩阵。图 10-20 中展示了计算 Z 矩阵第一行的细节。

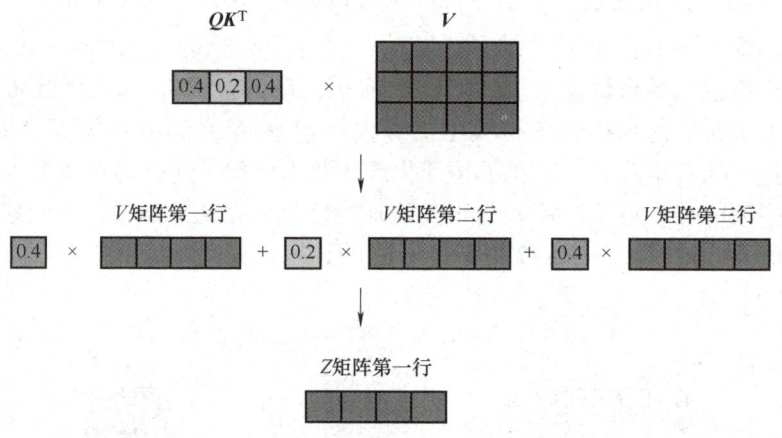

图 10-20　注意力计算结果展开图

4. 多头注意力机制

在之前的探讨中，已经详细讲述了自注意力机制如何运作并计算出最终的输出矩阵 Z。现在，将关注点转移到多头注意力（Multi-Head Attention）机制上。实际上，之前涉及的自注意力机制可以视为多头注意力机制中一个单独的执行单元或"头"，它本质上代表了在多头机制框架下的一种独立的注意力计算流程。多头注意力机制的设计灵感来自于一个直观的理念：类似于卷积神经网络采用多个不同的卷积核从多个维度捕捉并分析数据以增强模型效能，多头注意力机制旨在通过使模型从多个维度关注数据，以此提高模型的整体性能。

这一理念基于人类在分析任何事物时所倾向的多角度观察方式，旨在获得更全面且精准的理解。这正是使用多个卷积核和多头注意力机制的根本意义所在——它们为模型提供了类似于人类的多角度观测能力，由此模型得以通过综合不同信息流来增强其识别与处理数据的综合能力。多头注意力结构图如图 10-21 所示，直观地反映了这一机制是如何在模型中得到实现和应用的。

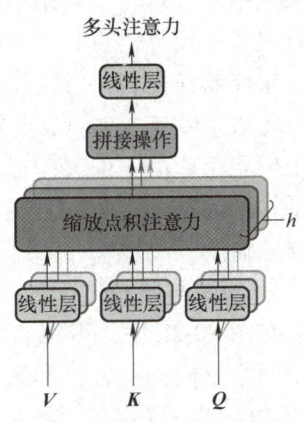

首先，模型利用输入信息 X 来分别计算得到每一个头对应的 Q、K、V 矩阵，进而生成单个头的计算结果（注意，每一个头都有一组独立的 Q、K、V 矩阵）。随后，这些单一头的结果进行拼接操作，以形成一个统一的输出向量。接下来，该向量被传递到一个线性层中，以产生模型的最终输出。

基础的模型通常采用 8 个头（$h=8$），意味着模型实际上采用了多个独立的自注意力机制进行计算。经此操作，模型

图 10-21　多头注意力结构图

便能从多个独特视角捕捉输入数据的特征，进而得到多组 Z_i，这些组别在经过拼接和线性层处理后生成新的特征矩阵。这种策略不仅增强了模型抓取数据多维特征的能力，同时也引入了更为丰富的数据表示，为深度学习模型提供了一个更高效、更灵活的信息处理框架。具体计算细节如图 10-22 所示。

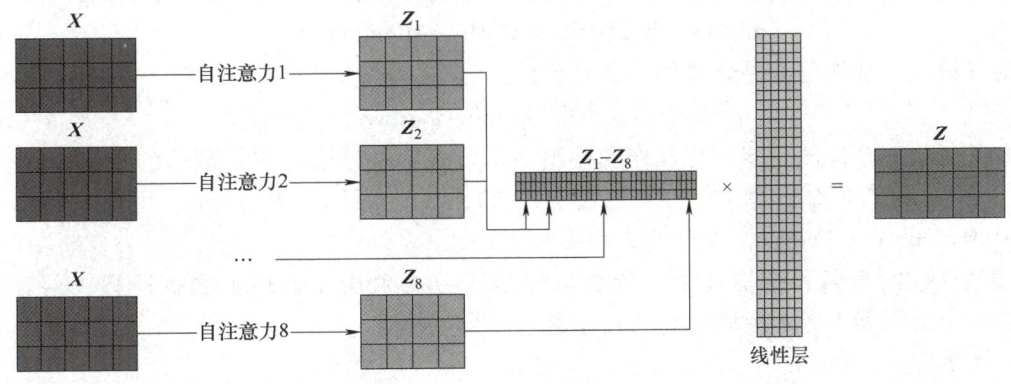

图 10-22　多头注意力计算细节图

值得注意的是，实际上 Transformer 采用了由多个编码器层组成的多层架构，每一层内部都嵌入了多头注意力机制。为了保持数据在通过这些层时的维度一致性，防止因为多头操作使得数据维度过于庞大，设计了在每层的末端通过线性层调整数据维度。这样的设计确保了输入 X 与输出 Z 在维度上的一致性。因此，无论信息如何在模型内部经过复杂的处理，其输出和输入在形状上保持匹配，这种设计既确保了处理过程的高效性，也便于模型对接序列数据处理上下游任务，提高了模型的实用性和灵活性。

10.2.4　编码器的结构信息

上文讨论了模型的输入信息处理方式，并介绍了如何将这些输入信息送入模型的第一个编码器模块中。在模型中，数据将经过多个编码器层的处理，每一层都对数据进行进一步的

编码和转换。这些连续的编码层共同完成了对输入数据的深层次编码，最终输出处理后的数据编码结果。这一编码结果包含了输入数据的丰富语义信息和上下文关系，为模型的解码器部分提供了指导信息，图 10-23 展示了模型中一个典型的编码器结构细节。

编码器是由多头注意力（Multi-Head Attention）、加法与归一化（Add & Norm）、前馈全连接网络（Feed Forward）几个小模块组成的。前文中已经在注意力部分对多头注意力进行了详细的解释，本部分只对加法与归一化和前馈全连接网络详细讲解。

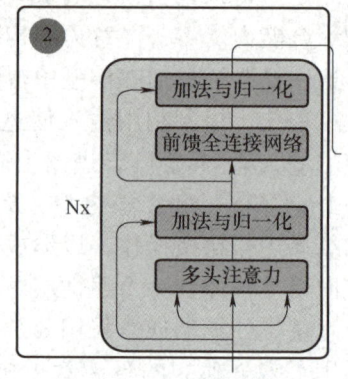

图 10-23　编码器结构细节

1. 加法与归一化

在图 10-23 中，可以直观地看到加法与归一化模块被应用于两个不同的位置，尽管它们接收的输入信息不同，但它们的功能是一致的。

第一个加法与归一化操作处理的是多头注意力的输出以及编码器的输入信息。多头注意力函数 MultiHeadAttention 用来捕捉输入序列中不同位置之间的关系。每个注意力头独立地执行缩放点积注意力计算，然后将所有头的输出进行连接和线性变换得到最终的输出。函数 LayerNorm 通过标准化每个输入样本的激活值，使其具有零均值和单位方差，有助于减少不同输入样本之间的协方差偏移，从而提高训练稳定性和加速收敛。这一步骤的计算公式为

$$X' = \mathrm{layerNorm}(X + \mathrm{MultiHeadAttention}(X)) \tag{10-5}$$

对于第二个加法与归一化操作，其计算公式为

$$\mathrm{layerNorm}(X' + \mathrm{FeedForward}(X')) \tag{10-6}$$

式中，X' 是第一个加法与归一化操作的输出结果，表示经过第一轮处理后的数据；FeedForward(X') 表示前馈全连接网络对 X' 的处理结果。这两部分相加后，再输入层归一化（Layer Normalization）中进行处理。

通过这样的命名和结构设计，能够清晰地区分每个操作处理的数据阶段，便于理解 Transformer 编码器中各个模块之间的数据流动和相互作用。

（1）加法

在深度学习领域，通常存在这样一个预期——模型的深度越大，其性能应越出色。但现实情况中，随着模型层次的加深，面临的挑战是模型可能会开始"遗忘"其在初始层接收到的输入信息，这种现象可能导致模型性能的逐渐降低。为了应对这一挑战，残差网络（ResNet）的设计概念应运而生。残差网络通过引入残差连接（形如 $(X+f(X))$）来防止信息的丧失，其中 X 是某一层的输入，而 $f(X)$ 则是该层对输入 X 的处理结果。这种设计策略使得即便是层数非常深的模型也能够维持甚至提升其性能，而非受到深度增加带来的性能损耗。残差结构如图 10-24 所示。上一章的 LSTM 中实际上也有类似的结构，即细胞状态的引入。在 Transformer 模型中，残差连接是通过加法实现的。

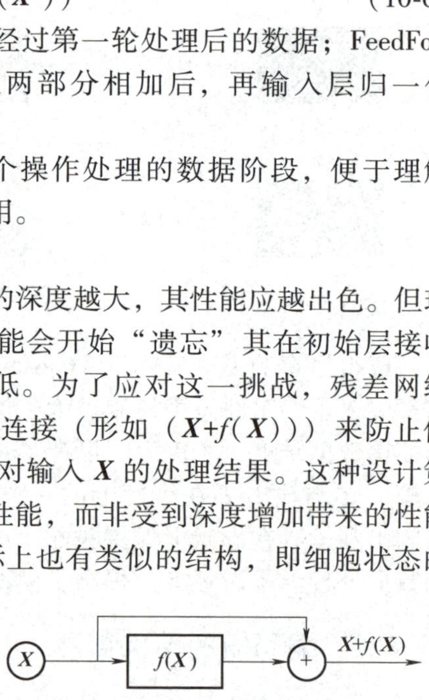

Transformer 模型借鉴了残差网络的这一理念，其设计中每个编码器层之后都紧跟着一组残差连接及层

图 10-24　残差结构图

归一化。这样设计的核心在于允许原始输入信息能够无障碍地传递至模型的后续层次，确保模型在执行深层次的计算时，仍能保有对初级信息的"记忆"。此外，在构建编解码器架构时，Transformer 模型通常采用由多个编码器模块堆叠而成的多层结构，而其中每一层的残差连接则成为实现这种复杂网络结构高效学习与信息传递的关键。

通过采用这种策略，Transformer 模型及残差网络有效地解决了深度模型中的"遗忘"问题，保障了信息在从模型一层到另一层的传递过程中得到有效保持与运用，从而极大地增强了模型的整体性能。

（2）归一化

当前阶段在 Transformer 模型中使用层归一化操作的主要目的是加速模型的收敛速度，并简化计算过程。通过对数据进行归一化处理，可以有效地控制数据在网络中传播时的数值范围，减少训练过程中的梯度消失或爆炸问题，从而提高模型的训练效率。同时，层归一化作为一种标准化手段，也有助于模型在处理不同规模的数据时保持稳定和一致的表现。

此外，残差连接作为模型中另一个常用的技巧，通过允许跨层的直接数据流动，帮助模型更好地学习到身份函数，维持深层网络中信息的有效传递，避免了深层网络训练中的性能退化问题。残差连接和归一化这两种策略共同为深度学习模型提供了一种强大的机制，以更高的效率和稳定性处理复杂的学习任务。

2. 前馈全连接网络

在 Transformer 架构中，前馈全连接网络（Feed Forward Network，FFN）对于每个编码器和解码器层而言，都是核心组件之一。这个网络负责对自注意力层（Self-Attention Layer）或跨注意力层（Cross-Attention Layer，仅限于解码器）的输出进行后续处理。相对于复杂的注意力机制，前馈全连接网络采用更为标准和直接的神经网络结构，在 Transformer 模型中占据了极其重要的位置。

Transformer 模型中的前馈全连接网络主要由两次线性变换和一个非线性激活函数构成，这个过程可以通过式（10-7）进行描述：

$$\text{FFN}(\boldsymbol{X}) = \max(0, \boldsymbol{X}\boldsymbol{W}_1 + \boldsymbol{b}_1)\boldsymbol{W}_2 + \boldsymbol{b}_2 \tag{10-7}$$

式中，$\boldsymbol{X}$ 表示输入数据；$\boldsymbol{W}_1$ 和 $\boldsymbol{W}_2$ 为权重矩阵；$\boldsymbol{b}_1$ 和 $\boldsymbol{b}_2$ 是偏置项；$\max(0,\cdot)$ 表示 ReLU 激活函数。

自注意力层与前馈全连接网络的不同之处在于：

1）自注意力层：通过以矩阵形式并行处理整个序列，使得序列中的每个位置都能同时关注到所有其他位置。这种处理方法利用了并行计算的能力，实现了对输入数据的全局映射，从而高效地处理整个序列，总结为它是按行进行操作的。

2）前馈全连接网络：与自注意力层相对，前馈网络并不依赖于序列中的位置间关系，而是将同一变换独立应用于序列中的每个元素，即它是序列中每个位置独立处理的。这种逐元素的处理方式虽然看似与并行计算不太契合，但得益于现代计算硬件如 GPU 的高效并行处理能力，这类操作仍能被快速执行，可以认为这是一种按向量位置进行操作的方式。

因此，自注意力层通过矩阵运算实现了输入向量间的加权交互，提供了全局的信息图景，而前馈全连接网络则专注于独立地优化每个位置的表示。这两者的结合使得 Transformer 模型能够在全局信息处理和细粒度表示优化之间进行有效的权衡，进而提升模型的整体性能。

3. 编码器的输出

上文讲解了编码器的构造涵盖了几个核心组件，包括多头注意力机制、加法及归一化和前馈全连接网络。这些关键部分联合构成了编码器的基本构建块，即编码器单元。

在 Transformer 架构的设计中，这种编码器单元通常会被重复堆叠六次，以形成一个完整的编码器层次结构。通过这种方式，编码器的最后输出便是一个高度编码的矩阵，其中，经过向量化处理的每个句子中的每个 token 都对应矩阵中的一行。这种设计策略确保了每个 token 不只携带了其原始的信息，而且还整合了整个上下文的语义信息，提供了一个综合而全面的表示。这一机制有效地加强了 Transformer 模型对于语言数据深度处理的能力，使其在执行复杂的自然语言处理任务时，能够更准确地捕捉和理解语言的细微差异及深层含义。编码器全局结构图如图 10-25 所示。

由最后一个编码器单元输出的矩阵即编码信息矩阵 C，是整个编码过程的核心成果。这个矩阵包含了输入序列经过深层次编码后的综合信息，融合了每个 token 的具体信息及其所处上下文的语义。在接下来的解码器阶段中，编码信息矩阵将作为关键的输入之一，用于引导解码过程中的信息生成。

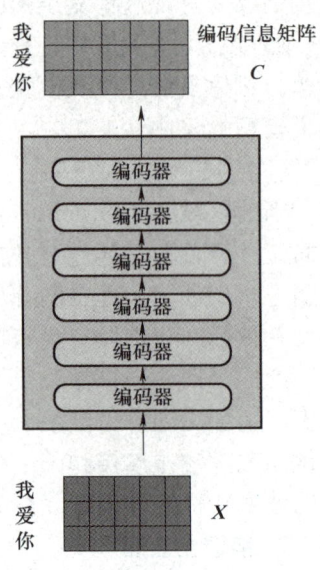

图 10-25 编码器全局结构图

10.2.5 解码器模块的输入

在之前的过程中已经完成了输入数据通过编码器的编码过程，最终形成编码信息矩阵 C。这个矩阵担负着极为关键的任务，即为解码器的工作提供指导。接下来，将深入了解解码器模块中输入的处理操作。解码器模块的输入图如图 10-26 所示。

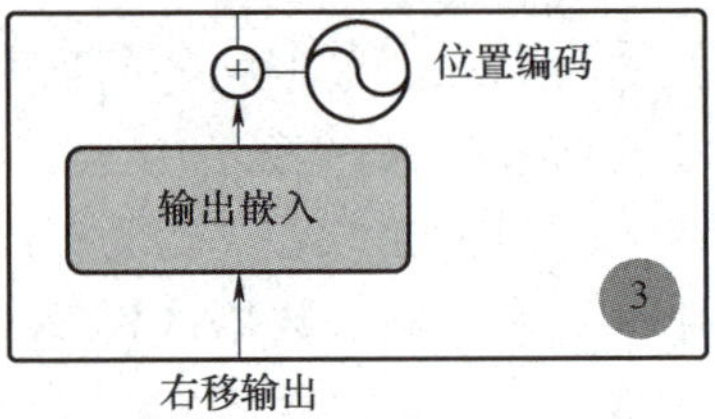

由于模型结构的独特性，在训练和测试阶段，解码器的输入信息会有所不同。因此，将分别对这两个部分进行详尽的阐释。

图 10-26 解码器模块的输入图

1. 训练阶段解码器的输入

Transformer 模型编码器的工作原理：该模型首先会将输入序列（"我爱你"的独热编码）中的每个词转换成词向量，这一转换过程通过预训练的 word2vec 模型完成。继而，这些词向量会与位置编码相结合，以捕捉序列中的位置信息。在训练阶段，解码器的输入序列由翻译结果加上一个开始符号（如 "<Start>" I love you"）构成。这个序列按照与编码器相同的逻辑进行处理，即通过预训练的 word2vec 模型将每个词转换为词向量，并与其位置编码相结合，作为训练阶段的解码器输入信息。训练阶段解码器的输入如图 10-27 所示。

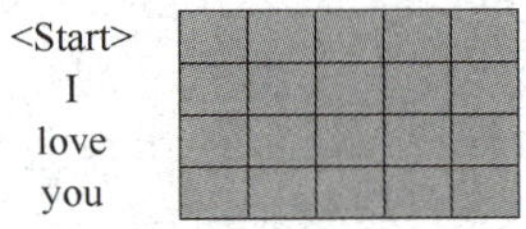

图 10-27 训练阶段解码器的输入

在训练流程中，解码器接收的是添加了开始符号的翻译目标序列的信息矩阵，主要是源于"教师强制"（Teacher Forcing）技术的应用，即直接使用真实的翻译结果来指导解码器的训练。这种方法有助于模型快速准确地学习到从输入序列到输出序列的映射关系，进而提升模型在自然语言翻译任务中的性能。

在 Transformer 模型出现之前，自然语言处理领域的翻译任务的 Seq2Seq 结构主要依赖于 RNN 来实现。RNN 具有一种顺序串联的结构特性，在处理翻译任务的过程中，每个当前时间步（即当前词）不仅要考虑句子的编码向量 C，还需要依赖于前一个时间步的输出结果。这样的设计导致了一个问题：如果前一时间步产生了错误，这个错误很容易被传递到当前时间步，从而使当前时间步接收到错误的输入信息，进而增加了产生正确翻译的难度，模型不得不过度依赖当前时间步的输入信息尝试纠正错误。这种情况下，模型越翻译越易跑偏，进而大幅降低了模型的性能并延长了训练时间。

针对上述问题，一个有效的改善策略是采用 Teacher Forcing 技术。在模型训练的过程中，不再使用模型自身在前一个时间步的预测输出作为下一个时间步的输入，而是直接利用正确结果作为上一步的输出。这种方式有助于提速模型的学习进度，并显著提升模型性能。具体实现时，可以将全部的目标答案（如"I love you"）连同一个开始符号（如"<start>"）一起输入网络进行预测。通过这种方法，模型在每个时间步都被正确引导，从而有效减少了因错误累积导致的翻译偏差，确保了翻译的准确性和模型训练的高效性。Teacher Forcing 在训练和测试阶段的对比如图 10-28 所示。

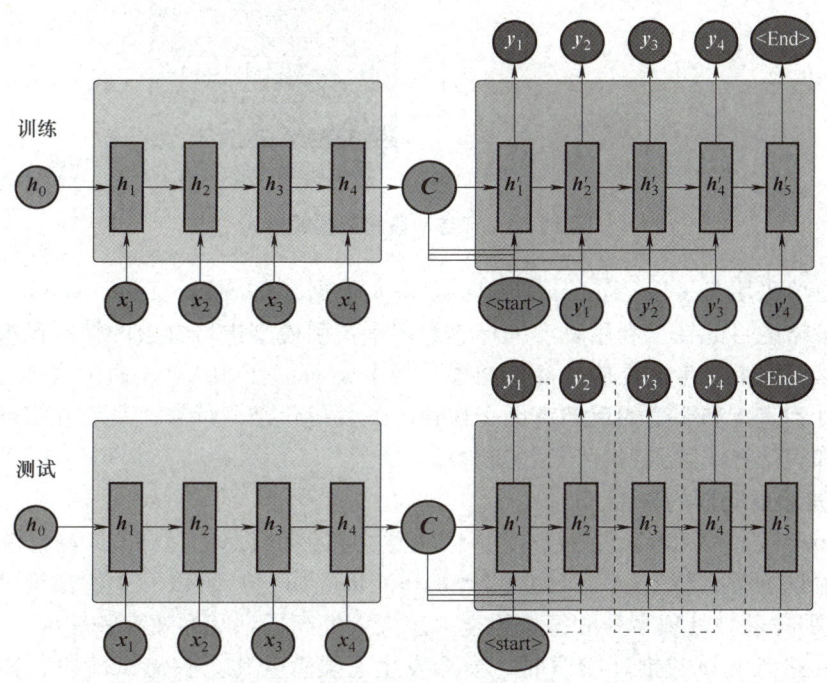

图 10-28　Teacher Forcing 在训练和测试阶段的对比

图 10-28 展现了训练与测试阶段引入 Teacher Forcing 机制之间的差异。通过仔细对比这两个过程可以发现，在测试阶段，模型将自己的输出作为下一个时间步的输入；而在训练阶段，却是直接使用真实的标签序列作为输入。这种做法意味着，在训练过程中，模型能够接触到真实值，而在测试阶段则没有这种条件。因此，解码器在每个时间步生成输出的基础包括以下三个重要因素：

1）上一个时间步的隐藏状态：它携带了解码器在上一时间步的计算成果以及到目前为止全部步骤的信息概要。

2）上一个时间步的输出：在 Teacher Forcing 机制的训练过程中，这通常是来自真实标签序列的对应项，而不是模型自己预测的输出。

3）编码器产生的上下文向量 C：该向量综合了编码器对输入序列全局理解的精髓。

这三个要素共同作用，决定了解码器在当前时间步的具体输出，即在给定先前生成的序列及固定上下文条件下，解码器对当前输出的预测。针对下一个时间步的预测，这一输出可能被作为新的输入（在使用 Teacher Forcing 机制的训练阶段，则输入真实标签），同时当前的隐藏状态也将被传递到下一个时间步。

训练阶段解码器的输入如图 10-29 所示。

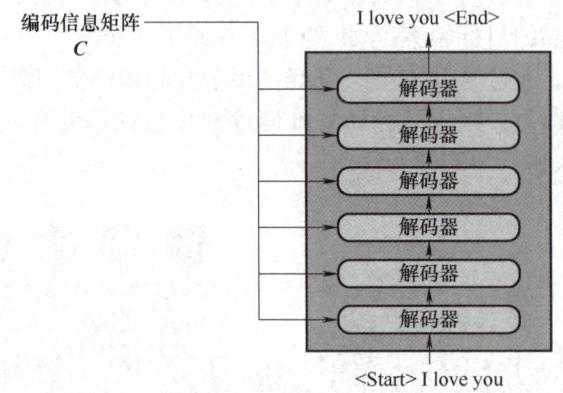

图 10-29　训练阶段解码器的输入

在训练阶段采用 Teacher Forcing 机制，以真实数据（"<Start> I love you"）作为模型的输入。这一策略的目的在于利用真实的标签数据来指引模型进行参数的精准调整，以便模型能够高效地学习并最终生成准确的翻译结果（"I love you <End>"）。通过这种方法，模型在训练阶段接受到直接和明确的反馈有助于快速收敛并优化翻译性能，从而在实际使用中更加精确地捕捉和表达源语言到目标语言的转换。

2. 测试阶段解码器的输入

Transformer 模型在训练阶段受益于其自注意力机制的设计，可以高效地进行并行化处理。这意味着训练时，整个输入序列（"<Start> I love you"）可以一次性被模型处理，而不需要像 RNN 那样逐步处理序列的每个元素。这大大提高了训练的效率和速度。

然而，在进入测试或推理阶段时，模型发生了显著变化。在测试阶段，输出序列的生成是逐步进行的，即每个新生成的词都依赖于之前所有已生成的词，这一点在翻译或其他任何文本生成任务中尤为明显。因此，虽然 Transformer 模型在训练期间能够充分发挥并行化计算的优势，但在测试阶段则无法一次生成整个序列。每生成一个新词，就需要把迄今为止生成的序列重新输入模型中，以此来产生下一个词。这一测试过程如图 10-30 所示。

探讨 Transformer 模型在训练和测试阶段的差异，可以更深入地理解模型结构的灵活性与应用场景的适应性。

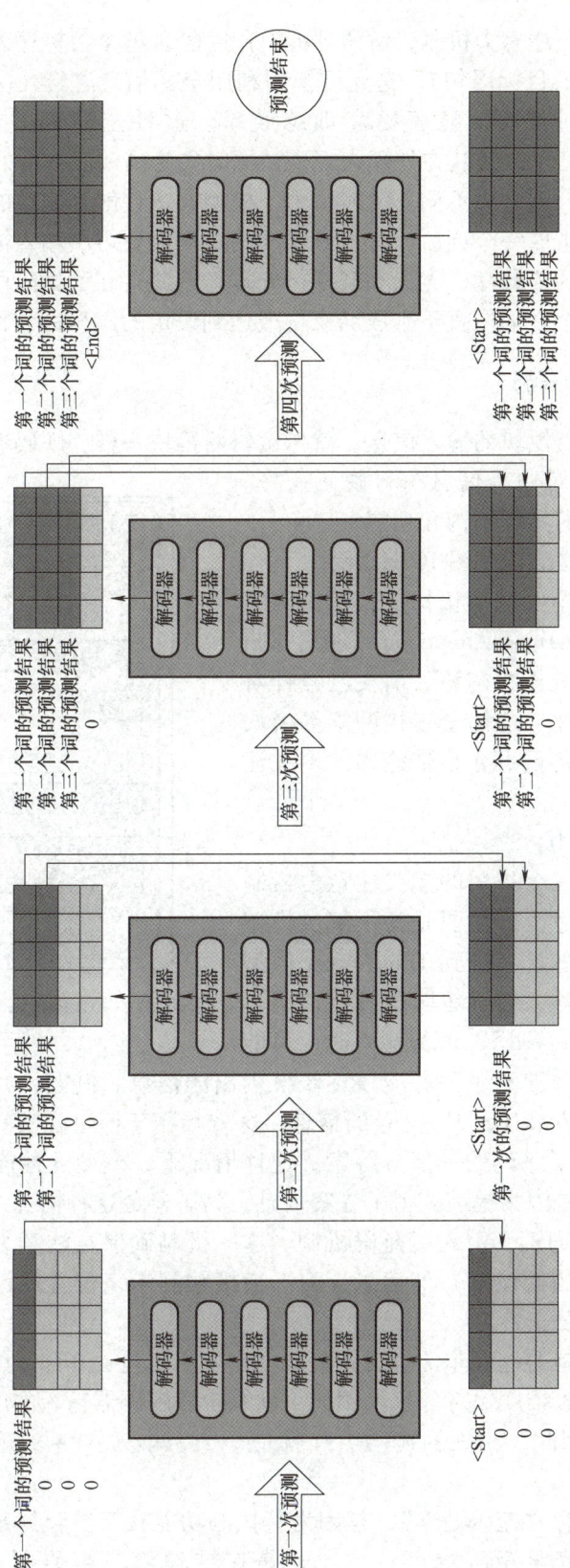

图 10-30 Transformer 的测试过程

在训练阶段，得益于自注意力机制，解码器能够同时处理整个目标序列。由于已知整个正确的输出序列（即真实的目标语句），这允许模型利用全部信息进行一次性训练，实现不同位置间自注意力的并行计算，显著提高训练效率。这种全序列并行处理能力，是Transformer模型核心特性之一，使其在处理大规模数据时更为高效。

然而，测试阶段的情形则大为不同。此时，由于模型并未接触到完整的目标序列，它必须逐一生成输出词汇。每生成一个词后，包含该新词的序列就要再次输入模型，用以预测下一个词。由于这一过程中的依赖性，无法实现并行处理。因此，在测试阶段确实需要多次运行解码过程，每轮输出一个新词，直至生成结束符或达到设定的序列最大长度。

10.2.6 解码器的结构信息

前文已经探讨了解码器模块的输入信息。就像编码器模块一样，解码器也是由多个解码器模块组成的，它们负责对输入信息执行解码操作。接下来将探讨解码器模块的具体结构和功能。

Transformer中的解码器结构如图10-31所示。

解码器主要由以下几个关键模块构成：带掩码的多头注意力（Masked Multi-Head Attention）、加法与归一化、多头注意力和前馈全连接网络。前文已经针对多头注意力、加法与归一化、前馈全连接网络等模块进行了详细的说明，本节将重点介绍带掩码的多头注意力。

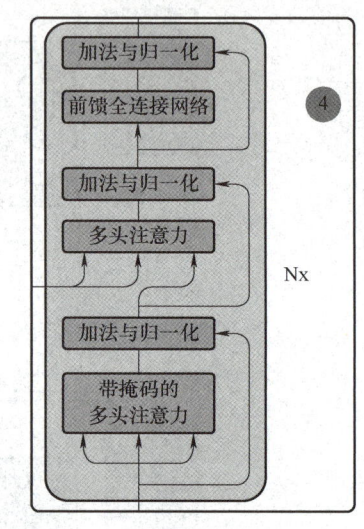

图10-31 Transformer中的解码器结构

1. 带掩码的多头注意力

在解码器区域中，第一个采用的多头注意力机制被命名成带掩码的多头注意力，主要是为了解决模型在推理阶段的一个潜在问题。考虑到Transformer模型独特的并行化自注意力结构，在训练阶段直接使用真实数据（如"<Start> I love you"）作为输入时，可能会不经意间使模型"提前"获悉了一些应该逐步推理出的信息。例如，如果在自注意力计算时，让"<Start>"向量获得了"I"向量的信息，这就相当于模型在没有逐个推理出序列的情况下，已经"看到"了序列的一部分答案。这种情况下，模型的性能提升可能并非源于其真实的推理能力，而是因为提前获得了答案信息。为了避免这种情况，防止模型在解码过程中"窥视"到未来的词汇，引入了掩码机制。这一机制确保自注意力计算时，每个词仅能收集到它之前（包括当前位置）的信息，而不会接触到未来位置的词汇信息，从而保证了模型推理的有效性和公正性。

实质上，引入掩码机制的过程非常直观，就是创建一个仅包含0和1的矩阵，而这个矩阵的维度与训练阶段的输入维度保持一致。例如，训练阶段解码器输入的序列包含四个向量（"<Start> I love you"），因此，相关的掩码矩阵就是一个大小为4×4的矩阵。掩码矩阵如图10-32所示。

之所以将这个矩阵称为"掩码矩阵"，是因为其核心功能在于屏蔽掉某些不应被当前步骤"看见"的信息。与掩码矩阵维度一致的，是在推理阶段解码器的输入矩阵（如

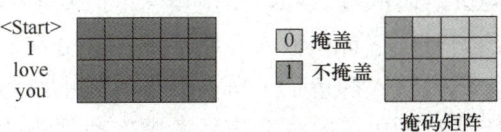

图 10-32　掩码矩阵

"<Start> I love you"）所生成的注意力权重矩阵 QK^T。这一权重矩阵体现了不同词汇间的相互关注程度，而掩码矩阵正是通过与它相结合，来确保模型在计算自注意力时，只能获取当前及之前词汇的信息，而无法"提前"获取后续词汇的信息。这种设计巧妙地保持了生成过程的顺序性，避免了信息的提前泄露。掩码矩阵整体流程如图 10-33 所示。

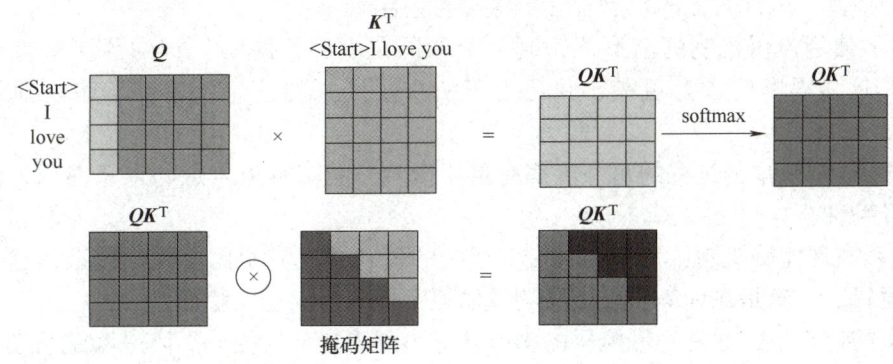

图 10-33　掩码矩阵整体流程

在 Transformer 模型的解码器部分，创建掩码矩阵的主要目的是实现有效的遮挡机制。这种遮挡针对的是由测试阶段的输入序列（如"<Start> I love you"）生成的注意力权重矩阵。通过引入掩码矩阵，确保在计算出注意力权重之后，那些被掩码的部分（即掩码矩阵中的"黑色区域"）的值会被设为 0。这就意味着，当模型尝试聚合信息来生成首个单词"<Start>"的向量时，它实际上无法获取来自后续单词的任何有效信息。这一机制有效地防止了模型在生成序列的过程中"提前窥视"到后续的单词，从而保障了生成结果的真实性和公正性。为了深入理解该机制如何运作，建议读者亲自计算相关的注意力权重，这有助于更加直观地理解它的工作原理。掩码机制对注意力的影响如图 10-34 所示。

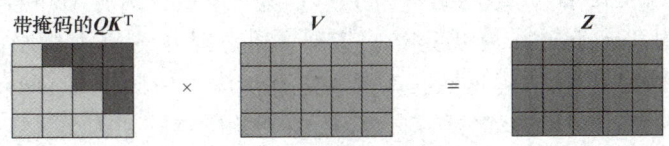

图 10-34　掩码机制对注意力的影响

2. 对掩码机制的思考

在训练阶段，为了防止模型"偷窥"后续词汇信息，使用了带掩码的多头注意力机制。然而，在测试阶段，模型并不知道正确答案，这引发了一个疑问：是否还需要保留这个掩码机制？

通过仔细分析模型在测试阶段的输入和输出逻辑,可以发现即使在测试阶段,掩码机制也是必要的。在模型开始预测时,它首先输入开始标记并产出首个单词的预测。在之后的预测中,输入序列逐渐扩大,每次输入都包括了所有到目前为止预测的单词。具体来说,随着预测过程的进行,模型每次预测新单词时都会重新考虑之前预测的所有单词。因此,如果不使用掩码机制,预测第一个单词时所依赖的信息会随着每一轮预测而积累增加,可能导致第一个单词的预测结果产生变化甚至偏差。这主要是因为,在没有掩码机制的情况下,每次预测时,模型都能"看到"后续生成的单词信息,这样会破坏了模型在序列预测中的条件独立性原则。

由此可见,即使在测试阶段,掩码机制也是确保预测质量和维持模型预测过程一致性的关键。这确保了模型在逐步生成文本过程中,每次预测仅依赖于之前已产出的单词,避免了信息的不当泄露。因此对掩码机制存在的必要性总结如下:

1) 在不使用掩码机制的情形下,同一个单词在模型不同时间步的预测结果会出现不一致现象,这显得模型较为粗糙,并且由于引入了未来的信息,违反了序列预测的基本原则。

2) 掩码机制对预测过程的每一步都有重要影响,能够避免信息的未来泄露,保障了预测任务的准确性。

3) 正确实现掩码机制虽然增加了模型架构的复杂性,但相比于修改模型,这种一致性方法更合逻辑,无论是在训练阶段还是测试阶段都能保持模型的稳健性。

在上文的讨论中,注意到带掩码的多头注意力层通过使用掩码矩阵来隐藏后续词汇的信息,确保了模型在预测每个词时不会被尚未预测的信息所影响。对于多头注意力部分,其机制与掩码版本相似,没有引入额外的特殊处理。此外,解码器中的加法与归一化模块的操作与编码器中的操作相同,保持了 Transformer 模型的一致性和对称性。

10.3 本章小结

本章深入解析了在自然语言处理领域产生重大影响的神经网络框架 Transformer 模型。开篇回顾了循环神经网络(RNN)及其变种如长短时记忆(LSTM)网络,以及它们在序列数据处理和长期记忆功能实现方面的成就。接着,重点讨论了 Transformer 模型,该模型借助其创新的自注意力机制,在机器翻译等序列建模领域展现出了杰出表现。

本章详尽阐述了 Seq2Seq 模型的结构与工作原理,重点介绍了编码器与解码器的协同工作机制,为深入探讨 Transformer 模型奠定了基础。通过对自注意力机制的深入分析,讨论了 Transformer 架构相比 RNN 的优越性。本章还进一步深入探讨了 Transformer 模型的核心技术,包括自注意力机制、多头注意力机制、编码器与解码器的架构设计,并详细解读了残差连接和层归一化策略等。为了加深读者的理解,本章特别强调了 Transformer 模型在训练与测试阶段的操作差异。

期望通过这些内容,读者能够对 Transformer 模型的工作机制和结构设计有一个清晰而深刻的认识。下一章将重点介绍 Transformer 模型的位置编码,进一步拓展读者对这一前沿技术全面而深刻的理解。

10.4 习题

1. 请简述 RNN 及其变种 LSTM 网络在处理序列数据时的主要优势是什么？
2. Transformer 模型相比于 RNN 和 LSTM 网络，其在处理序列数据时的主要创新点是什么？
3. Seq2Seq 模型通常由哪两个核心组成部分构成？请简述它们各自的职能。
4. 解释什么是自注意力机制，并讨论它在 Transformer 模型中的作用。
5. 输入嵌入和位置编码在 Transformer 模型中扮演什么角色？
6. 多头注意力机制如何增强 Transformer 模型的性能？
7. 在 Transformer 模型中，残差连接和层归一化技术有什么作用？
8. 描述 Transformer 模型在训练阶段和测试阶段操作的主要差异，并解释教师强制技术的原理及其对模型性能的影响。
9. 解释带掩码的多头注意力机制在 Transformer 模型中的重要性及其工作原理。
10. 根据本章内容，你认为 Transformer 模型在未来的自然语言处理领域还有哪些潜在的应用或改进空间？

第 11 章

位置编码

Transformer 模型代表了 Seq2Seq 模型领域的一次革新。以独树一帜的注意力机制为核心，Transformer 模型不仅展现了卓越的并行训练能力，更因其性能的显著提升而迅速在自然语言处理和最近的计算机视觉（CV）领域获得了广泛的认可及应用。

随着 Transformer 模型被整合进众多主流深度学习框架，其易用性大大降低了研究人员进行实验的门槛，使其得到快速普及。然而，这种普及的背后，可能伴随着一个风险：在方便的表面之下，研究者或许会忽视探索 Transformer 这一架构更为深远和精妙的理论及机制。

上一章对 Transformer 模型的主体架构进行了详解，因此本章不再赘述，而是聚焦于 Transformer 架构中的一个核心元素——位置编码，这一部分是理解和运用 Transformer 模型不可或缺的关键知识点。Transformer 架构中的位置编码图如图 11-1 所示。

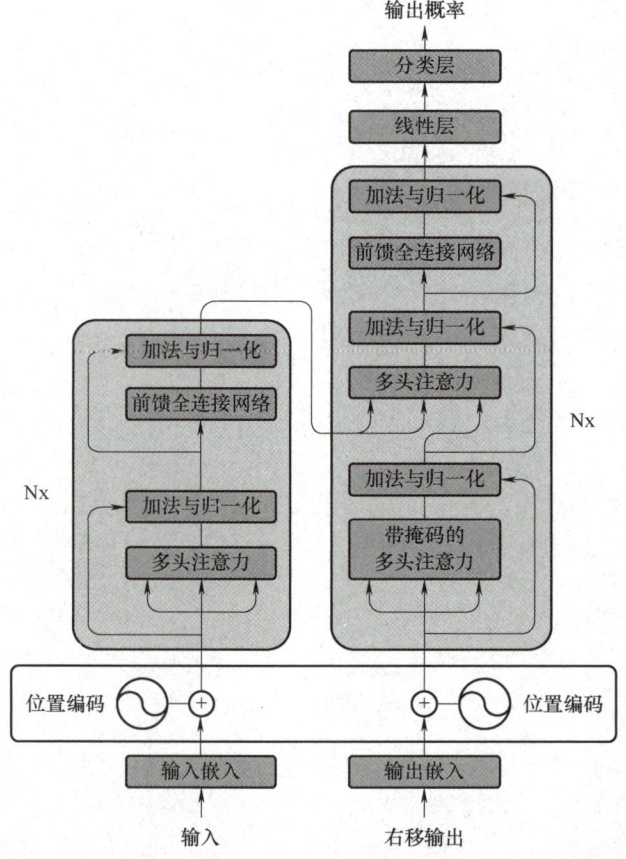

图 11-1　Transformer 架构中的位置编码图

11.1 位置编码简介

在所有语言中，单词的位置和顺序至关重要，它们不仅构成了语法结构的骨架，也直接影响句子所传达的意义。RNN 以其天然的方式捕捉到了这一语言特性，可以顺序地处理输入，与人类语言的自然流动保持一致，无须额外的位置编码机制。

然而，Transformer 架构选择了一条与 RNN 不同的路径，它摒弃了递归的处理方式，转而采用了多头注意力机制。这种设计策略极大地优化了训练效率，允许模型并行地一次性处理整个序列，并且理论上能够捕捉到更广范围的依赖关系。

但这种设计同时也意味着模型在处理句子中的每个单词时，缺乏对词序和位置的直观感知。虽然得到了并行处理的能力，却牺牲了单词在句子中位置的宝贵信息。因此，寻找一种能够在保持模型并行计算优势的同时，又能让模型捕捉到单词位置信息的机制变得迫在眉睫。

为了补偿这种信息的缺失并赋予模型词序感知能力，一个行之有效的解决方案是在模型中引入"位置编码"。位置编码旨在为每个单词注入其在句子中的位置信息，这样做不仅保留了单词的顺序感，也进一步增强了模型对语言结构深层次认知的能力。

11.1.1 线性归一化位置编码

采用将时间步分配在 [0，1] 范围内给每个单词赋予一个数值，这种方法初步看来似乎是合理的，其中 0 标志着句子的起始单词，1 指向句子的末尾。但是，这一方法暴露出了一个关键性的难题：在具体的数字范围内究竟包含了多少个单词变得不明确。换言之，不同句子的时间步间隔缺乏一致性的解释。

【例 11-1】 设想在处理句子"我喜欢喝奶茶"的情况下，如果沿用 0~1 的范畴进行位置编码，可能得到如下分配：0 对应"我"，0.2 对应"喜"，0.4 对应"欢"，0.6 对应"喝"，0.8 对应"奶"，1 对应"茶"。在这种情况下，0.4 代表的是句子中的第三个字。

然而，面对一个更长的句子，如"我喜欢吃东北猪肉炖粉条"，应用相同的编码策略，则每个字符的位置编码分别是：0 对"我"，0.1 对"喜"，0.2 对"欢"，0.3 对"吃"，0.4 对"东"，0.5 对"北"，0.6 对"猪"，0.7 对"肉"，0.8 对"炖"，0.9 对"粉"，1 对"条"。在此例中，0.4 所代表的是句子中的第五个字。

由此可见，这一编码方式的主要问题在于它无法保证在不同句子间维持时间步差值的一致性解释。这种方法无法准确反映不同句子中单词位置的变化，从而在表示序列时缺乏必要的精确度和灵活性，即时间步会随着编码个数发生变化。

11.1.2 整型值位置编码

考虑为每个时间步线性分配一个递增的数字，即固定时间步的长度。具体来说，就是将第一个单词标记为"1"，第二个为"2"，以此类推。虽然这种方法简洁直观，但它面临着几个明显的问题：数值可能会随着句子长度的增加而变得非常大，且当模型遇到比训练阶段所见句子更长的实例时，可能会遭遇泛化问题，影响模型的适应性。

【例 11-2】 前文提到的时间步差值不一致指的是在不同句子中同一位置编码可能代表

不同的位置信息。现在，如果采取固定差值为 1 的方案，虽看似为每个单词提供了一致性的标识，但实际上存在局限。假设在训练过程中，使用了最多 200 个不同的数字来表示位置，那么当遇到一个包含超过 200 个单词的句子时，模型将无法处理。这种方法事实上人为地限制了模型处理长句子的能力。

因此，虽然该编码方式步长固定，简化了位置的表示，但是其表现能力有限，牺牲了模型的泛化和扩展能力。

11.1.3 二进制位置编码

在模型中位置信息的作用是施加在输入嵌入上的，与其使用单一的值来表示位置，不如使用维度与输入嵌入相匹配的向量来表示位置，可能会是一种更实用的方案。这种方法使得位置信息的表达变得更为丰富，而不仅仅是简单的标量值。

在寻求多维位置表示的过程中，二进制编码作为计算机领域的基石，是一种有潜力的方案。比如，如果模型的维度（d_{model}）设置为 3，那么可以利用如图 11-2 所示的方式来构造每个位置的向量编码。

采用二进制编码方式，得以通过固定长度的向量精妙地编码较大范围内的数字，并确保了前文提及的步长一致性问题得到解决。在这种方法下，每个位置的数值均被界定在 0~1 之间，保证了编码的有界性。图 11-2 中，利用二进制编码，编码数字 0~6。

尽管二进制编码提供了一种有效的方案来表示位置信息，但是仍然存在问题，即由此产生的位置向量存在于一个离散的空间里，这意味着不同位置之间的跃迁在数值上是不连续的。二进制编码 0~3 示意图如图 11-3 所示。

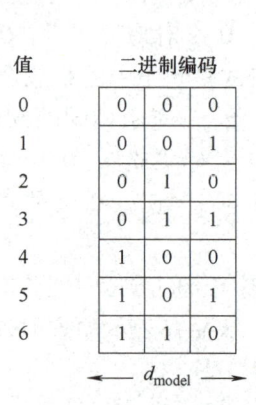

图 11-2 二进制编码

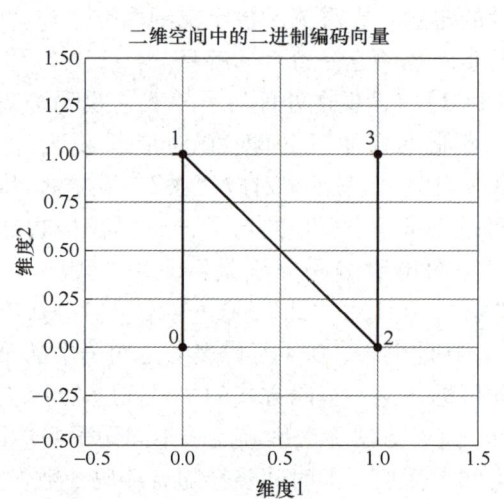

图 11-3 二进制编码 0~3 示意图

从图 11-3 中可以直观地看到，用二进制编码 0~3 时，整个图像位置中存在大量空隙位置是无法通过编码实现的。而实际编码期望的图像是连续的，如图 11-4 所示。简而言之，理想的位置编码方案应能够有效解决表达各种位置的问题，同时灵活地表示包括整数和浮点数在内的丰富位置信息。若采用二进制编码，虽能较好地处理整数位置信息如 1、2、3，但当面对浮点数位置信息如 0.1、0.2 时，二进制编码的复杂度和冗余度便成为一个阻碍。这也体现了离散数据在特定的取值范围内表现能力的有限,离散数据仅能表示有限或可数的值,所以在表达数据时不如连续数据灵活。

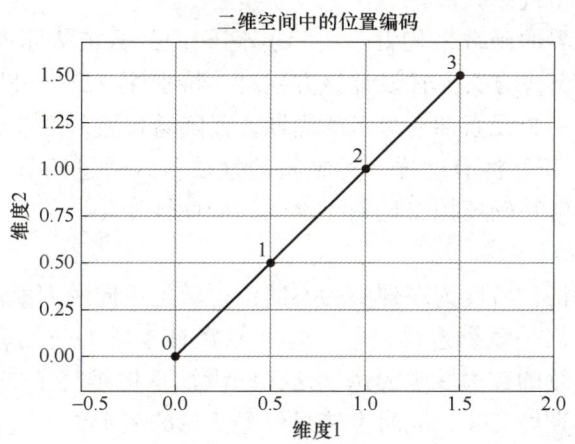

图 11-4　连续的编码形态图

针对以上问题迫切需要一种更为高效的编码策略,这种策略应能无缝地处理整数与浮点数的位置信息,同时保证所表示的点的数量足够多,以满足精确度和连续性的需求。这样的编码方法将弥合位置信息表达中的空隙,为模型提供一个更加流畅且连续的空间认知,从而在处理序列数据时提供更加准确和连贯的理解。

11.1.4　周期函数的位置编码

基于上文中对二进制编码的思考,将二进制编码映射到空间中,所得到的是一群离散的点,这种表示方法仅能覆盖有限的且是整数的点位。然而,目标是追求一种能够表达连续点位的编码策略。与离散对应的为连续,故期望得到的是一个连续的点位序列。

经过上文中对多种编码方式的讨论,期望得到的编码应该满足以下几点特征:

1) 二进制编码的多维度特性为处理不同长度的序列数据带来了适应性。
2) 具有确定性的步长。
3) 二进制编码在 [0, 1] 区间内的有界性,为模型提供了在计算过程中高效推理的能力,避免了对已排除编码方案的重复计算。

在此基础上进一步思考,寻求的位置向量需要有界且连续,正弦函数便是一个绝佳选择,它在数学上既简单又具有连续性,完美符合需求。若将位置向量的每一个元素表示为正弦函数的值,便能够创造出一个既连续又有界的位置编码方式。

1. 二进制编码的实现逻辑

图 11-5 揭示了二进制编码的机制。图 11-5 中,各个元素位分别对应于 2^0、2^1、2^2、2^3 的二进制权值。这一排列方式的优点在于,它允许使用二进制位的不同组合来精确地映射一个十进制数列。通过观察,可以轻松识别出一个固定的模式:最低位(即第一个位置)的元

	2^3 2^2 2^1 2^0		2^3 2^2 2^1 2^0
0:	0　0　0　0	8:	1　0　0　0
1:	0　0　0　1	9:	1　0　0　1
2:	0　0　1　0	10:	1　0　1　0
3:	0　0　1　1	11:	1　0　1　1
4:	0　1　0　0	12:	1　1　0　0
5:	0　1　0　1	13:	1　1　0　1
6:	0　1　1　0	14:	1　1　1　0
7:	0　1　1　1	15:	1　1　1　1

图 11-5　二进制编码规律图

素每增加 2^0（即 1）便完成一次循环，而第二个位置的元素每增加 2^1（即 2）完成一次循环，如此往复，逐级上升。借助这一明确的规律，无须单独计算即可轻而易举地推导出任何一个特定组合所对应的十进制数值。

在寻求用连续且有界的函数来代替（0，1）区间内的数值表示时，正弦函数的周期性特征提供了一个理想的解决方案。在设计该方案时，特别注意到二进制位置的周期性是规律性变化的，即序列中第一个元素拥有最短的周期，而随着位置的逐步升高，其周期呈现递增趋势。正弦函数（sin）正好拥有这样一种独特的性质，即通过调节其波形参数，就能够实现周期的调整，使其能够精确模拟二进制元素间的周期性变化。

2. 周期函数位置编码实现

利用正弦函数的特性，可以为序列中的不同位置设定不同的周期。通过对正弦函数频率的精确控制，精心构造出一系列连续函数，这些函数在本质上与二进制计数的特性十分相似，只不过它们是在连续的数值域中表达。这样的设计不但维持了二进制编码的核心优点，即位置的有序递增和周期性变化，同时也使得位置信息的表示更为流畅和连续。

因此，每一个向量的分量循环可通过控制正弦函数频率来实现，计算公式为

$$\boldsymbol{PE}_t = \left[\sin\left(\frac{1}{2^0}t\right), \sin\left(\frac{1}{2^1}t\right), \cdots, \sin\left(\frac{1}{2^{i-1}}t\right), \cdots, \sin\left(\frac{1}{2^{d_{\text{model}}-1}}t\right)\right] \tag{11-1}$$

式中，t 表示目标单词在序列中的位置；i 表示向量中的元素位置，用于调节频率。

通过将位置 t 和元素位置 i 结合，能够为序列中的每一个位置 t 生成一个独特的多维位置向量。在这种方案中，每个元素位置 t 使用不同频率的正弦函数生成，频率由 $\frac{1}{2^i}$ 控制。这种设计允许向量的不同元素以不同的频率周期性变化，从而为模型提供了在处理序列时所需的丰富的位置信息。通过这种方式，模型能够更精确地捕捉到序列中词汇的相对和绝对位置关系，这对于提升模型对序列数据的处理能力至关重要。二维正弦编码图如图 11-6 所示。图 11-6 展示了这种编码方式在二维空间中的状态，和上文中的二进制编码一样仅使用两位进行编码。

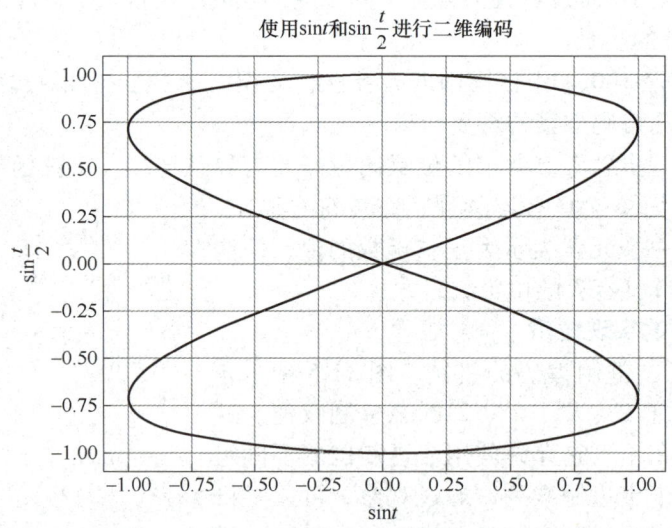

图 11-6 二维正弦编码图

从直观上看，这种编码方式正如所预期的那样，在-1~1的范围内呈现平滑的振荡，展示了其出色的连续性。

三维正弦编码图如图11-7所示，可以看到三维空间展示了该编码方式的独特状态。通过使用三维表示位置向量，发现随着维度提升至3，出现了一个有趣的现象：图11-7中点的颜色越深表示点位的重叠越多。这反映了随着使用表达式 $\sin \frac{t}{2^i}$ 并且 i 增大，函数响应的速度趋于缓慢。这意味着，对较大的 i 值，即使 t 值增长，也仅能引起函数值相对较小的变化。在三维空间中的视觉效果是，随着 i 值的增大，相邻点彼此的距离变得更短，导致这些点在视觉上显得更为紧密，尤其是当 i 达到很大的值时。

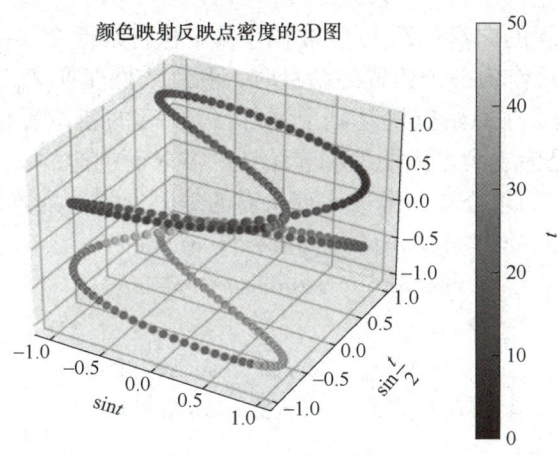

图 11-7　三维正弦编码图

当 i 值变得较大时，即使 t 发生变化，对整体数值造成的影响变得不那么显著。这种现象在对数据进行可视化时尤其值得关注，因为它可能掩盖了数据中的关键特征。

【例 11-3】 如果将 z 轴的值设定为 $\sin \frac{t}{4}$，会发现在较大的 t 取值范围内，数据点的变化相对较小。如果 i 值继续增大，比如采用 $\sin \frac{t}{8}$ 或 $\sin \frac{t}{16}$ 这样的表达式，这种变化的缓慢趋势将变得更加明显。随着 i 值的增加，这种效应会导致数据点在三维空间中趋于重合，从而使不同点之间的区分度大幅降低。

因此在设计和应用位置编码时，应保持数据特征在可视化表示中的清晰性和辨别力。特别是在处理大规模或高维度数据时，保持对数据变化的敏感度是至关重要的，以确保模型能够准确地捕捉和利用这些信息。因此对式（11-1）的分母部分进行修改为

$$w_t = \frac{1}{10000^{\frac{2k}{d}}} \tag{11-2}$$

式中，d 代表位置向量的总维度。通常 d 与输入嵌入的维度保持一致，以便于直接进行加法操作。这种修改使得模型能够更灵活地调整每个位置编码的频率变化，确保即使在高维空间中，每个维度的变化也能保持足够的敏感度。随着维度的增加，这个加权因子帮助平衡了变

化的速度，避免了在高 i 值时数值变化过于缓慢的问题，从而在整个位置向量中保持了足够的差异性和细腻的动态变化范围。这种方法不仅提高了编码的精细度，也进一步增强了模型对位置信息的敏感度和表达能力。

11.1.5 sin 和 cos 交替位置编码

位置编码不仅仅承载了描述单个位置的功能，还蕴含了表示相对位置的能力。这意味着，两个位置之间的关系可以通过计算来精确捕捉，并且可以被量化和转换。因此，通过位置编码，能够深入了解不同位置之间的具体差异和联系。这使得位置编码不仅是对位置的简单标记，还是一种真实且动态的位置表示方法。在数学上，两个位置可以表示为

$$PE_{t+\Delta t} = T_{\Delta t} * PE_t \tag{11-3}$$

式中，PE_t 是描述特定位置的向量；$T_{\Delta t}$ 可以被视作一个执行线性变换的矩阵，专门用于处理位置的变化。当考虑到 Δt 作为一个位置的增量时，利用线性变换 $T_{\Delta t}$ 就可以推导出新的位置向量 $PE_{t+\Delta t}$，这样就代表了在原始位置基础上增加了 Δt 后的新位置信息。上文中位置编码全部采用正弦函数，这是为了满足周期性和连续性的需求而创造的。根据式（11-3）中的设想，通过应用三角函数的和角公式，即可实现所需的编码形式。具体的和角公式为

$$\sin(a+b) = \sin a \cos b + \cos a \sin b \tag{11-4}$$

$$\cos(a+b) = \cos a \cos b - \sin a \sin b \tag{11-5}$$

最终可得

$$\begin{pmatrix} \sin(t+\Delta t) \\ \cos(t+\Delta t) \end{pmatrix} = \begin{pmatrix} \cos \Delta t & \sin \Delta t \\ -\sin \Delta t & \cos \Delta t \end{pmatrix} \begin{pmatrix} \sin t \\ \cos t \end{pmatrix} \tag{11-6}$$

将原本完全由正弦函数组成的位置向量换成了由正弦和余弦函数对组成的表示方式，每一对分别用正弦和余弦函数来表达它们，从而实现了对相对位置信息的精确捕获。因此最终的编码向量可以写成

$$PE_t = [\sin(w_0 t), \cos(w_0 t), \cdots, \sin(w_{2d_{\text{model}}-1} t), \cos(w_{2d_{\text{model}}-1} t)] \tag{11-7}$$

这种改进不仅扩展了位置编码的表达能力，更为模型提供了在序列处理中理解和利用相对位置信息的强大能力。具体来说，将位置向量以正弦和余弦的函数对形式表示，增强了模型对序列中元素间相对变化敏感度，这对于提高序列数据处理任务的性能至关重要。

11.2 Transformer 模型的位置编码

在 Transformer 模型中的位置编码，采用了和上文相同的思想精准捕捉序列中位置信息的窗口。设某一特定位置 t，并赋予其一个独特的位置编码向量 PE_t，该向量位于 $PE_t \in \mathbb{R}^d$ 空间中，其中 $d=512$ 表示该向量的维度大小，则位置编码可定义为

$$PE_t(i) = \begin{cases} \sin(w_k, t), i=2k \\ \cos(w_k, t), i=2k+1 \end{cases} \tag{11-8}$$

式中，w_k 为

$$w_k = \frac{1}{10000^{\frac{2k}{d}}} \tag{11-9}$$

根据定义可以推导出，频率 w_k 沿着向量维度递减，从而在波长上形成一个几何级数范围从 $2\pi \sim 10000 \cdot 2\pi$。这意味着位置嵌入可以被视为一个向量，各分量以不同频率振荡，能够有效地捕捉位置信息的周期性变化。

为了更清晰地描述，可以将位置嵌入 PE_t 表达为以下向量形式：

$$PE_t = \begin{bmatrix} \sin(w_1, t) \\ \cos(w_1, t) \\ \sin(w_2, t) \\ \cos(w_2, t) \\ \vdots \\ \sin(w_{\frac{d}{2}}, t) \\ \cos(w_{\frac{d}{2}}, t) \end{bmatrix}_{d \times 1} \tag{11-10}$$

随着向量维度的增加，频率 w_k 呈递减趋势，使得位置编码在波长上形成了一个几何级数。这种设计赋予 Transformer 模型对序列中每个位置细微变化的敏感度，并使其能捕捉到位置信息的内在动态变化。这对于理解语言的结构和语义至关重要，因为不同的位置信息对于语义理解和语言生成有着显著的影响。

11.3 Transformer 模型的位置编码可视化

图 11-8 展示了一个包含 50 个序列位置，且位置编码维度为 128 的位置编码的可视化结果。通过这张图，能够直观地观察到位置编码如何随序列位置变化而变化。

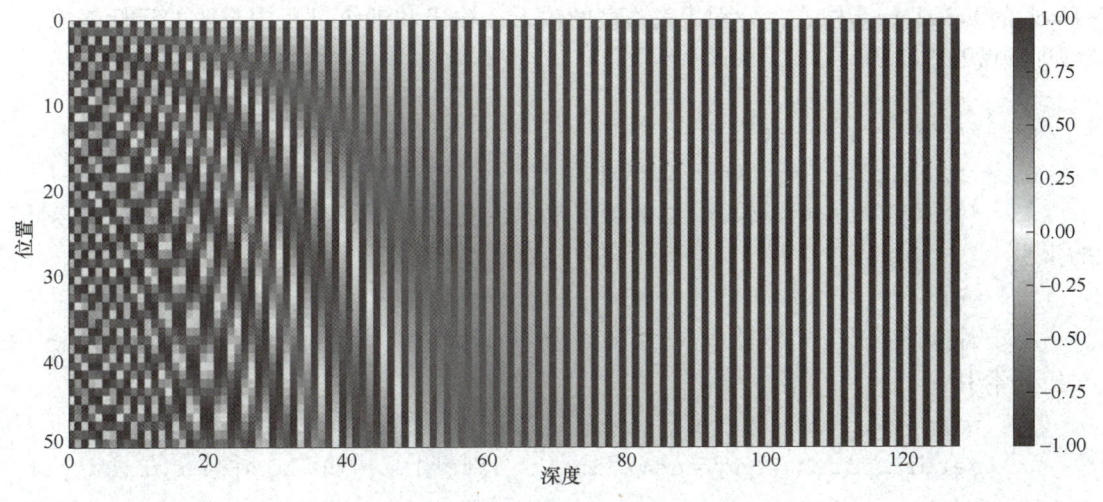

图 11-8　位置编码可视化

观察图 11-8 的右侧，主要以蓝色为主的现象，这反映除了随着位置的递增，频率逐渐降低，使得波动更趋于平稳，因此不同时间点上的改变对整体结果的影响逐渐减弱。这种现象说明在序列的后半部分，位置编码的变化变得稳定，这反映出较低频率下位置变化的连续性和平缓性。

相对地，图 11-8 的左侧却显示了频繁的颜色变化，这揭示了在更高频率下，对应位置的波动更大。在序列的前半部分，由于频率较高，每个位置的编码变化迅速，明显地表示出序列位置的不同，从而在可视化中呈现出丰富的颜色变换。

11.4 Transformer 模型应用

前文已经详细解析了 Transformer 模型的核心框架及位置编码的概念。基于前文内容，本节将继续深入阐述 Transformer 模型的架构实现，加深读者对该模型复杂机制的全面理解。

11.4.1 数据预处理和批量生成

Transformer 模型实例使用的编程包如下：

```
import numpy as np
import torch
import torch.nn as nn
import torch.optim as optim
import matplotlib.pyplot as plt
```

作为语言模型，Transformer 模型的应用也具备和前文例子中一致的 make_batch 函数。make_batch 函数负责将给定的句子序列转换为适用于 Transformer 模型训练的索引批次。它首先将编码器输入、解码器输入以及目标输出句子中的单词通过对应的源词汇表 src_vocab 和目标词汇表 tgt_vocab 映射为索引数组。然后，这些索引数组被封装成批次并转换成 PyTorch 的 LongTensor 格式，分别代表模型的输入、输出和训练过程中需要的目标输出，为模型训练做好准备。

```
def make_batch(sentences):
    input_batch=[[src_vocab[n] for n in sentences[0].split()]]
    #将源句子(编码器输入)中的每个单词转换为其在源词汇表 src_vocab 中对应的索引
    output_batch=[[tgt_vocab[n] for n in sentences[1].split()]]
    #将目标句子(解码器输入)中的每个单词转换为其在目标词汇表 tgt_vocab 中对应的索引
    target_batch=[[tgt_vocab[n] for n in sentences[2].split()]]
    Return torch.LongTensor(input_batch),torch.LongTensor(output_batch),orch.LongTensor(target_batch)
```

11.4.2 Transformer 模型结构定义

下述部分代码中对 Transformer 类进行编写，Transformer 类整合了编码器和解码器，以及输出投影层，构成完整的 Transformer 模型架构。

```python
class Transformer(torch.nn.Module):
    def __init__(self):
        super(Transformer,self).__init__()
        self.encoder=Encoder()
        self.decoder=Decoder()
        #实例化编码器和解码器组件。编码器和解码器将在后续定义
        self.projection = torch.nn.Linear(d_model,output_vocab_size,bias=False)
    def forward(self,enc_inputs,dec_inputs):
        enc_outputs,enc_self_attns=self.encoder(enc_inputs)
        #对编码器输入进行编码
        dec_outputs,dec_self_attns,dec_enc_attns=self.decoder(dec_inputs,enc_inputs,enc_outputs)
        #对解码器输入进行解码
        dec_logits = self.projection(dec_outputs) # dec_logits: [batch_size x input_vocab_size x output_vocab_size]
        #将解码器的输出通过线性映射层映射到输出词汇空间
        return dec_logits.view(-1,dec_logits.size(-1)),enc_self_attns,dec_self_attns,dec_enc_attns
```

可以看到架构代码和图 11-1 的架构一致，包含一个编码器和一个解码器，它们分别负责处理输入序列和生成输出序列。此外，模型包含一个线性映射层（projection），用于将解码器的输出转换为特定大小的输出词汇空间，以便预测输出序列中每个位置的单词。

11.4.3 模型参数和超参数

在模型训练之前设定模型的参数和超参数是至关重要的。这其中包括几个关键参数，sentence 表示将要翻译的句子集合，input_vocab 表示输入的词汇表，output_vocab 表示输出的词汇表，input_len 和 output_len 分别指定了输入和输出句子的最大长度。

```
#定义翻译任务中涉及的句子数据
sentences=['ich mochte ein Apfel P','S i want an apple','i want an apple E']
#源语言的词汇表,包含德语单词及标记
src_vocab={'P':0,'ich':1,'mochte':2,'ein':3,'Apfel':4}
src_vocab_size=len(src_vocab)
#目标语言的词汇表,包含英语单词及标记
tgt_vocab={'P':0,'i':1,'want':2,'an':3,'apple':4,'S':5,'E':6}
number_dict={i:w for i,w in enumerate(tgt_vocab)}
```

```
tgt_vocab_size=len(tgt_vocab)      # 计算目标词汇表的大小
src_len=5                          # 定义源句子的最大长度
tgt_len=5                          # 定义目标句子的最大长度
d_model=512                        # 设置嵌入向量的维度,即模型处理的
                                   #   向量大小
d_ff=2048                          # 设置前馈网络中间层的维度
d_k=d_v=64                         # 设置键(K)和值(V)的维度,用于自注
                                   #   意力机制
n_layers=6                         # 设置Transformer模型中编码器和
                                   #   解码器的层数
n_heads=8                          # 设置多头注意力中"头"的数量
```

11.4.4　编码器构件

编码器主要包含 token embedding、position embedding 以及若干层 EncoderLayer。

```
class Encoder(nn.Module):
    def __init__(self):
        super(Encoder,self).__init__()
        self.src_emb=nn.Embedding(src_vocab_size,d_model)
        #创建一个嵌入层,用于将输入的词汇索引转换成固定维度的向量。src_vocab_size 是源词汇表的大小,d_model 是嵌入向量的维度
        self.pos_emb=nn.Embedding.from_pretrained(get_sinusoid_encoding_table(src_len+1,d_model),freeze=True)
        #生成位置编码并加载为预训练的位置嵌入层。src_len 是输入序列的最大长度,+1 是为了处理可能的额外位置(如开始符号),freeze=True 表示固定位置嵌入,不在训练过程中更新
        self.layers=nn.ModuleList([EncoderLayer() for _ in range(n_layers)])
        #创建一个模块列表,包含 n_layers 个 EncoderLayer 层。这些层按顺序处理输入序列,通过自注意力机制和前馈网络增强序列的表示
    def forward(self,enc_inputs):# enc_inputs:[batch_size x source_len]
        enc_outputs = self.src_emb(enc_inputs) + self.pos_emb(torch.LongTensor([[1,2,3,4,0]]))
        #将输入序列通过源嵌入层转换为嵌入向量,再加上位置嵌入。这里的位置索引[[1,2,3,4,0]]是示例,实际应用中需要正确计算位置索引
        enc_self_attn_mask=get_attn_pad_mask(enc_inputs,enc_inputs)
```

```
        enc_self_attns=[]
        for layer in self.layers:
            enc_outputs,enc_self_attn=layer(enc_outputs,enc_self_
attn_mask)
            enc_self_attns.append(enc_self_attn)
        return enc_outputs,enc_self_attns
```

位置编码通过使用正弦和余弦函数进行编码,编码公式见式(11-8)。这种编码方式帮助模型理解单词在句子中的位置信息。

在代码层面的实现中,这样的位置编码方法被直接转换成 PyTorch 代码,以便整合到模型结构中。值得注意的是,当前阶段大多数的模型趋向于采用可学习的位置编码来进一步提升模型的性能。这种变化表明,虽然基于正弦和余弦函数的静态位置编码已被证明有效,但可学习的位置编码为模型提供了更大的灵活性和潜力,以适应不同的任务和数据特性。

```
def get_sinusoid_encoding_table(n_position,d_model):
    def cal_angle(position,hid_idx):
        return position /np.power(10000,2 * (hid_idx // 2) / d_model)
    def get_posi_angle_vec(position):
        return [cal_angle(position,hid_j) for hid_j in range(d_model)]
    sinusoid_table=np.array([get_posi_angle_vec(pos_i) for pos_i
in range(n_position)])
    sinusoid_table[:,0::2]=np.sin(sinusoid_table[:,0::2])
                                                        # dim 2i
    sinusoid_table[:,1::2]=np.cos(sinusoid_table[:,1::2])
                                                        # dim 2i+1
    return torch.FloatTensor(sinusoid_table)
```

在 Transformer 模型中,Q(查询)、K(键)和 V(值)通常来源于同一输入集,因此它们具有相同的维度。下述函数用于生成 Q 和 K 之间的注意力掩码,确保模型在计算注意力权重时忽视填充位置,从而专注于序列中实际有效的元素。

```
def get_attn_pad_mask(seq_q,seq_k):
    batch_size,len_q=seq_q.size()
    batch_size,len_k=seq_k.size()
    # eq(zero) is PAD token
    #使用.eq(0)判断 seq_k 中的元素是否为填充(PAD)标记(假定 PAD 标记的索
引为 0)
    #生成一个与 seq_k 形状相同但元素为布尔值的掩码张量,其中 PAD 位置为
True,非 PAD 位置为 False
```

```
            pad_attn_mask=seq_k.data.eq(0).unsqueeze(1)    # batch_size×1×
len_k,其中"1"便于后续的扩展操作
            return pad_attn_mask.expand(batch_size,len_q,len_k)
```

Transformer模型中的编码器层(EncoderLayer)是构成编码器的基本单元。每一层主要包含两个子部件——多头注意力机制(MultiHeadAttention)和前馈全连接网络(PoswiseFeedForwardNet),从而实现向量和元素层面上的注意力聚合。

```
    class EncoderLayer(nn.Module):
        def __init__(self):
            super(EncoderLayer,self).__init__()
            #初始化多头注意力和前馈全连接网络
            self.enc_self_attn=MultiHeadAttention()       # 多头注意力
            self.pos_ffn=PoswiseFeedForwardNet()          # 前馈全连接网络
        def forward(self,enc_inputs,enc_self_attn_mask):
            #使用相同的输入作为Q,K,V进行注意力计算,并应用注意力掩码
             enc_outputs,attn = self.enc_self_attn(enc_inputs,enc_
inputs,enc_inputs,enc_self_attn_mask)
            enc_outputs=self.pos_ffn(enc_outputs)
            return enc_outputs,attn
```

MultiHeadAttention类实现了Transformer模型中的多头注意力机制。该机制允许模型在处理序列数据时,同时从多个表示子空间中获取信息,提高了模型捕获序列内多种关系的能力。

```
    class MultiHeadAttention(nn.Module):
        def __init__(self):
            super(MultiHeadAttention,self).__init__()
            #初始化权重矩阵 W_Q,W_K,W_V 和输出线性层以及层标准化
            self.W_Q=nn.Linear(d_model,d_k*n_heads)       # 查询的线性转换
            self.W_K=nn.Linear(d_model,d_k*n_heads)       # 键的线性转换
            self.W_V=nn.Linear(d_model,d_v*n_heads)       # 值的线性转换
            self.linear=nn.Linear(n_heads*d_v,d_model)    # 结合多头注意力
                                                            结果的线性层
            self.layer_norm=nn.LayerNorm(d_model)         # 层归一化
        def forward(self,Q,K,V,attn_mask):
            #前向传播,计算多头注意力
            residual,batch_size=Q,Q.size(0)               # 保存残差连接及
                                                            批次大小
```

```python
#将Q,K,V通过线性层后分割为多头,进行转置以匹配期望的维度
q_s=self.W_Q(Q).view(batch_size,-1,n_heads,d_k).transpose(1,2)
k_s=self.W_K(K).view(batch_size,-1,n_heads,d_k).transpose(1,2)
v_s=self.W_V(V).view(batch_size,-1,n_heads,d_v).transpose(1,2)
#扩展注意力掩码以适应多头维度
attn_mask=attn_mask.unsqueeze(1).repeat(1,n_heads,1,1)
#通过缩放的点积注意力计算上下文和注意力权重
context,attn=ScaledDotProductAttention()(q_s,k_s,v_s,attn_mask)
#重新组合多头结果,然后通过线性层
context=context.transpose(1,2).contiguous().view(batch_size,-1,n_heads*d_v)
output=self.linear(context)
#应用残差连接和层标准化后返回最终输出
return self.layer_norm(output+residual),attn
```

ScaledDotProductAttention 类在每个头部分别对应地将查询(Q)与键(K)进行相乘,计算注意力得分。attn_mask 是在填充部分填充极大的负值($-1e9$),这样的处理确保了填充操作在计算注意力权重时被有效地忽略,从而不对最终的注意力分布产生影响。接着,通过应用 softmax 函数,将注意力得分转换为概率分布形式的权重。进一步地,这些权重会与值(V)相乘,生成加权的上下文表示。整个过程中,维度保持为 [batch_size, n_heads, src_len, d_k],确保了数据在流经不同阶段时结构的一致性和信息的完整传递。

```python
class ScaledDotProductAttention(nn.Module):
    def __init__(self):
        super(ScaledDotProductAttention,self).__init__()
    def forward(self,Q,K,V,attn_mask):
        #计算缩放点乘注意力
        scores=torch.matmul(Q,K.transpose(-1,-2)) / np.sqrt(d_k)
        # Q 和 K 进行点乘,得分(scores)按 $\sqrt{d\_k}$ 缩放,避免计算 softmax 时数值过大
        scores.masked_fill_(attn_mask,-1e9)
        #应用掩码,将填充位置的注意力得分设为一个很大的负数(这里是-1e9),在 softmax 阶段接近于 0
        attn=nn.softmax(dim=-1)(scores)
        context=torch.matmul(attn,V)
        return context,attn
```

PoswiseFeedForwardNet 类实现了 Transformer 模型中的位置前馈网络。它包含两个线性变

换和一个激活函数,目的是在保持序列长度不变的情况下,对每个位置上的表示进行转换。通过在两个变换之间加入 ReLU 激活函数,增加了网络的非线性。同时,引入残差连接和层标准化有助于减轻训练过程中的梯度消失或爆炸问题,促进深层网络的学习。

```python
class PoswiseFeedForwardNet(nn.Module):
    def __init__(self):
        super(PoswiseFeedForwardNet,self).__init__()
        #使用大小为1×1的卷积核,进行维度转换
        self.conv1=nn.Conv1d(in_channels=d_model,out_channels=d_ff,kernel_size=1)
        #第一层卷积,增加模型维度
        self.conv2=nn.Conv1d(in_channels=d_ff,out_channels=d_model,kernel_size=1)
        #第二层卷积,恢复模型维度
        self.layer_norm=nn.LayerNorm(d_model)
    def forward(self,inputs):
        residual=inputs    #保留输入作为残差连接
        output=nn.ReLU()(self.conv1(inputs.transpose(1,2)))
        output=self.conv2(output).transpose(1,2)
        return self.layer_norm(output+residual)
```

上述全部组件实现了编码器,接下来对解码器构件进行解读。

11.4.5 解码器构件

Transformer 模型中的解码器部分,主要负责根据编码器的输出及之前已解码的信息生成目标序列,其中包括目标词嵌入、位置嵌入以及多个解码器层。

```python
class Decoder(nn.Module):
    #初始化解码器,包括目标词嵌入、位置嵌入以及多个解码器层
    def __init__(self):
        self.tgt_emb=nn.Embedding(tgt_vocab_size,d_model)    # 目标语言的词嵌入
        self.pos_emb=nn.Embedding.from_pretrained(get_sinusoid_encoding_table(tgt_len+1,d_model),freeze=True)    # 位置嵌入
        self.layers=nn.ModuleList([DecoderLayer() for _ in range(n_layers)])
    def forward(self,dec_inputs,enc_inputs,enc_outputs):
        dec_outputs=self.tgt_emb(dec_inputs)+self.pos_emb(torch.LongTensor([[5,1,2,3,4]]))
```

```
            dec_self_attn_pad_mask=get_attn_pad_mask(dec_inputs,dec_
inputs)
            dec_self_attn_subsequent_mask=get_attn_subsequent_mask
(dec_inputs)
            dec_self_attn_mask=torch.gt((dec_self_attn_pad_mask+dec_
self_attn_subsequent_mask),0)
            dec_enc_attn_mask=get_attn_pad_mask(dec_inputs,enc_inputs)
            dec_self_attns,dec_enc_attns=[],[]     # 存储自注意力和解码器—
                                                      编码器注意力
            for layer in self.layers:
                dec_outputs,dec_self_attn,dec_enc_attn=layer(dec_out-
puts,enc_outputs,dec_self_attn_mask,dec_enc_attn_mask)
                dec_self_attns.append(dec_self_attn)
                dec_enc_attns.append(dec_enc_attn)
            return dec_outputs,dec_self_attns,dec_enc_attns
                                               # 返回解码结果及注意力
                                                  权重

    def get_attn_subsequent_mask(seq):
        #生成后续掩码,防止位置信息"泄露"
        attn_shape=[seq.size(0),seq.size(1),seq.size(1)]
        subsequent_mask=np.triu(np.ones(attn_shape),k=1)
                                               # 使用上三角矩阵作为掩码
        subsequent_mask=torch.from_numpy(subsequent_mask).byte()
        return subsequent_mask
```

下述代码定义了Transformer模型中的单个解码器层(DecoderLayer)。解码器层的主要任务是基于编码器的输出和自身之前的输出,对目标序列进行生成。

```
    class DecoderLayer(nn.Module):
        def __init__(self):
            super(DecoderLayer,self).__init__()
            #初始化解码器层的组件
            self.dec_self_attn=MultiHeadAttention()    # 解码器的自注意力
                                                          机制
            self.dec_enc_attn=MultiHeadAttention()     # 解码器对编码器输
                                                          出的注意力
            self.pos_ffn=PoswiseFeedForwardNet()       # 位置前馈网络
```

```python
    def forward(self,dec_inputs,enc_outputs,dec_self_attn_mask,
dec_enc_attn_mask):
        #处理自注意力,包括遮蔽
        dec_outputs,dec_self_attn=self.dec_self_attn(dec_inputs,
dec_inputs,dec_inputs,dec_self_attn_mask)
        dec_outputs,dec_enc_attn=self.dec_enc_attn(dec_outputs,
enc_outputs,enc_outputs,dec_enc_attn_mask)
        dec_outputs=self.pos_ffn(dec_outputs)
        return dec_outputs,dec_self_attn,dec_enc_attn    #返回输出及
                                                          注意力权重
```

11.4.6 模型训练

在训练阶段和其他模型一样,首先实例化 Transformer 模型,并设置损失函数(交叉熵损失)和优化器(Adam 优化器)。通过 make_batch 函数准备好输入和目标数据批次,迭代 20 个训练周期,在每个周期中,模型从初始化隐藏状态开始,经过前向传播生成预测,计算与实际值的损失,再通过反向传播更新模型参数以改进模型性能。

```python
    if __name__=='__main__':
        model=Transformer()
        criterion=nn.CrossEntropyLoss()
        optimizer=optim.Adam(model.parameters(),lr=0.001)
        enc_inputs,dec_inputs,target_batch=make_batch(sentences)
        for epoch in range(20):
            optimizer.zero_grad()
            outputs,enc_self_attns,dec_self_attns,dec_enc_attns=model
(enc_inputs,dec_inputs)
            loss=criterion(outputs,target_batch.contiguous().view(-1))
            print('Epoch:','%04d'%(epoch+1),'cost =','{:.6f}'.format
(loss))
            loss.backward()
            optimizer.step()
    # 测试
        predict,_,_,_=model(enc_inputs,dec_inputs)
        predict=predict.data.max(1,keepdim=True)[1]
        print(sentences[0],'->',[number_dict[n.item()] for n in pre-
dict.squeeze()])
        print('first head of last state enc_self_attns')
```

```
showgraph(enc_self_attns)
print('first head of last state dec_self_attns')
showgraph(dec_self_attns)
print('first head of last state dec_enc_attns')
showgraph(dec_enc_attns)
```

11.4.7 可视化嵌入和结果展示

showgraph 函数用于可视化 Transformer 模型中注意力机制的权重。这有助于理解模型如何在处理序列数据时分配其注意力，即查看模型对序列的哪些部分给予了更多的关注。

```
def showgraph(attn):
    #先选取最后一层的注意力权重,对第一个样本、第一个头进行处理
    attn=attn[-1].squeeze(0)[0]
    attn=attn.squeeze(0).data.numpy()
    fig=plt.figure(figsize=(n_heads,n_heads)) #设定画布大小
    ax=fig.add_subplot(1,1,1)
    ax.matshow(attn,cmap='viridis')
    #使用热力图显示注意力权重矩阵
    ax.set_xticklabels([''] + sentences[0].split(), fontdict =
{'fontsize':14},rotation=90)
    ax.set_yticklabels(['']+sentences[2].split(),fontdict={'fontsize':14})
    plt.show()
```

运行结果如下：

```
Epoch:0009 cost=2.707407
Epoch:0010 cost=2.640260
Epoch:0011 cost=2.290625
Epoch:0012 cost=1.865624
Epoch:0013 cost=1.576396
Epoch:0014 cost=1.778024
Epoch:0015 cost=1.859341
Epoch:0016 cost=1.767247
Epoch:0017 cost=1.716276
Epoch:0018 cost=1.671219
Epoch:0019 cost=1.626776
Epoch:0020 cost=1.684435
ich mochte ein Apfel P -> ['apple','apple','apple','apple','apple']
```

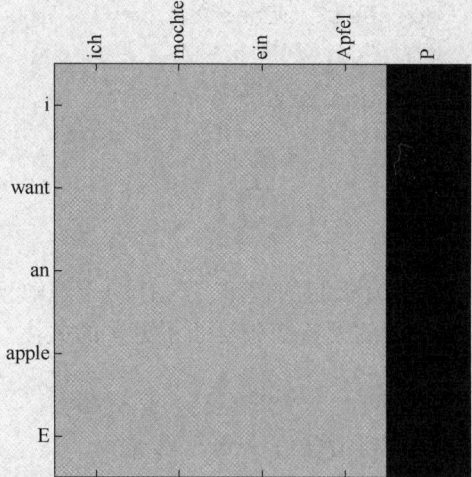

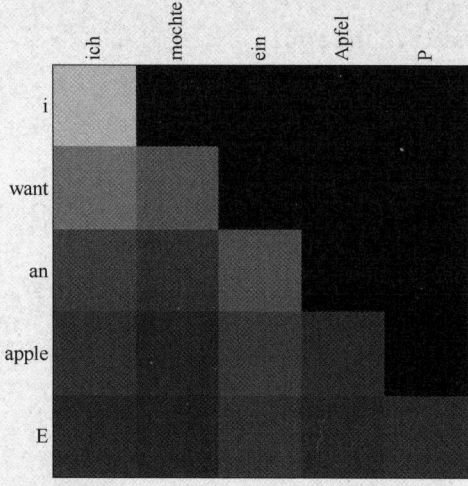

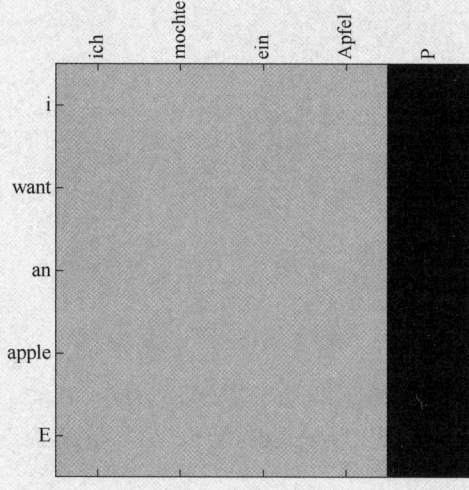

11.5 本章小结

本章深入探讨了 Transformer 模型中的关键组成部分——位置编码，这一机制对于使模型理解和处理序列数据至关重要。与传统的 RNN 相比，Transformer 模型通过引入位置编码，弥补了其在处理序列时对位置信息直观感知的不足。

为了直观理解，本章讨论了多种位置编码方法，从线性归一化位置编码到二进制位置编码，以及利用周期函数如正弦函数进行位置编码。每种方法都试图以不同的方式解决如何在保持模型并行计算能力的同时，准确地传达序列中单词的位置信息。其中，周期函数方法因其能够提供连续且有界的位置表示，而被选为 Transformer 模型中位置编码的实现方式。这种方法不仅能处理整数和浮点数的位置信息，还能确保编码的连续性和丰富性。

Transformer 架构的位置编码机制揭示了 Transformer 如何处理序列数据中的位置信息，也展现了在模型设计中如何平衡并行处理能力与捕捉序列细节之间的关键权衡。下一章将探讨预训练技术，旨在为读者提供对当前技术领域的全面和深入的理解，从而帮助读者更好地掌握 Transformer 架构及其在各种应用场景中的潜力和可能性。

11.6 习题

1. Transformer 模型中位置编码的作用是什么？
2. 解释为什么 Transformer 模型需要位置编码，而 RNN 模型不需要？
3. 线性归一化位置编码在处理不同长度句子时会遇到什么问题？
4. 整型值位置编码有哪些潜在的缺陷？
5. 二进制位置编码是如何工作的？
6. 二进制位置编码在表示连续位置信息时存在哪些挑战？
7. 正弦函数在位置编码中是如何使用的？
8. 描述正弦函数的周期性特征在位置编码中的应用。
9. Transformer 模型中，位置编码的维度是如何确定的？
10. 解释 Transformer 模型中正弦和余弦函数对的位置编码方法。
11. 位置编码在 Transformer 模型中如何帮助捕捉序列中词汇的相对和绝对位置关系？
12. 讨论位置编码可视化结果展示了哪些频率变化趋势？
13. 位置编码的设计在 Transformer 模型中如何平衡并行处理能力与捕捉序列细节？
14. 位置编码在 Transformer 模型中的应用有哪些潜在的影响？
15. 根据本章内容，讨论位置编码在 Seq2Seq 任务中的重要性。

第 12 章

预训练模型

在图像处理领域，预训练模型的应用已成为一项成熟的策略，如 VGG-16，它展示了通过冻结网络的特定参数并在少量数据上进行微调，就能在新任务上取得显著的效果。当训练数据有限且不足以支持复杂网络的训练时，利用预训练模型不仅能够加速训练进程，同时由于这些模型提供了良好训练的底层参数，也为模型的进一步优化提供了一个良好的起点。底层网络提取出的特征虽然与具体的任务无关，但却具有跨任务的普遍适用性。这正是使用预训练参数初始化新任务网络参数的关键原因。相较之下，网络的高层参数更为任务相关，可以使用微调（Fine-Tuning）手段，利用新数据集对这些特征进行调整，从而达到更好的效果。

在先前的章节中，已经探讨了传统的语言模型架构，如 word2vec 和 RNN 的变体模型，并详细介绍了当前主流框架 Transformer。与图像处理领域类似，自然语言处理领域深受预训练技术的影响，产生了如 ELMo、GPT、BERT 等突破性技术成果，这些技术的出现让该领域在短时间内取得了革命性的进展。本章将深入探讨 ELMo、GPT、BERT 这几种主流的技术，为读者揭示这些技术的内在原理和功能，从而提供一个全方位的了解，帮助读者深刻把握这些先进技术的核心价值和实际应用潜力。

12.1 ELMo 模型

第 8 章深入探究了 word2vec 模型，这一模型利用大量语料库训练，产生了能够捕获词与词之间语义关系的词级向量表示，这些向量不仅揭示了词义之间的丰富信息，还支持对这些信息进行精确的距离度量。尽管 word2vec 模型训练后可以通过简单的索引来获得单词的嵌入向量，却无法解决"一词多义"问题。然而在实际的语言使用中，相同的单词在不同上下文中可能表达着截然不同的概念，这种情况十分常见。这对于自然语言处理领域来说，仍是一个巨大的挑战。

在这样的背景下，ELMo 模型应运而生。该模型与 word2vec 及其他传统词嵌入方法的根本区别在于，ELMo 模型能够针对单词的上下文信息动态调整其嵌入表示，从而有效地解决了多义词问题。相较于之前的静态词嵌入技术，这种方法更贴近人类对词义随上下文变化的自然理解，为文本处理技术提供了更精细的语义捕捉能力，从而为下游任务提供高质量的嵌入表示，进而改善模型性能。

12.1.1 ELMo 模型简介

ELMo，即从语言模型中提取的嵌入（Embedding from Language Models），是一项在 2018

年发表于北美计算语言学年会（NAACL）的论文 *Deep contextualized word representations* 中提出的创新技术。该论文不仅被选为当年的最佳论文，更以其深刻的理念在学术界引起了广泛关注。

与传统的静态词嵌入技术相比，ELMo 的突破之处在于其动态生成的临时词嵌入，以及其背后的先进预训练思想。ELMo 能够根据具体语境动态调整单词的嵌入表示，为多义词问题提供了一种新的解决方案，实现了从静态到动态的质的飞跃。ELMo 的实施架构主要依托于语言模型，特别之处在于其采取的语言模型处理方式。ELMo 独特地将输入转换为字符级别的嵌入，并基于这一层次的嵌入来构造上下文无关的词嵌入，随后借助于双向语言模型（如双向 LSTM）生成对上下文相关的词嵌入，从而实现了在不同的语境下对词汇嵌入的动态改变，为自然语言处理领域解决多义词问题提供了新的工具。

12.1.2 ELMo 模型与双向 LSTM

ELMo 本质上由多层双向 LSTM 网络构筑而成。LSTM 本质上是 RNN 模型针对梯度消失问题的变体，它作为一种处理序列数据的神经网络架构，在众多方面都显示出其独到之处。接下来，通过从 RNN 到双向 LSTM 的例子理解 ELMo 模型选用双向 LSTM 作为基础架构的实际原因。

【例 12-1】 首先考虑一句话"我昨天去了图书馆，因为我想借一本书。"在大多数情况下，当人类听到"我昨天去了图书馆，因为我想借"这句话时，大脑自然会根据上文的信息，预判接下来可能提及的内容。在这种情境下，"我想借"之后可能跟随的是"书""DVD"或是"笔记本电脑"等，但根据给定的语境，"一本书"便成为最合适的选择。

正是借鉴了这样的处理机制，RNN 得以有效地应对语言理解任务。模型在每个时间步接收两类输入：当前时间步的输入（如单词或字符）以及先前时间步的隐藏状态（携带了至今为止的全部信息）。凭借这种设计，RNN 在文字生成、音频处理及时间序列预测等任务上能累积历史信息，实现更准确的预测。设计 RNN 的初衷恰是期望模型能随上文的变化而动态调整其词嵌入表示，因此选择 RNN 作为模型架构的底层基础，展现了对动态语言理解的深刻洞察。

在实践中，虽然单向 RNN 在处理序列数据时表现出其特有优势，特别是在模拟人类逐词理解语言时的能力，它仍然显示出一些局限性。特别是在翻译等任务中，单向 RNN 仅能考虑到模型当前单词的前文内容，而忽略了后续文本对当前预测可能造成的影响，这一缺陷限制了其应用效果。

【例 12-2】 考虑一个典型的语言模型应用场景：预测句子中的下一个单词。例如，面对句子"天气预报说今天____，所以我带了雨伞出门。"的填空任务，单向 RNN 将"天气预报说今天"这部分内容作为输入，逐词处理，并借助其"记忆"能力积累此前的信息以进行预测。在此例中，模型可能会预测"晴"或"雨"等与天气相关的单词。但是，若能让模型同时考虑到"所以我带了雨伞出门"这一后续内容，便可更合理地推断出空缺处应填写"下雨"。

为了更准确地解决此类问题，引入了双向 RNN 的概念。双向 RNN 通过同时分析单词前后的上下文信息，提供了更丰富、更精准的预测结果，提升了模型对于序列数据的理解能力。双向 RNN 结构图如图 12-1 所示。但在实际场景中，为了更有效地捕捉复杂的序列依赖关系，LSTM 在处理长期依赖问题上具备更明显的优势。

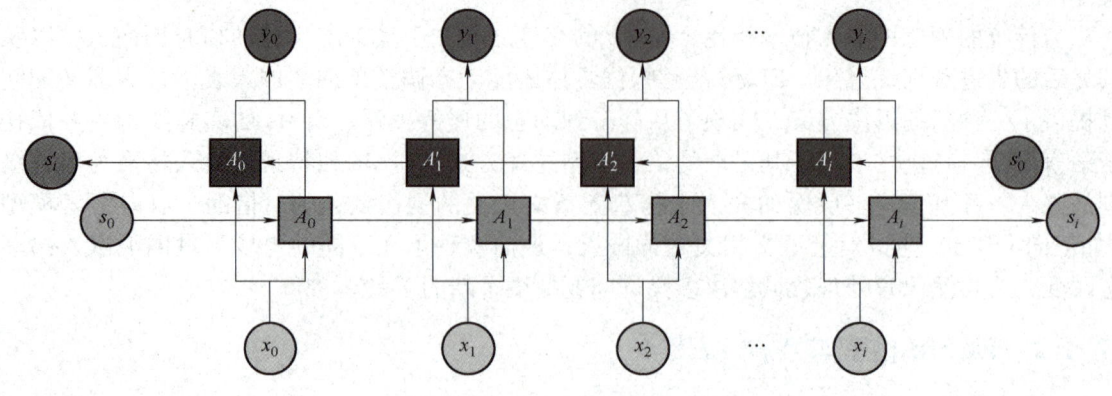

图 12-1　双向 RNN 结构图

因此 ELMo 采用双向 LSTM 作为基础架构。双向 LSTM 本身由两个相互独立的 LSTM 网络构成，它们分别从数据的正向和反向序列学习信息。这两个网络各自提取输入序列的前向和后向信息，最后将这些信息以某种方式进行整合或融合，以实现更为全面的序列表示。

12.1.3　双向 LSTM

双向 LSTM 的设计巧妙地结合了两个 LSTM 网络，旨在从序列数据的两个方向学习信息，以获得更加丰富和全面的上下文理解。该结构分为以下三个关键部分：

1）正向 LSTM：此网络依照序列的自然顺序处理数据，即从序列的起始元素逐渐前往末尾。在这个过程中，正向 LSTM 累积并携带着从序列开始至当前点的历史信息，以此理解和预测序列的特性。

2）反向 LSTM：与正向 LSTM 形成对比，反向 LSTM 从序列的末端开始处理，反向逐步到达序列的开端。这样，它聚焦于从当前点向序列末端的"未来"信息，为序列提供一个不同的视角。

3）信息合并：当正向 LSTM 和反向 LSTM 各自完成序列的处理后，会产生两组序列表示，分别反映了从过去和未来的视角观察到的序列特性。随后，这两组数据需要通过某种策略合并起来，形成一个综合的序列表示。可以选择的策略有多种，如直接连接、求和或求平均等。

这种独特的结构配置使双向 LSTM 成为处理序列数据时的强大工具，特别是在需要深刻理解序列上下文的场景中，比如词性标注、命名实体识别、情感分析等任务。在很多情况下，一个单词的含义既受前文的影响，也受到后续内容的制约。双向 LSTM 能通过其双向结构并行考虑整个序列的上下文信息，从而在捕捉细粒度上下文时表现更出色，进一步提升模型处理复杂序列任务的性能和准确度。

值得注意的是，尽管这两个单向 LSTM 共同对最终的输出表征做出贡献，但它们在训练过程中是独立进行参数更新的。损失函数的计算基于整体的输出进行，损失传递给每个单向 LSTM 进行参数的优化和调整。然而，这个"损失传播"过程不意味着两个单向 LSTM 之间有直接的数据交互或参数共享,这两个网络本质上是独立进行正向和反向传播的。

12.1.4 ELMo 结构解析

ELMo 与 word2vec 最根本的区别在于,word2vec 一旦训练完成,生成的词向量在不同上下文或任务中也不会改变,而 ELMo 的词嵌入能够根据特定任务的需求进行灵活调整。这一能力主要来源于 ELMo 模型框架针对不同阶段所采用的不同训练策略。

在预训练阶段,ELMo 会并行处理文本中的前向和后向上下文,进而预测目标词汇调整网络架构参数。对于文本中的每一个词汇,双向 LSTM 在每个时间步输出一个隐藏状态向量,这些向量蕴含了丰富的上下文信息。

接着,在微调阶段,ELMo 不再对双向 LSTM 架构中的参数进行调整,而是利用额外增加的参数去控制来自不同层的双向上下文表征占比,构建出一个全面的、综合的词义表示。每个词汇的最终嵌入向量是由这些多层隐藏状态通过加权求和得到的,而这些权重的学习使得 ELMo 能够为各种下游任务提供针对性的词义调整。

这样的架构设计赋予了 ELMo 异常强大的灵活性和适应性,使其能够根据不同的语境和任务需求定制词汇的嵌入表示,从而在自然语言处理领域的众多任务中展现出杰出的性能和应用潜力。

1. 预训练阶段策略

ELMo 实际上就是概率预测。语言模型的目标可以被概括为追求一个句子整体概率的最大化,因此模型正向传播的过程可以写成

$$P(t_1, t_2, \cdots, t_N) = \prod_{k=1}^{N} P(t_k \mid t_1, t_2, \cdots, t_{k-1}) \tag{12-1}$$

式中,N 为序列长度;$P(t_1, t_2, \cdots, t_N)$ 表示的是一个由 N 个标记(token)组成的序列的概率。单个标记的概率 t_k 为给定其前面所有标记 t_1,t_2,$\cdots$,t_{k-1} 的条件下出现的概率的连乘积结果。即知道每个标记的概率,通过累乘可以得到整个序列的全部概率。

ELMo 模型的独特之处在于,它结合了两个 LSTM 网络来进行预测,分别从文本的正向和反向上下文中学习。这意味着 ELMo 在预测任意一个单词时,不仅考虑了其之前的单词(历史上下文),还参照了其之后的单词(未来上下文)。

具体来说,正向语言模型(Forward Language Model)按照传统的顺序,从句子的开头向结尾预测,每次预测下一个单词出现的条件概率。这与多数语言模型的工作方式相似,即基于已经观察到的单词序列(历史上下文)来预测下一个单词。

与此同时,反向语言模型(Backward Language Model)则采取相反的路径,从句子的末尾开始,逆向通过每个单词,根据其之后的单词序列(未来上下文)来预测当前的单词。这种模型能够捕捉到从句尾到句首的单词间的关系,为理解每个单词提供了额外的上下文信息。因此后向语言模型的概率计算可写为

$$P(t_1, t_2, \cdots, t_N) = \prod_{k=1}^{N} P(t_k \mid t_{k+1}, t_{k+2}, \cdots, t_N) \tag{12-2}$$

式中,$P(t_k \mid t_{k+1}, t_{k+2}, \cdots, t_N)$ 表示在未来上下文 t_{k+1},t_{k+2},$\cdots$,t_N 已知的情况下,单个标记的概率 t_k。模型在训练过程中,同时要保证正向语言模型和反向语言模型都进行优化,因此模型的优化目标为

$$\sum_{k=1}^{N}(\log P(t_k|t_1,\cdots,t_{k-1};\boldsymbol{\Theta}_x,\overrightarrow{\boldsymbol{\Theta}}_{LSTM},\boldsymbol{\Theta}_s) + \log P(t_k|t_{k+1},\cdots,t_N;\boldsymbol{\Theta}_x,\overleftarrow{\boldsymbol{\Theta}}_{LSTM},\boldsymbol{\Theta}_s)) \quad (12\text{-}3)$$

式（12-3）表明，模型对于序列中的每一个单词 t_k，会计算两个条件概率的对数值之和。一个是在给定前文 $t_1,\cdots,t_{k-1}$ 的情况下 t_k 出现的概率的对数（正向语言模型部分），另一个是在给定后文 $t_{k+1},\cdots,t_N$ 的情况下 t_k 出现的概率的对数（反向语言模型部分）。这两部分的计算都依赖于相同的参数矩阵 $\boldsymbol{\Theta}_x$ 和 $\boldsymbol{\Theta}_s$。

其中 $\boldsymbol{\Theta}_x$ 是词嵌入矩阵，它负责将每个单词转换为高维空间中的向量表示。这一过程与 word2vec 模型中将单词映射到向量空间的过程类似，为每个单词提供了初始的、维度丰富的数值表示。

$\overrightarrow{\boldsymbol{\Theta}}_{LSTM}$ 指 LSTM 网络的参数，这些参数针对序列中每个单词的上下文环境进行了编码，使得每个单词的表示都能够动态地反映其所处的语言环境。

$\boldsymbol{\Theta}_s$ 是用于计算 softmax 概率的参数，它基于 LSTM 网络的输出为每个可能的后续单词生成概率分布。无论是正向还是反向语言模型，都使用这同一组 softmax 参数来预测下一个或之前的单词。

通过组合正向和反向语言模型的计算结果，ELMo 为每个单词生成了综合的、上下文相关的嵌入表示，这个表示既考虑了单词之前的信息，也考虑了单词之后的信息，最终的模型判断依据基于这样的综合表示进行。简而言之，ELMo 模型通过在正向和反向语言模型中，共享词嵌入矩阵 $\boldsymbol{\Theta}_x$ 和 softmax 层的参数 $\boldsymbol{\Theta}_s$，有效地整合了从两个方向获取的语言信息，进而提高了模型在自然语言处理任务中的性能表现。

【例 12-3】 阐释 ELMo 的双向语言模型是如何预训练的。

在 ELMo 模型中，对于句子"The cat sat on the mat."进行翻译处理：

在正向 LSTM 的处理中，对"cat"这个词的处理开始于"The"这个词。首先，生成"The"对应的隐藏层向量表示。接下来，在句子的下一个时间步，将"cat"输入模型时，它会结合"The"的上下文信息生成当前时间步针对"cat"的隐藏层表示。因此，在正向 LSTM 中，通过连续输入"The"和"cat"，模型得以构建以"The"为上下文基础的"cat"的向量表示。

反向 LSTM 的处理与正向不同，是从句子的末尾开始进行处理。对于"cat"这个词，它的上下文是基于它之后的单词"sat on the mat"，按照逆序（从"mat"向句子开始的方向）进行处理。在反向 LSTM 中，处理到"cat"时，结合后文生成的隐藏层表示，将"cat"作为模型的输入，为"cat"生成一个基于后文上下文的向量表示。

当正向 LSTM 和反向 LSTM 处理完毕后，针对每个单词，会得到两个向量表示：一个反映了来自句子开头直到这个词的上下文信息，另一个反映了从这个词直到句子结尾的上下文信息。通过对这两个向量的合并（通常采取拼接的方式），为每个单词生成一个综合的、双向上下文敏感的表示。这个综合的向量更全面地捕获了单词在给定语境中的语义信息，使得模型能够根据上下文动态调整词义表示，从而有效提升模型在各种自然语言处理任务中的性能。ELMo 结构图如图 12-2 所示。

图 12-2 中，E 表示序列初始嵌入，可以简单理解成是利用索引信息使用 word2vec 中的参数矩阵 $\boldsymbol{\Theta}_x$ 直接检索得到的。直观来看，T_1 的向量结果是通过正向 LSTM 和反向 LSTM 共同计算得到的。正向 LSTM 中，在第一个时间步通过输入 E_1 生成的基于前文上下文的向量表

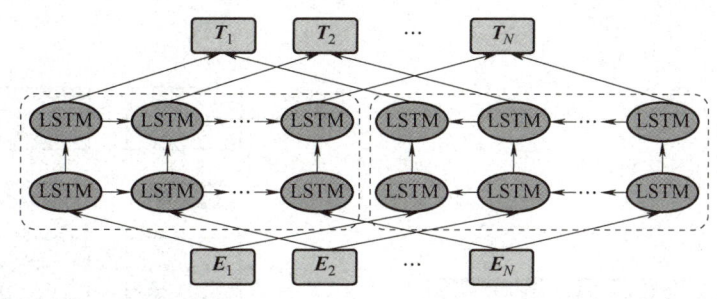

图 12-2 ELMo 结构图

示,在反向 LSTM 中逆序输入 $E_1 \sim E_N$ 使得反向 LSTM 得到在最后一个时间步的隐藏层结合,和最后一个时间步 E_1 的输入共同生成的基于后文上下文的向量表示。最终将正向和反向嵌入信息进行拼接处理,用于最终的结果预测阶段。

2. 微调阶段

在预训练阶段对 ELMo 模型的参数进行了调优,使得其在自然语言处理领域的其他任务中提供更强的初始性能。通过其预训练阶段得到的双向语言模型,ELMo 为下游任务提供丰富、动态的词向量表示,从而显著提升模型处理特定任务的能力。

ELMo 在微调阶段主要的工作就是对双向语言模型的中间层输出进行加权求和,具体的权重系数则是当前阶段所要考虑的关键参数。通过正向和反向的 LSTM 架构,每个单词能够获得从不同隐藏层派生的多样化表示。这种方法允许模型从两个方向捕捉语言上下文,从而为每个单词提供全面的上下文信息。在 ELMo 中并非简单地叠加双向 LSTM 隐藏层状态,而是精心设计了一种机制,通过整合包括原始词嵌入层以及所有正向和反向 LSTM 层的输出,借助特定学习到的权重进行加权求和。这样,ELMo 可以针对不同的下游任务动态调整生成词向量的方式,确保最终的词表示与任务需求紧密相连。这就是 ELMo 模型生成词嵌入的动态特性所在。

具体来说,对于每个单词,一个 L 层的双向语言模型会计算一组 $2L+1$ 个表示,计算公式为

$$R_k = \{x_k^{\text{LM}}, \overrightarrow{h}_{k,j}^{\text{LM}}, \overleftarrow{h}_{k,j}^{\text{LM}}, j=1,2,\cdots,L\} = \{h_{k,j}^{\text{LM}}, j=0,2,\cdots,L\} \tag{12-4}$$

一个 L 层的双向语言模型针对每个单词输出一组共 $2L+1$ 个向量表示。这是因为,在双向语言模型中,每一侧的单方向 LSTM 模型通过其 L 层深度,分别产生了 L 个中间层的表示。由于双向语言模型融合了两个方向的 LSTM(一个负责解析正向序列,另一个负责解析反向序列),这就意味着共有 $2L$ 个这样的中间层表示。加上每个词汇的原始嵌入表示 x,最终总共得到 $2L+1$ 个表示。式(12-4)中,R_k 用来表示一个单词的不同层、不同方向的全部嵌入表示和基础嵌入表示构成的矩阵。这些多层次的表示将以特定的方法被整合起来,构成每个单词的终极上下文表示,为之后的自然语言处理任务提供了精确且富有上下文的词嵌入。式(12-4)中,$h_{k,0}^{\text{LM}}$ 表示第一层的,即模型的输入的嵌入表示 x_k^{LM}。

单向单层 LSTM 和单向多层 LSTM 对比图如图 12-3 所示。

从图 12-3 中可以看到,单向单层 LSTM 中的每个输入单词通过网络传递在每一个时间步中都会产生隐藏层输出,单向多层 LSTM 中的每一个输入单词会生成两个嵌入表示。

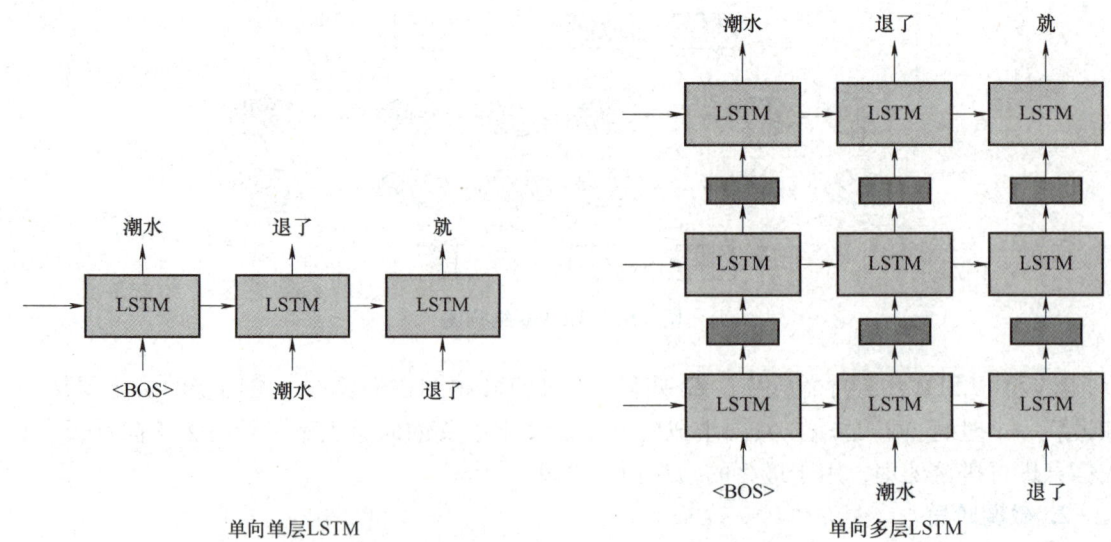

图 12-3　单向单层 LSTM 和单向多层 LSTM 对比图

实际上双向语言模型由两个独立的多层 LSTM 框架组成，分为正向和反向两部分。在最终的预测结果中，对两个多层 LSTM 的输出进行拼接，如图 12-4 所示，点画线框内的部分代表了双向语言模型的一个层级。在这个层级中，每个单词的嵌入表示是由正向 LSTM 和反向 LSTM 共同贡献的，即每个单词在给定上下文中的表示是由它们相同层级正向和反向的信息融合而成的。可以看到，最终的预测结果依赖于同一个单词的多个隐藏层结果构成，而如何采用同一个单词的不同隐藏层结果，可从两个层面考虑：一个是向量层面上的聚合，一个是分量层面上的取舍。

从图 12-4 中可以看到，单词"退了"在正向 LSTM 中根据其之前的上下文生成了两个表示，在反向 LSTM 中根据其之后的上下文产生了另外两个表示。最终，这四个嵌入表示被拼接起来，为"退了"这个单词提供了一个综合了前文和后文信息的嵌入表示，从而允许模型更准确地捕获和理解单词在特定上下文中的语义。上述部分在数学层面上可以表示为

$$\text{ELMo}_k^{\text{task}} = \text{E}(\boldsymbol{R}_k; \boldsymbol{\Theta}^{\text{task}}) = \boldsymbol{\gamma}^{\text{task}} \sum_{j=0}^{L} \boldsymbol{s}_j^{\text{task}} \boldsymbol{h}_{k,j}^{\text{LM}} \tag{12-5}$$

双向语言模型为单词 k 计算嵌入表示 $\boldsymbol{h}_{k,j}^{\text{LM}}$，这里的 j 表示不同的网络层级，以捕捉每个词在每一层 j 的向量表示，包含正反两个方向，具体可参考式（12-4），并将这些表示存储在嵌入矩阵 $\boldsymbol{R}_k$ 中。在这个矩阵里，每一行对应于同一单词在不同层级的某一个方向的嵌入表示。权重向量 $\boldsymbol{s}$ 中的元素用于指示不同行的向量对最终生成当前单词的嵌入表示的重要性，通过对这些表示进行加权求和，得出最终的嵌入表示。这一处理方法与 Transformer 模型的自注意力机制存有相似之处，两者均以行为单位进行操作，但生成方式有所不同。在 ELMo 中，将相同单词在不同层次的嵌入表示进行整合的处理相对简单和直接：仅需将不同层次的嵌入拼接，并与可学习的权重矩阵 $\boldsymbol{W}$ 相乘，便能生成权重向量 $\boldsymbol{s}$。与 Transformer 模型的自注意力机制相比，更容易实现。

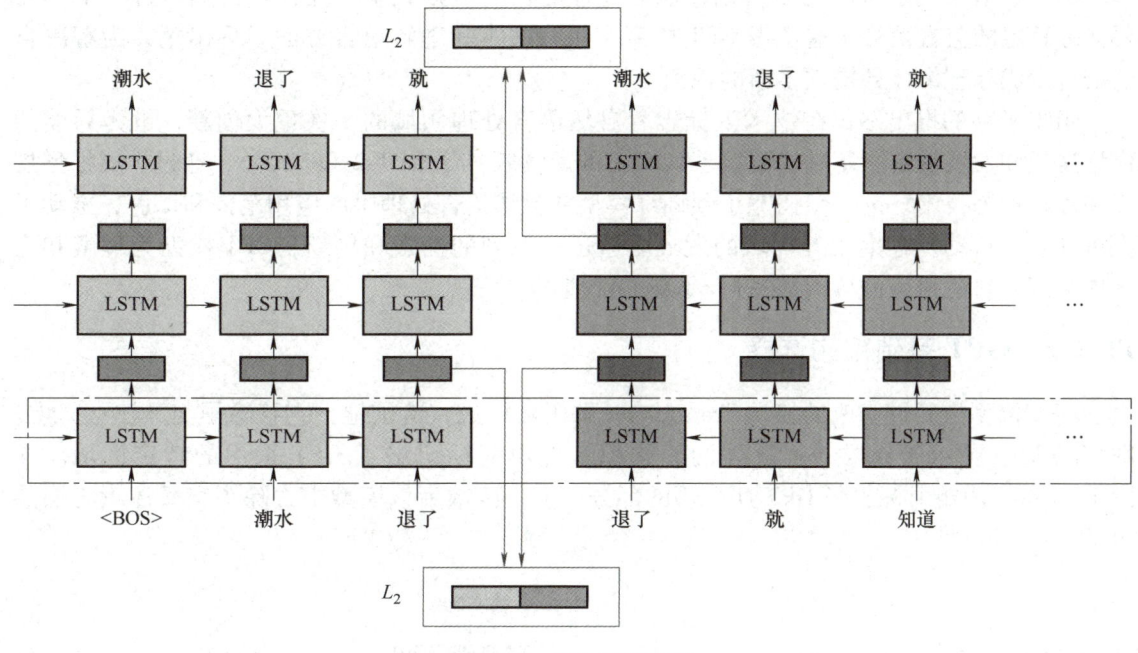

图 12-4　嵌入拼接实例

为了在 ELMo 中实现类似 Transformer 前馈神经网络的元素级别控制，引入了一个额外的参数 γ，它可以实现对不同层次的表示进行有效聚合后，在元素级别上调整表示，以满足特定任务的需求，即对向量的各个分量进行选择性取舍。

简而言之，$\sum_{j=0}^{L} s_j^{\text{task}} h_{k,j}^{\text{LM}}$ 这一操作将会对矩阵 R_k 的每一行进行加权求和，其中每一行代表同一个单词的不同嵌入表示。通过引入 γ 向量并与之相乘，可以实现对这些单词表示进行按任务需求的缩放，进而在元素级别上优化信息处理。

总的来说，ELMo 通过这种创新的方法，结合不同层次表示的信息，并通过可学习的参数细微调控，以精确地匹配后续的自然语言处理任务，展现出其强大的适应能力和精准的语义捕捉能力。

12.2　GPT 模型

随着自然语言处理技术的快速发展，预训练模型已经成为推动该领域进步的关键力量。在 ELMo 和 BERT 等突破性工作之后，OpenAI 提出了 Generative Pre-training Transformer（GPT），进一步拓展了预训练模型的研究与应用范围。

12.2.1　GPT 模型简介

ELMo 模型为预训练模型时代的开启奠定了坚实的基础。这种基于上下文的动态词嵌入方法，不仅提升了自然语言处理任务的性能，也启发了后续模型的创新。由于 Transformer 相较于循环神经网络，在性能上取得了突破，OpenAI 基于 Transformer 架构发布了 GPT 模型。GPT 模型采用了自注意力机制，能够处理更长的依赖关系，并且在预训练过程中不需要任务特定的监督信号。这使得 GPT 模型在生成文本和理解语言方面表现出色，为解决自然语言生成和理解任务提供了新的视角。

GPT 模型的推出不仅在技术上标志着自然语言处理领域的一次重大创新，也为后续的模型迭代和发展奠定了基础。紧接着，GPT 的后续版本如 GPT-2 和 GPT-3，通过扩展模型规模和优化训练技术，进一步拓宽了预训练模型在自然语言处理中的应用范围和深度，推动了人机交互、自动内容生成等领域的发展。通过一系列的探索和创新，GPT 模型为理解和生成更为复杂自然语言的 AI 系统打开了新的可能。

12.2.2　GPT 基础架构选择

GPT 模型由经过修改的多层 Transformer 解码器构成，特别地，它移除了交叉注意力层。图 12-5 通过展示 Transformer 整体的架构图，直观地标识出了 GPT 采用的特定区域。在图 12-5 中，用矩形标出了 GPT 所采用的部分，空白区域为该模型中去除了交叉注意力层的改动。

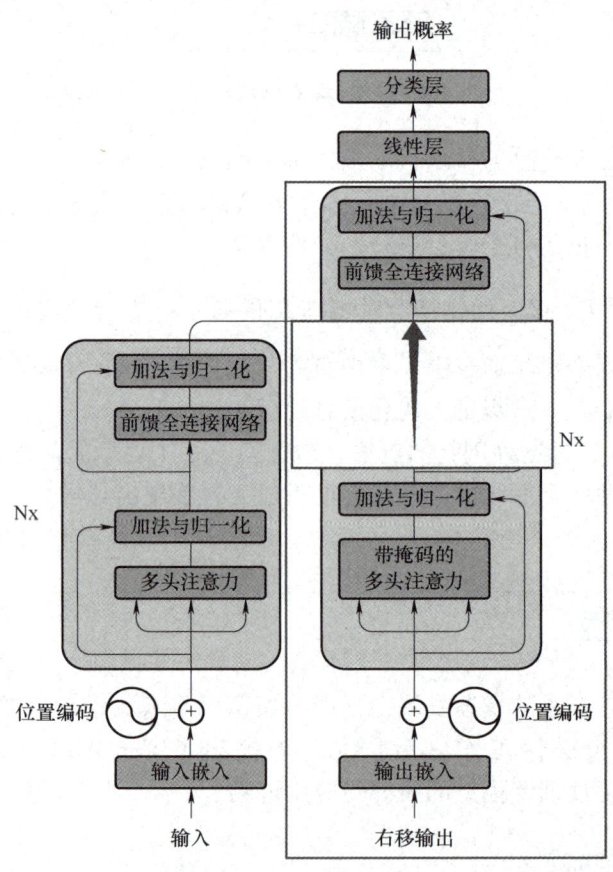

图 12-5　特殊的解码器构建

这一简化设计使 GPT 专注于通过自注意力机制来捕获文本序列内的长距离依赖关系，有效地支持了模型在大规模文本数据上的预训练和之后针对特定任务的微调过程。

1. 解码器模块的应用

要了解 GPT 采用解码器结构的原因,首先需要深入了解其在预训练阶段的主要任务。本质上,GPT 执行的是一个文本序列生成任务,这与传统的文本续写游戏(或称为语言模型预测任务)十分相似。该任务的核心目标在于,基于给定的文本序列的先前部分,预测紧接着的文本内容。即模型需要依据已知的输入信息(如前文)来推测下一个可能出现的单词,这一处理方式与 RNN 在处理序列数据时采用的策略类似。文本序列生成任务图如图 12-6 所示。

Transformer 架构中的解码器使得 GPT 模型能够实现并行化处理,这是其相比于 RNN 的一大优势。得益于自注意力机制的特性,GPT 可以同时处理序列中的所有单词,而不必像 RNN 那样按顺序逐一处理,有效避免了传统 RNN 处理长序列时可能遭遇的梯度消失问题。这种设计不仅让 GPT 能够保持文本生成过程的自回归特性,即基于前面的文本片段预测后续内容,也能更精准地捕捉到文本中复杂的模式和依赖关系。因此,GPT 在自然语言生成任务中能够展现出卓越的性能,同时提高了模型训练的效率。

2. 编码器模块的缺陷

上文中讨论 GPT 本质上执行的是一个文本序列生成任务。这一任务的特性促使开发者选择了 Transformer 架构,特别是由于其自注意力机制带来的并行化处理优势。由此 GPT 采用了解码器结构。然而编码器部分实际上也可以完成这项要求。

但是,为什么没有选择编码器结构,究其原因在于执行生成任务时所必需的掩码机制。图 12-7 直观地展示了这两者之间的差异。如上文提及的,与编码器相比,没有交叉注意力层的解码器的不同之处在于它采用了掩码机制。如果在执行生成任务时不引入掩码机制,就能发现模型将能"提前看到"正确答案,这显然与序列生成所需维持的自回归特性相悖。正因如此,GPT 设计中选择了特意配备掩码机制的解码器结构。由于模型的重点在于生成而非解码,因此也就自然地排除了需要编码器进行指导输出的情况,从而摒弃了交叉注意力层。

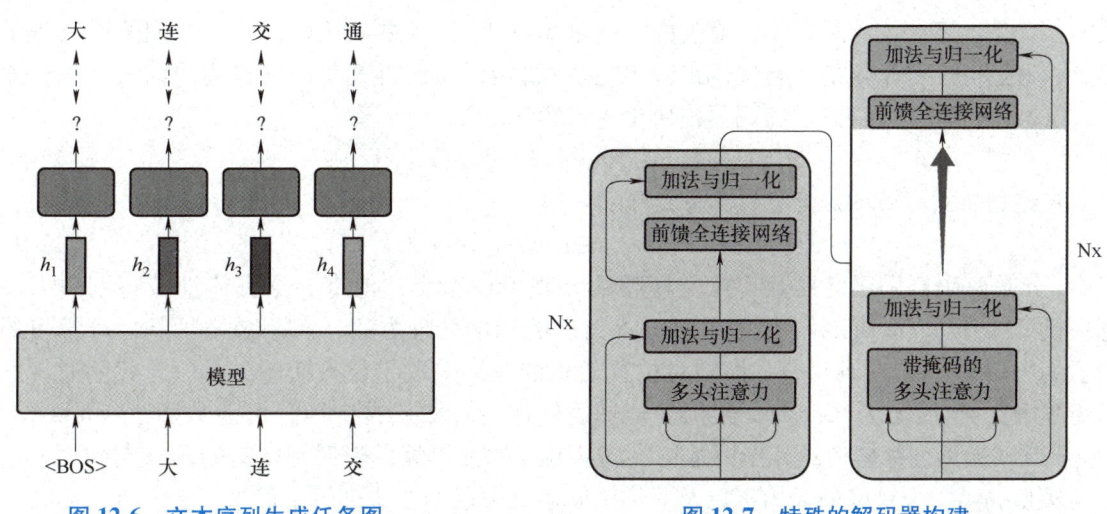

图 12-6　文本序列生成任务图　　　　图 12-7　特殊的解码器构建

这样的设计决策彰显了模型结构与任务目标之间的精妙匹配,确保了模型在处理序列生成任务时的有效性与高效率，为其在广泛的自然语言处理应用中展现出色的性能提供了坚实基础。

12.2.3 模型训练

在 ELMo 模型中，通过双向 LSTM 在预训练阶段学习到的参数会被设置为固定值。当 ELMo 应用于各式各样的下游任务时，诸如文本分类或问答系统等，通过调整任务特定的缩放参数 s 以及全局调整参数 γ，来优化 ELMo 嵌入向量以适配特定任务。

GPT 模型同样也拥有预训练和微调两个关键阶段，来优化模型对自然语言的处理能力。

1. GPT 的预训练阶段

在预训练阶段，GPT 模型通过引入改良版的 Transformer 解码器模块和回归语言建模的目标进行训练，旨在深入把握文本之间的长期依存关系和精细的语言模式。这一过程并不针对任何特定的下游任务，而是着眼于培养一个具备广泛适用性的语言模型。

GPT 通过利用大量的未标注文本资料进行训练，这些数据包括了维基百科条目和广泛的网络内容。在此阶段，训练的核心目标是通过调整模型的参数来最大化整个数据集上的对数似然值。预训练阶段的模型结构被保持在一个简化的状态，主要是通过滑动窗口的方法来构造语言模型。这在一定程度上与连续词袋模型一致，通过截取数据的方式创造数据集，其目的在于最小化损失函数，指引模型逐步地进行参数更新，细化其表征能力，从而更准确地理解和预测文本中单词间的上下文关系。设词表大小为 $U=\{u_1,\cdots,u_n\}$，GPT 采用标准的语言模型目标函数来最大化似然函数：

$$L_1(U) = \sum_i \log P(u_i \mid u_{i-k},\cdots,u_{i-1};\boldsymbol{\Theta}) \tag{12-6}$$

式中，k 是上下文窗口的大小；条件概率 P 通过带有参数 $\boldsymbol{\Theta}$ 的神经网络进行建模。这些参数通过随机梯度下降方法进行训练。

GPT 模型采用了多层 Transformer 编码器作为语言模型，因此正向传播计算流程和 Transformer 并无差异，有

$$\boldsymbol{h}_0 = U\boldsymbol{W}_e + \boldsymbol{W}_p \tag{12-7}$$

式中，U 是上下文词向量矩阵，通过嵌入向量矩阵 $\boldsymbol{W}_e$ 进行乘积从而得到每个词的嵌入表示信息；通过一个可学习的位置编码矩阵 $\boldsymbol{W}_p$ 进行拼接，从而得到每个词最终的向量表示。通过式（12-8）输入改进过的编码器模块中进行预测：

$$\boldsymbol{h}_l = \text{transformer\_block}(\boldsymbol{h}_{l-1}), \forall i \in [1,n] \tag{12-8}$$

最终通过式（12-9）计算其概率结果：

$$P(u) = \text{softmax}(\boldsymbol{h}_n \boldsymbol{W}_e^{\text{T}}) \tag{12-9}$$

式中，n 是解码器采用的层数。虽然模型的调整看似微小，但有一个具体细节特别引人注意：模型放弃了 Transformer 架构中对位置信息的标准处理方法，而是采用了一种可学习的位置编码矩阵。这一改变表明模型对位置信息的编码采取了更灵活的方式。与此同时，嵌入矩阵 $\boldsymbol{W}_e$ 的实质与 Transformer 架构的处理逻辑保持一致。这个矩阵可能来源于 word2vec、GloVe 或其他预训练模型，其作用是将单词从稀疏的独热编码映射到密集的向量空间中，从而为模型提供一个良好的起始点以及对词汇间语义关联的初步理解。然而，在模型的后续训练过程中，随着损失函数的反向传播，这个矩阵会相应进行细微的调整，以更好地适配特定的任务和上下文。这种设计不仅增强了模型的灵活性，同时也为实现更精准的语言理解和生

成打下了坚实的基础。

2. 半监督微调

在微调阶段，GPT 模型专注于特定的下游任务，通常从预训练阶段继承并利用既有的参数作为起点，并在目标任务的数据集上进一步训练以精细化模型。在这一阶段，整个模型或者其特定层会根据任务需求进行调整，目标是在特定任务上达到最佳性能。

考虑一个标注数据集 C，其中每一个实例由一系列输入序列 $x_1, x_2, \cdots, x_m$ 以及相应标签 y 组成。输入通过经过预训练的模型，以获取最终 Transformer 块的激活结果 $\boldsymbol{h}_m^l$，随后，这些激活向量被送入一个新加的线性输出层（带有参数 $\boldsymbol{W}_y$）以预测 y：

$$P(y \mid x_1, x_2, \cdots, x_m) = \text{softmax}(\boldsymbol{h}_m^l \boldsymbol{W}_y) \tag{12-10}$$

并优化以下目标以最大化性能：

$$L_2(C) = \sum_{(x,y)} \log P(y \mid x_1, x_2, \cdots, x_m) \tag{12-11}$$

此示例展示了 GPT 在微调阶段，利用标注数据集 $P(y \mid x_1, x_2, \cdots, x_m)$ 进行训练，并通过新增的、可学习的权重矩阵 $\boldsymbol{W}_y$ 来适配具体的任务需求。这显示了 GPT 模型在面临不同任务时的灵活性，能够通过引入任务特定的可学习参数，进行定制化的微调。这样，GPT 不仅维持了其在大规模未标注数据上预训练得来的广泛语言表征能力，同时通过额外参数的引入与优化调整，有效地适配并改进针对特定下游任务的性能。这种策略极大地提升了 GPT 及其他预训练模型在各种自然语言处理任务中的应用灵活性与实用价值。

在模型的优化过程中，并未冻结 Transformer 模型的参数。这意味着为了提高特定任务的准确性，模型可能会调整那些已通过大量无监督训练获得的参数，这将会对模型产生大幅度的影响，从而对模型的语义理解能力造成损失。因此 GPT 的解决方式为

$$L_3(C) = L_2(C) + \lambda L_1(C) \tag{12-12}$$

式中，第一个损失函数 $L_1(C)$ 侧重于保持模型对大量未标记文本数据的理解，即在预训练阶段获得的语义知识；第二个损失函数 $L_2(C)$ 则侧重于提高模型在特定任务上的表现，通过有标记数据集来增强模型的任务适应性和准确性。通过组合这两个损失函数为一个综合目标 $L_3(C)$，使得模型在学习新任务的同时，尽力保留其原始的语言模型特性。

这一策略的目的在于避免模型为了适应新任务而过度拟合，从而牺牲其通用的语义理解能力。通过在基础语言模型任务和特定目标任务之间寻求平衡，模型不仅能够高效地对新任务进行调整，同时保持了作为一个强大通用语言模型的核心特性。这种方法突显了对模型灵活性和泛化能力的深刻理解，并展示了如何通过精心设计的训练方法优化模型的整体性能。

GPT 各类型任务架构图如图 12-8 所示。

图 12-8 中展示了四种专为微调任务设计的监督学习方法，它们的目的在于最小化对模型核心架构的改动，以顺利完成多样化的任务。图 12-8 的左侧展现的是之前提及的多层叠加的解码器结构，这一模型架构在整个过程中保持不变。相较之下，根据不同任务的具体需求，图 12-8 右侧简单地引入了一些形式略有差异的线性层，使得模型能够灵活地适配多种任务，同时确保核心架构的一致性和稳定性。

GPT 模型带来的卓越性能提升十分显著，充分展现了"大力出奇迹"的理念。如今的 GPT 模型已经在多方面实现了巨大突破，揭示了现代大规模模型时代的来临。这不仅验证了 Transformer 架构的出色能力，也预示着一个更加注重模型参数规模的新时代的开始。

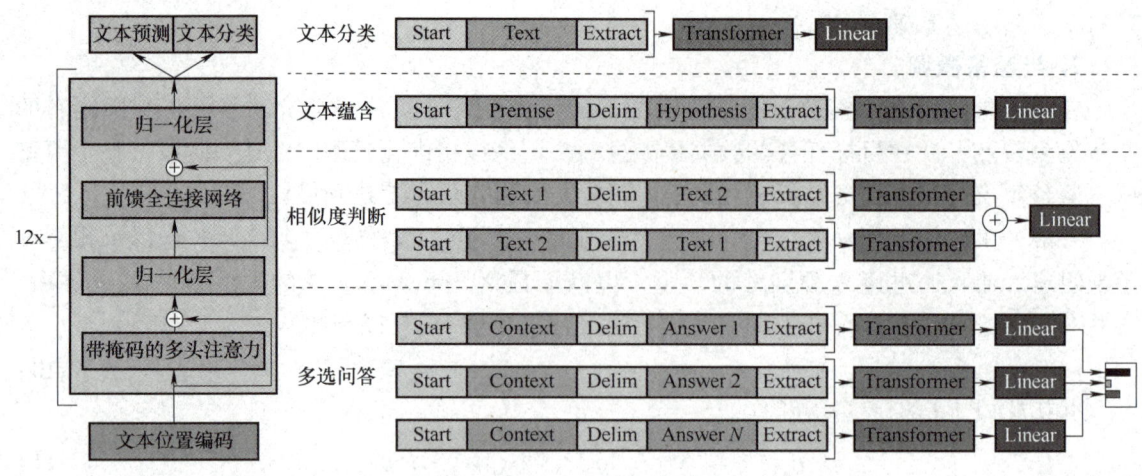

图 12-8　GPT 各类型任务架构图

12.3　BERT 模型

GPT 通过使用改进后的解码器架构实现了显著的性能提升，而备受瞩目的 BERT 模型则是依靠其编码器部分，达成了自身的辉煌成就。这两种模型的选择反映了自然语言处理技术演进的不同方向。GPT 利用其解码器架构精通于生成任务，如文本生成和内容创建，展现了其在理解和续写文本方面的强大能力。相对而言，BERT 模型通过充分利用编码器架构，专注于理解上下文和语义关系，在语言理解、句子关系识别和问答系统等任务中表现卓越。

12.3.1　BERT 模型简介

基于 Transformer 的双向编码器表示（Bidirectional Encoder Representations from Transformer，BERT）模型是一种革命性的自然语言处理技术，由 Google 在 2018 年提出。通过大量的文本数据进行预训练，学习深层的双向语言表示，然后可以针对特定的下游自然语言处理任务进行微调。

BERT 的核心创新在于其双向训练的方式。与以往的模型相比，BERT 能够同时考虑到单词在句子中前面和后面的上下文信息，这一特性使得模型在理解词汇的语境上表现得更加准确和全面。此外，BERT 采用了"掩码语言模型"（Masked Language Model，MLM）和"下一句预测"（Next Sentence Prediction，NSP）两大预训练任务，进一步增强了模型对文本结构和语义的理解能力。

自推出以来，BERT 已经在诸多自然语言处理任务中实现了突破性的成绩，包括但不限于文本分类、命名实体识别、问答系统和机器翻译等，成为当今自然语言处理领域最受关注和使用最广泛的模型之一。

12.3.2　BERT 模型基础架构选择

BERT 选择使用 Transformer 的编码器模块，其设计宗旨在于构建一个深入且双向的语言表示，旨在增强对语言上下文及其潜在含义的理解。由于解码器模块内置的掩码机制限制了注意力机制的双向传递能力，这使得解码器在生成模型上可能表现良好，但其在语言理解方面的能力相对受限。BERT 模型中的编码器如图 12-9 所示。

因此，BERT 以 Transformer 的编码器作为构建基石，提取和理解语言特征。BERT 模型共有两个版本，一个是由 12 层 Transformer 编码器结构组成，另一个则更为复杂，包含 24 层编码器结构。简易 BERT 架构如图 12-10 所示，多层 Transformer 编码器结构构成 BERT 的主体。

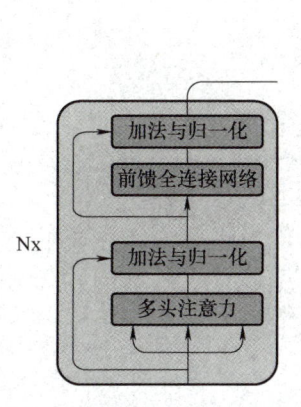

图 12-9　BERT 模型中的编码器

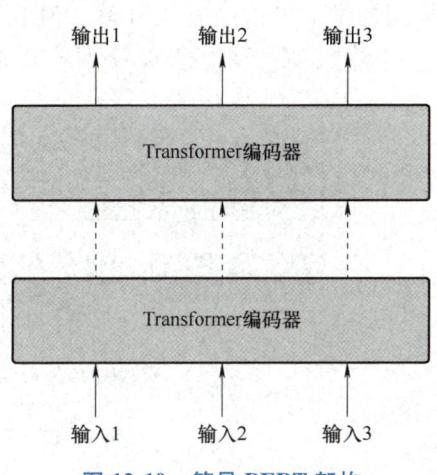

图 12-10　简易 BERT 架构

BERT 的主体配置不仅体现了其在不同层级上捕捉语言特征的能力，也展示了其对复杂语言现象深度理解的追求。在实际的模型框架中，针对不同的下游任务，BERT 模型的结构可能存在轻微的变化，这里仅对预训练阶段的结构进行介绍。BERT 预训练结构如图 12-11 所示。

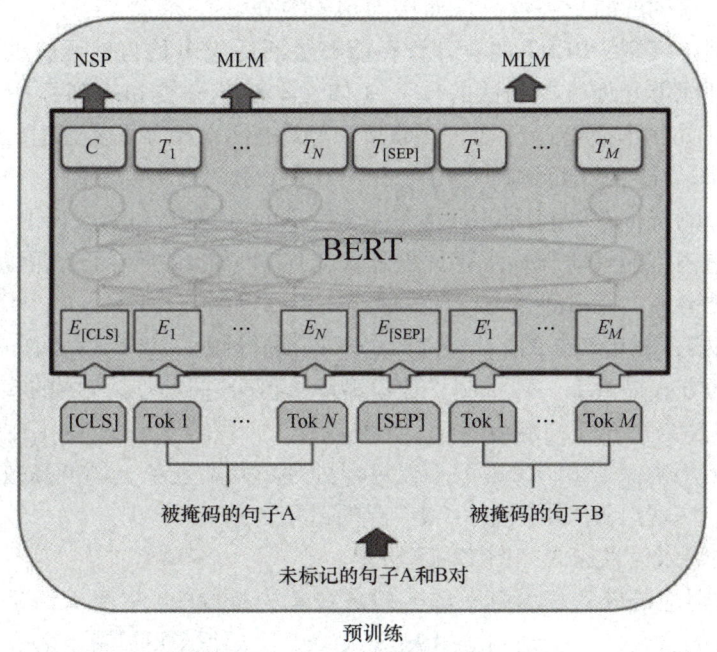

图 12-11　BERT 预训练结构

12.3.3 BERT 模型的输入信息

在 BERT 模型中,每个 token 都会被转化为相应的嵌入表示,以便于模型进行处理和学习。BERT 模型的输入信息如图 12-12 所示。图 12-12 中,浅灰色块展示的是 token 的索引信息,而灰色块则是这些索引对应的嵌入表示。这些嵌入表示集成了词汇的语义信息,为 BERT 模型提供了丰富的输入数据。BERT 在每个输入序列的开端插入了一个特殊的分类 token([CLS]),用于承载整体序列的分类信息。

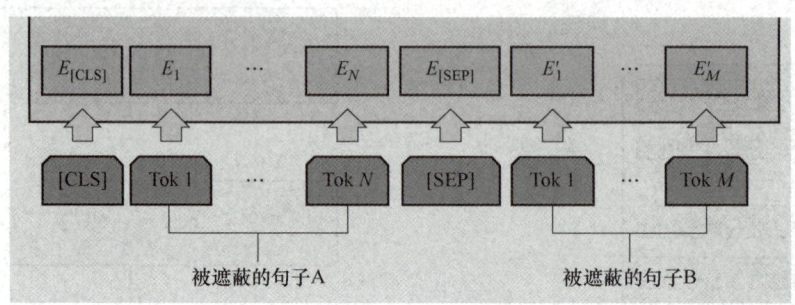

图 12-12 BERT 模型的输入信息

该 [CLS] token 在模型的最终 Transformer 层的输出中,起到汇总和表示整个输入序列信息的关键作用,以此为基础完成分类任务的预测。之所以能够起到这样的作用,是因为编码器架构的自注意力机制,[CLS] 本身不具备任何实际的语义信息,但是通过编码器中自注意力机制的聚合,会得到当前序列中其他全部的 token 的嵌入表示,最终将获得全部信息作为代表当前整个序列的向量表示,从而作为句子的分类依据。

作为一个预训练模型,BERT 的设计旨在能够灵活适应多种自然语言处理任务,这就要求模型输入的序列能够处理从单句话的任务(如文本情感分类和序列标注)到包含两句或更多句话的任务(如文本摘要、自然语言推断和问答任务)。为了区分输入中可能包含的两个独立句子 A 和 B,需要做出明确的界定,BERT 采纳了两个主要策略:

1)[SEP] 分隔符:在两句话之间插入一个特殊的分隔 token([SEP]),明确标识句子的边界。这使得模型能够清晰地识别并处理输入序列中的单独句子,帮助 BERT 在执行如自然语言推断等任务时,正确理解句子间的关系。

2)句子对编码:利用额外的嵌入层对每个句子进行编码,标识它们分别属于句子 A 或句子 B。这种编码方式提供了一种机制,让模型能够区分并处理输入中的多个句子,增强了 BERT 处理复合自然语言任务的能力。

这些策略的运用确保了 BERT 模型不仅可以处理单句话任务,还能高效处理涉及多句话交互的复杂任务,展现出极大的灵活性和广泛的适用范围。

BERT 模型的输入信息构成如图 12-13 所示。

每一个 token 对应的嵌入表示由三部分构成:首先是 token 本身的语义嵌入,这一部分直接关联到 token 的含义;其次是句子分割嵌入,用于标识 token 属于哪一个句子,可以帮助模型处理包含多句话的情境;最后,为每个 token 设定的位置嵌入信息,确立了它在序列中的准确位置。这一综合表征机制为 BERT 模型提供了从词汇级到句子结构级的全面理解能力，为处理各种自然语言处理任务奠定了坚实基础。

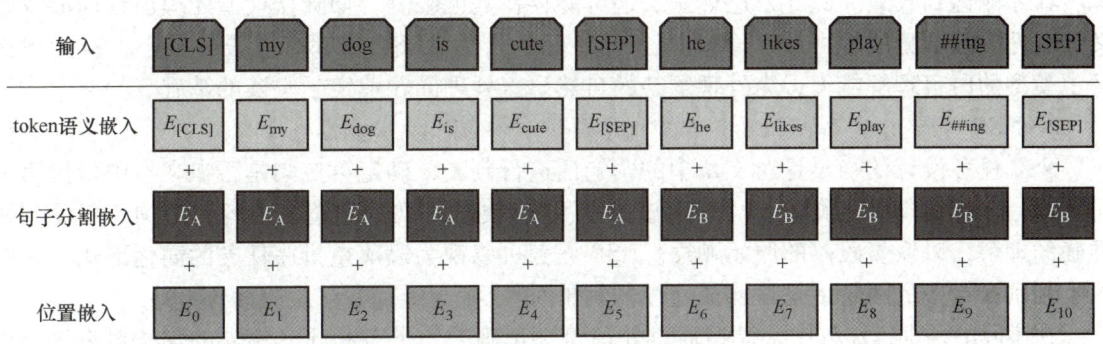

图 12-13　BERT 模型的输入信息构成

12.3.4　BERT 模型的输出信息

上文中对输入信息进行了详细的讲解，Transformer 的特点是有多少个输入就有多少个对应的输出。BERT 模型的输出信息构成如图 12-14 所示。图 12-14 中，C 即为分类 token［CLS］，T 则代表其 token 的对应最后一个 Transformer 编码器的最终情况。

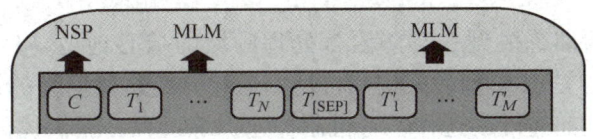

图 12-14　BERT 模型的输出信息构成

对于一些 token 级别的任务（如序列标注和问答任务），把 T 输入额外的输出层中进行预测；对于一些句子级的任务（如自然语言推断和情感分类任务），可以把 C 输入额外的输出层中用于最终的分类任务。

12.3.5　BERT 模型的预训练任务

BERT 构建了两个预训练任务，分别是 MLM 和 NSP。

1. MLM

MLM 任务的设计初衷是模拟人类的语言学习过程，借鉴了"完形填空"这一类型的语言练习。具体而言，通过在句子中随机选择约 15% 的词汇作为预测目标，BERT 模型就能在预训练过程中锻炼其语言理解能力。对于在句子中被选择的目标词汇，它们会以 80% 的概率被特殊符号［MASK］替代，10% 的概率被任意其他词汇替代，而剩下的 10% 保持不变。这样的操作逻辑具有深意：首先，考虑到微调阶段不会出现［MASK］标记，进而模型不会仅依赖于［MASK］符号触发预测机制，没有［MASK］符号则不会对参数进行处理；其次，通过这种方法可以让模型在部分情况下（保留原词或替换成随机词的情况）无法确切知道所需预测的词是否为句中原词，从而促使模型更依赖上下文信息进行预测并具备一定的纠错能力。

尽管这种策略促进了模型对上下文依赖性的理解，但它也带来了一些挑战。如上所述，其中一个挑战是每批数据中只有 15% 的词被用于预测，这可能意味着模型需要更多的预训练步骤才能达到收敛。此外，这种做法还可能存在其他限制，如降低模型处理连续词汇或语义关联性较强部分的能力。尽管如此，MLM 任务作为 BERT 预训练阶段的核心，极大地提升了模型的语言理解能力，为处理复杂的自然语言处理问题奠定了坚实的基础。

2. NSP

NSP 任务设计的初衷是对文章中的两句话进行判断，确定第二句是否在文本中紧接第一句。这一任务在本质上类似于"段落重排序"，它要求对文章的整体内容和结构有着深刻而准确的理解，以恢复段落的原始顺序。NSP 任务可以视为段落重排序任务的简化形式，它专注于判别文章中的两句话是否构成连续的句子对。

在实际的预训练流程中，模型通过处理 50% 正确的句子对和 50% 错误的句子对来进行训练，这种方法与 MLM 任务相结合，极大地提升了模型在理解句子及篇章层面语义信息的能力。

通过将 MLM 任务和 NSP 任务进行联合训练，BERT 模型能够生成的每个字符或词汇的嵌入表示更加全面和精确，从而有效捕捉到输入文本（无论是单个句子还是句子对）的深层语义信息。这种联合训练策略不仅为模型提供了丰富的预训练知识，还为后续针对具体任务的微调阶段提供了良好的模型参数起点，从而为处理复杂的自然语言处理任务奠定了坚实的基础。

12.4 本章小结

本章深入阐述了预训练模型在自然语言处理领域的核心地位与广泛应用，具体介绍了 ELMo、GPT 和 BERT 这三大模型的架构和特性。通过介绍这些模型的设计理念和技术特点，不仅揭示了预训练模型如何借助迁移学习机制加速训练过程、提供优化的起点，还展现了预训练模型在理解复杂语言结构和语义上的独到优势。

此外，本章同样探讨了预训练与微调的过程，说明了如何通过微调阶段使模型适应具体的下游任务需求，从而进一步增强模型在特定场景下的应用灵活性和准确性。通过对模型架构的比较分析，读者可以清晰地认识到 ELMo、GPT 和 BERT 各自在自然语言处理领域的应用优势和潜力，以及它们对推动技术进步的重要贡献。

12.5 习题

1. 预训练模型的作用是什么？
2. ELMo 模型与 word2vec 等传统词嵌入方法有何不同？
3. 为什么 ELMo 选择使用双向 LSTM 作为基础架构？
4. ELMo 的预训练和微调阶段有何不同？
5. GPT 模型的架构是如何设计的？
6. BERT 模型的双向训练方式对词汇语境理解有何影响？
7. MLM 和 NSP 任务如何影响模型的语言理解能力？
8. 微调策略如何优化预训练模型的性能？
9. ELMo、GPT 和 BERT 模型架构的选择如何影响它们的应用优势和潜力？
10. BERT 模型的输入信息是如何构成的？

REFERENCES

参考文献

[1] 斋藤康毅. 深度学习入门: 基于Python的理论与实现 [M]. 陆宇杰, 译. 北京: 人民邮电出版社, 2018.

[2] 刘忠雨, 李彦霖, 周洋. 深入浅出图神经网络 [M]. 北京: 机械工业出版社, 2019.

[3] 任晓奎, 丁鑫, 陶志勇, 等. 基于多分类器的无分割手写数字字符串识别算法 [J]. 计算机应用研究, 2020, 37 (7): 2222-2226.

[4] 郭业才, 姚文强. 基于信噪比分类网络的调制信号分类识别算法 [J]. 电子与信息学报, 2022, 44 (10): 3507-3515.

[5] 刘之瑜, 张淑芬, 刘洋, 等. 基于图像梯度的数据增广方法 [J]. 应用科学学报, 2021, 39 (2): 302-311.

[6] SZEGEDY C, LIU W, JIA Y, et al. Going deeper with convolutions [J]. IEEE Computer Society, 2015: 1-9.

[7] HE K, ZHANG X Y, REN X P, et al. Deep residual learning for image recognition [J]. 2016 IEEE Conference on Computer Vision and Pattern Recognition, 2016: 770-778.

[8] SZEGEDY C, IOFFE S, VANHOUCKE V, et al. Inception-v4, inception-ResNet and the impact of residual connections on learning [C]//Proceedings of the 31st AAAI Conference on Artificial Intelligence. California: AAAI Press, 2017: 4278-4284.

[9] 廖明霜, 罗远远. 基于ResNet对花朵分类研究 [J]. 农业与技术, 2023, 43 (2): 65-68.

[10] PARSING C. Speech and language processing [EB/OL]. [2024-01-05]. http://people.cs.pitt.edu/~litman/courses/cs1671f18/lec/slpll.pdf.

[11] LAI S. Word and document embeddings based on neural network approaches [Z/OL]. [2024-01-02]. https:doi.org/10.48550/arXiv: 1611.05962.

[12] MIKOLOV T, SUTSKEVER I, CHEN K, et al. Distributed representations of words and phrases and their compositionality [Z/OL]. [2024-01-02]. https://doi.org/10.48550/arXiv: 1310.4546.

[13] MIKOLOV T, CHEN K, CORRADO G, et al. Efficient estimation of word representations in vector space [Z/OL]. [2024-01-02]. https://doi.org/10.48550/arXiv: 1301.3781.

[14] RONG X. Word2vec parameter learning explained [Z/OL]. [2024-01-02]. https://doi.org/10.48550/arXiv: 1411.2738.

[15] GOLDBERG Y, LEVY O. Word2vec explained: deriving Mikolov et al.'s negative-sampling word-embedding method [Z/OL]. [2024-01-03]. https://doi.org/10.48550/arXiv: 1402.3722.

[16] NIELSEN M. Neural networks and deep learning [M]. San Francisco: Determination press, 2015.

[17] BENGIO Y, GOODFELLOW I, COURVILLE A. Deep learning [M]. Cambridge: MIT press, 2017.

[18] BENESTY J, CHEN J, HUANG Y. Automatic speech recognition: a deep learning approach [M]. London:

Springer, 2008.

[19] STAUDEMEYER R C, MORRIS E R. Understanding LSTM: a tutorial into long short-term memory recurrent neural networks [Z/OL]. [2024-01-02]. https://doi.org/10.48550/arXiv:1909.09586.

[20] VASWANI A, SHAZEER N, PARMAR N, et al. Attention is all you need [C]//Proceedings of the 31st International Conference on Neural Information Processing Systems. New York: Curran Associates Inc., 2017.

[21] DEVLIN J, CHANG M W, LEE K, et al. BERT: Pre-training of deep bidirectional transformers for language understanding [Z/OL]. [2024-01-02]. https://doi.org/10.48550/arXiv:1810.04805.

[22] PENG Y F, YAN S K, LU Z Y. Transfer learning in biomedical natural language processing: an evaluation of BERT and ELMo on ten benchmarking datasets [Z/OL]. [2024-01-24]. https://doi.org/10.48550/arXiv:1906.05474.